Through Two Doors at Once:
The Elegant Experiment that
Captures the Enigma of
Our Quantum Reality

量子世界の実在に、
どこまで迫れるか

二重スリット実験

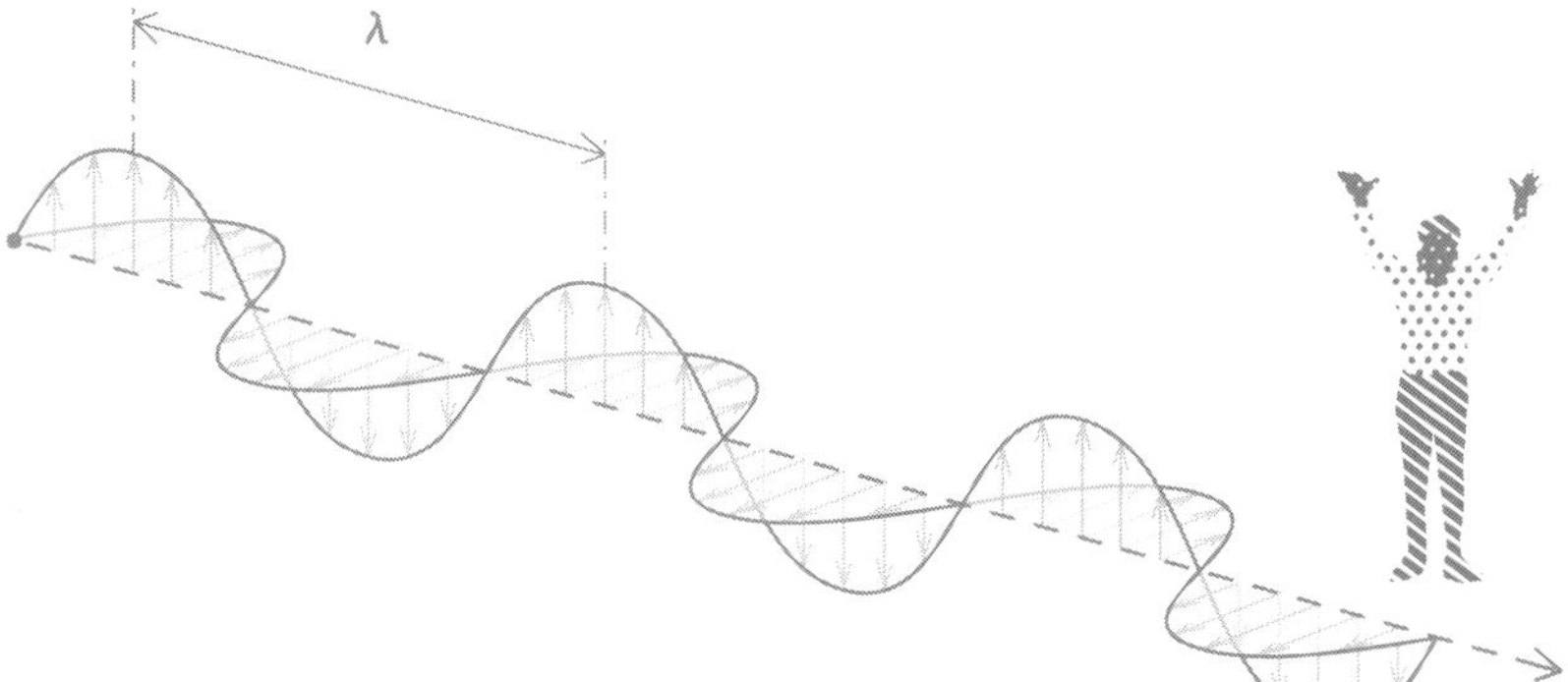

アニル・アナンサスワーミー 著
藤田貢崇 訳

白揚社

両親へ

その実験者の仕事に対して、また、頑固な自然から重要な事実を引き出そうとする彼の戦いに対して、この場を借りて深い敬意を表したい。……われわれの理論に対し、［自然は］極めて明瞭な『否』と、極めて不明瞭な『是』を示すのである。*

——ヘルマン・ヴァイル（ドイツ人数学者）一八八五－一九五五年

目次

◉〔　〕で括った箇所は、訳者による補足です。

プロローグ　自然に弄ばれて

その研究室は、私がこれまでに見たどの物理学者の研究室よりもきれいに片づいている。一脚の椅子とセットにしてある、小さなテーブルには何も置かれていない。本や書類、ライトやコンピューターなど、一切ない。一脚のソファーが唯一、研究室を美しく演出している。大きな窓からは小さな湖が見渡せる。湖を囲む木々はほとんど葉を落としているが、なかには数本、紅葉した葉を落とすまいとするひねくれ者の木がある。カナダ・オンタリオのこの地に近づく冬を拒むかのように。ルシアン・ハーディは、ノートパソコンをテーブルの上に置いた。彼はほとんどカフェで仕事をしていて、オフィスに必要なものはノートパソコンを置くための、この小さなカフェテーブルだけと決めていた。

研究室の壁の一面を占有するのは、おきまりの黒板だ。ハーディが突然立ち上がり、チョークで図と方程式を書き始めるのに、そう時間はかからなかった。どうも、私が出会った量子物理学者たちはそうする傾向があるようだ。

話が量子物理学の深淵な側面になったとき、彼は話を中断してつぶやいた。「やり方が間違ってたな」。そして議論を仕切りなおそうと、こう続ける。「あなたは工場をもっていて、そこで爆弾を作っていると想像してください」。なるほど、そうきたか。

ハーディは黒板に、「エリツァー」「ヴァイドマン」と書いた。エリツァー＝ヴァイドマン問題の話をしようとしているのだ。二人のイスラエル人物理学者から名づけられたこの問題は、物理学者でない人々でも、直感に反した量子世界の特性がつかめるようになっている。しかし、物理学者もこれには少なからず困惑させられている。

その問題とは、次のようなものだ。爆弾にトリガーを取り付ける工場がある。トリガーは非常に鋭敏で、光の粒子が一個でも当たれば爆弾が作動する。ここに大きなジレンマがある。工場の組立てラインは完璧ではない。トリガーの取り付けられた爆弾のほかに、トリガーの付いていない不良品の爆弾も造られる。ハーディは黒板に「良品《グッド》」と「不良品《バッド》」と書き、そのカッコを皮肉った。「どう考えたって普通の見方ならこうはならないでしょう」

すべき仕事は良品の爆弾を特定すること。つまり、爆弾がトリガーを備えているかどうかを調べなければならない。しかし、爆弾を一つひとつ調べるのはまずい。調べるためには爆弾を光で照らす必要があるが、良品の爆弾はかすかな光でも当たるとたちまち爆発してしまう。爆発しないで残った爆弾は、トリガーのない不良品ばかりというわけだ。

では、どうすればこの問題を解決できるだろうか？　役に立つかどうかはさておき、一つ許されていることがある――全部でなくても良品の爆弾を無傷でより分けられるなら、ある程度、良品を爆発させてもいい。

世界のしくみについて私たちが日常、経験していることから考えると、この問題は解決不可能である。しかし、量子の世界――分子や原子、電子や陽子、それに光子のように非常に小さなものの世界――は奇妙な振る舞いをする。この微小な世界の振る舞いを説明する物理学を、量子物理学あるいは量子力学という。この量子物理学を用いれば、爆弾を爆発させることなく、良品の爆弾を見つけることができる。単純な設定にしても、良品の爆弾のおよそ半分を探し出すことが可能だ。それには、二〇〇〇年の歴史を持つ実験の現代版を使う。

二重スリット実験と呼ばれる実験が初めて行われたのは一八〇〇年代初めのこと。光の性質に関するアイザック・ニュートンの考え方に疑問を投げかけるためだった。二〇世紀初頭、それは再び注目を集める。量子物理学を創始したアルバート・アインシュタインとニールス・ボーアが、実在の特性についての驚くべき事実に取り組んだときだ。リチャード・ファインマンは一九六〇年代、二重スリット実験には量子世界の謎がすべて詰まっていると絶賛した。これよりシンプルかつエレガントな実験は、そうそう見つけられるものではない。高校生でも理解できるのに、その意味するところにアインシュタインやボーアでさえ頭を悩ませるほど深淵なのである。二人の感じた当惑は今なお解消されていない。

この本では、クラシックな二重スリット実験と、その巧妙で洗練された変形版（このなかには、エリツァー＝ヴァイドマンの爆弾問題を解くことも含まれる）から、量子力学を語っていく。二重スリット実験の変形版には、聡明な頭脳による思考実験として行われるものや、物理学の地下実験室で苦心して行われるものもある。本書は、「できるものなら、捕まえてごらんなさい」と自然が私たちに突きつけた課題への挑戦の物語である。

第1章　二つ穴の実験について

リチャード・ファインマン、核心部の謎を説明する

実際に見ているものほど抽象的で非現実的なものはない。[1]

――ジョルジオ・モランディ

リチャード・ファインマンがノーベル賞を受賞する一年前のこと。そしてファインマンが物理学者でない人々に向けて、金庫破りからドラム演奏まで何にでも関心を寄せ率直な物言いをする科学者として自分を描いた自伝が出版される二〇年前のこと。しかし、一九六四年一一月、すでにコーネル大学（ニューヨーク州イサカ）の学生にとって彼はスターであり、学生たちの歓迎ぶりからも、それがはっきりわかった。[2] ファインマンは、一連の講義をするためにやって来ていた。「Far above Cayuga's Waters」がコーネル・チャイムから鳴り響く。学長はファインマンを、卓

越した指導者で物理学者であるだけでなく、一流のボンゴ奏者であると紹介した。ファインマンは演奏芸術家に送られるような拍手の中を大股で演台に上り、講義を始めた。「妙な話なんだが、私が公式な場でボンゴを演奏するように頼まれるのは、そうあることではないのに、紹介者は私が理論物理学者でもあることに言及する必要性を見出さないようです[3]」

ファインマンは六回目の講義まで、拍手をしている学生にいっさい前口上を語らず、形だけの「どうも」さえ言わなかった。そして、いきなり本題に切り込んだ。見たり聞いたり触れたりできる日常的なものを扱うのに適した私たちの直感が、非常に小さなスケールの自然界を理解するうえではどれほど役立たないか、ということに。

そして、私たちの直感的なものの見方に疑問を呈する実験について繰り返し話した。ファインマンは「そのとき、私たちは予想外のことを目にする」と述べた。「それは想像可能なものから遠くかけ離れている。そのため、私たちの想像力はこれでもかと引き延ばされる。フィクションという意味ではない、存在しないものを想像しようとして。しかし、想像力がどんなに延ばされても、私たちには存在しているものしか理解できない。私が話したいことは、そんな状況なのです[4]」

講義は量子力学、つまり非常に小さなものについての物理学で、とくに電子など原子より小さなものや光の特性に関する話だ。言い換えると、それは実在の本質についてである。光や電子は(水と同じように)波のような振る舞いを示すだろうか？　あるいは、(砂粒のように)粒子のように振る舞うだろうか？　「イエス」あるいは「ノー」という答えは、ともに正しくもあり、間違ってもいる。原子より小さな要素の実在を可視化しようと試みるたびに、私たちの直感は無様にも意味をなさなくなる。

ファインマンは「それらはほかのものではとうていあり得ない振る舞いを見せます」と言った。「そういう性質を専門的には『量子力学的』と言います。その振る舞いは、あなた方が見てきたどんなものにも似ていない。目に見えるものに対するみなさんの経験は不十分、つまり不完全なのです。非常に小さなスケールでの物体の振る舞いは、ただもう違っている。それらは粒子のように振る舞うというだけではありません。そして、波のように振る舞うというだけでもない[5]」

しかし、少なくとも光と電子は「厳密に同じ」ように振る舞うとファインマンは言った。「つまり、それらは非常に奇妙なのです[6]」

ファインマンは学生に、講義が難しくなっていくと警告した。自然界のしくみについて人々がもっている直感とは相容れない話になっていくからだ。「しかし、その難しさとは実際には心理的なものです。『それにしても、どうしてそうなるのだろう』という自問自答からくる際限のない苦悩のせいで生まれるのです。さらに本当のことを言うと、その自問自答は、身近なアナロジーを用いて理解したいという、抑えがたいうえに無益な衝動の結果です。私は身近なもののアナロジーで説明しません。ありのままを説明するだけです[7]」

そして、聴衆を一時間釘づけにした講義で、ファインマンはメッセージをしっかり伝えるため

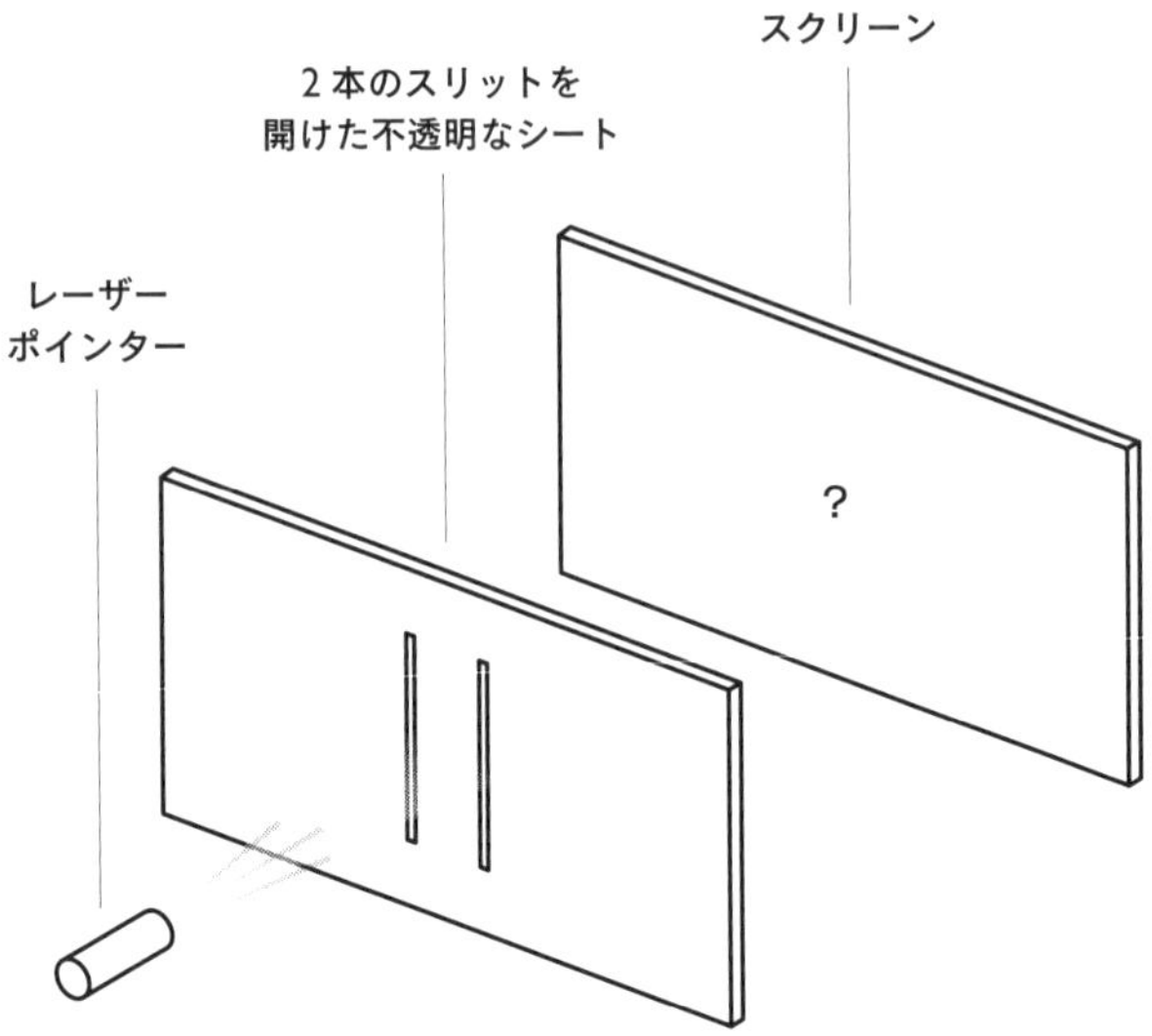

に「あるひとつの実験」に話題を絞った。「その実験は量子力学におけるミステリーをすべて含むように設計されたもので、自然界のパラドックスや謎や奇妙さを突きつける」[8]ものだった。

それが二重スリット実験だ。これ以上シンプルな実験はなかなか思いつけない。しかも、本書を通じてたびたび発見することになるが、これほど不可解な実験もない。実験を始めるには、まず光源が必要だ。そして、光源の前に不透明なシートを置く。シートには、二本のスリット（細長い穴）が隣り合わせにして開けてある。これで光の通る経路が二つできた。不透明なシートの向こう側には、スクリーンを設置する。では、光源から光を当てると、スクリーン上にはどんな像ができるだろうか？

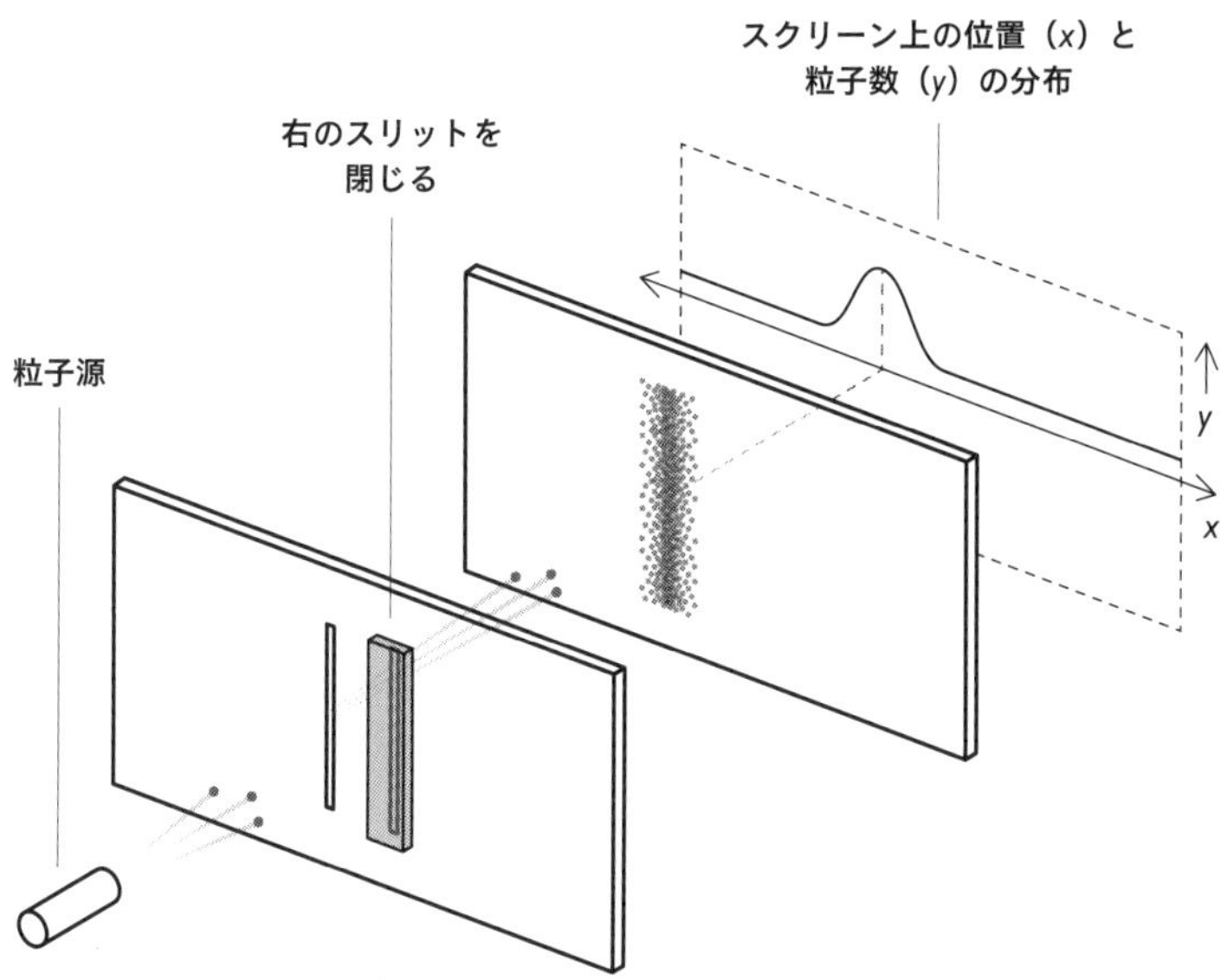

その答えは、少なくとも私たちが慣れ親しんでいる世界での見方では、答える人が光の性質をどう考えるかによって変わってくる。一七世紀後半と一八世紀の間は、アイザック・ニュートンの説が、光に対する見方を支配していた。ニュートンの主張では、光は「コーパスル」という小さな粒子からできている。その「光の粒子説」は、音と違って、光が角を回り込むことができない理由を部分的に説明していた。粒子は外から力が加わらないかぎり、その軌道が曲がることはないため、光もまた粒子でできているに違いない、というわけだ。

ファインマンは講義で二重スリット実験を解説したとき、まず、二本のスリットに向かって粒子を飛ばす場合を考えさせた。飛ばされる粒子の特性を強調するため、フ

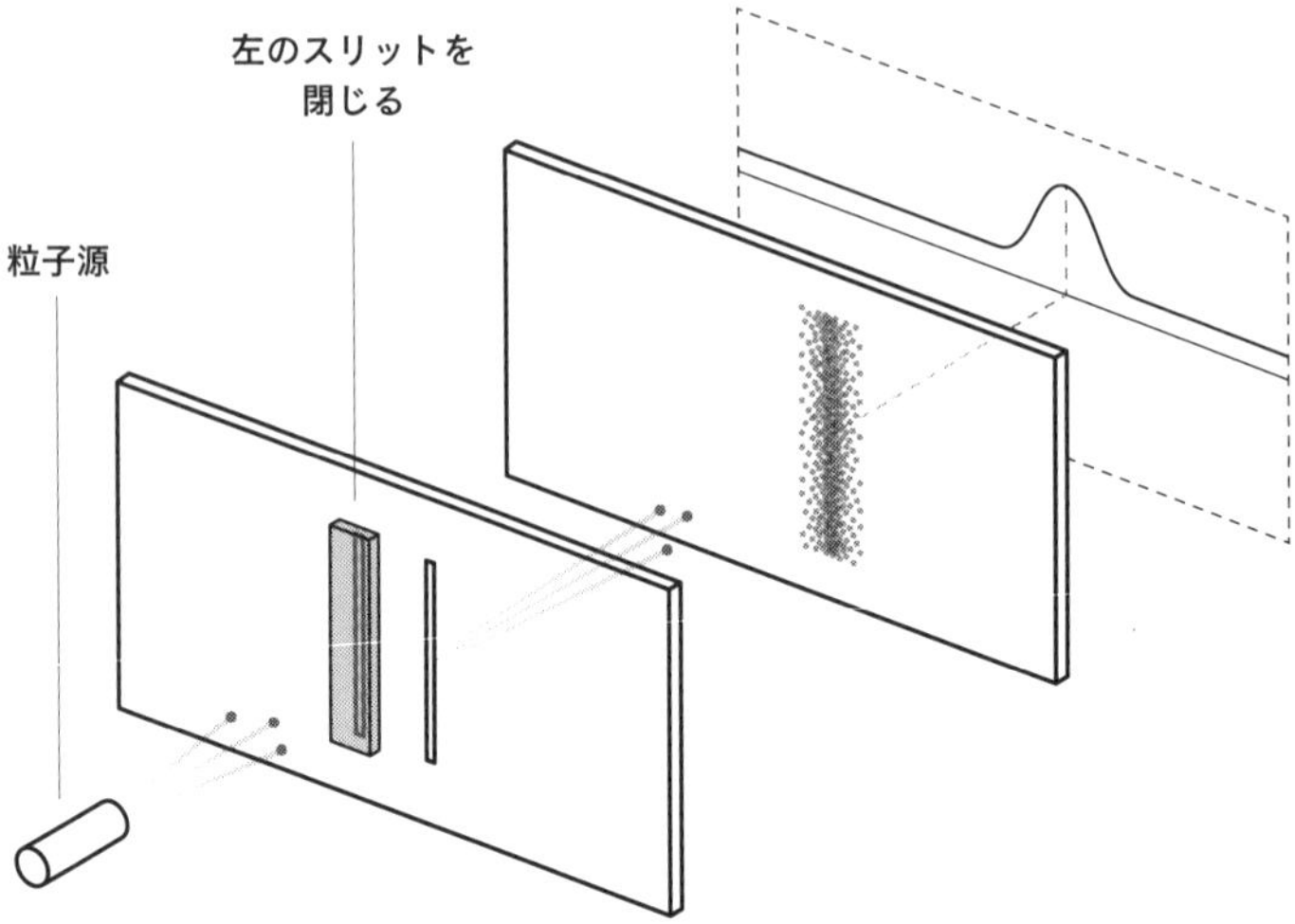

アインマンは受講者に原子より小さい粒子（たとえば電子や光子など）の代わりに、銃から撃ち出された弾丸が「塊となってやってくる」のを想像しなさい、と話した。あまりに暴力的なイメージを避けるため（すでにプロローグで爆弾について考え、火薬を用いる思考実験もあとで出てくるのだが）、弾丸ではなく砂粒を飛ばすものと想像しよう。そして、砂も塊で飛ばされるわけだが、弾丸に比べるとはるかに小さい。

まず、右のスリットか左のスリットのどちらかを閉じて実験しよう。粒子源から飛び出す砂粒は、軌跡が直線になるくらい十分に高速であるとする。このとき、スリットを通った砂粒のほとんどは、その真向かいにあたるスクリーン上の領域に当たり、そこから左右にいくにしたがってぶつかる砂粒の数は少なくなる。図中のグラフは、高くなるほど、スクリーンのその位

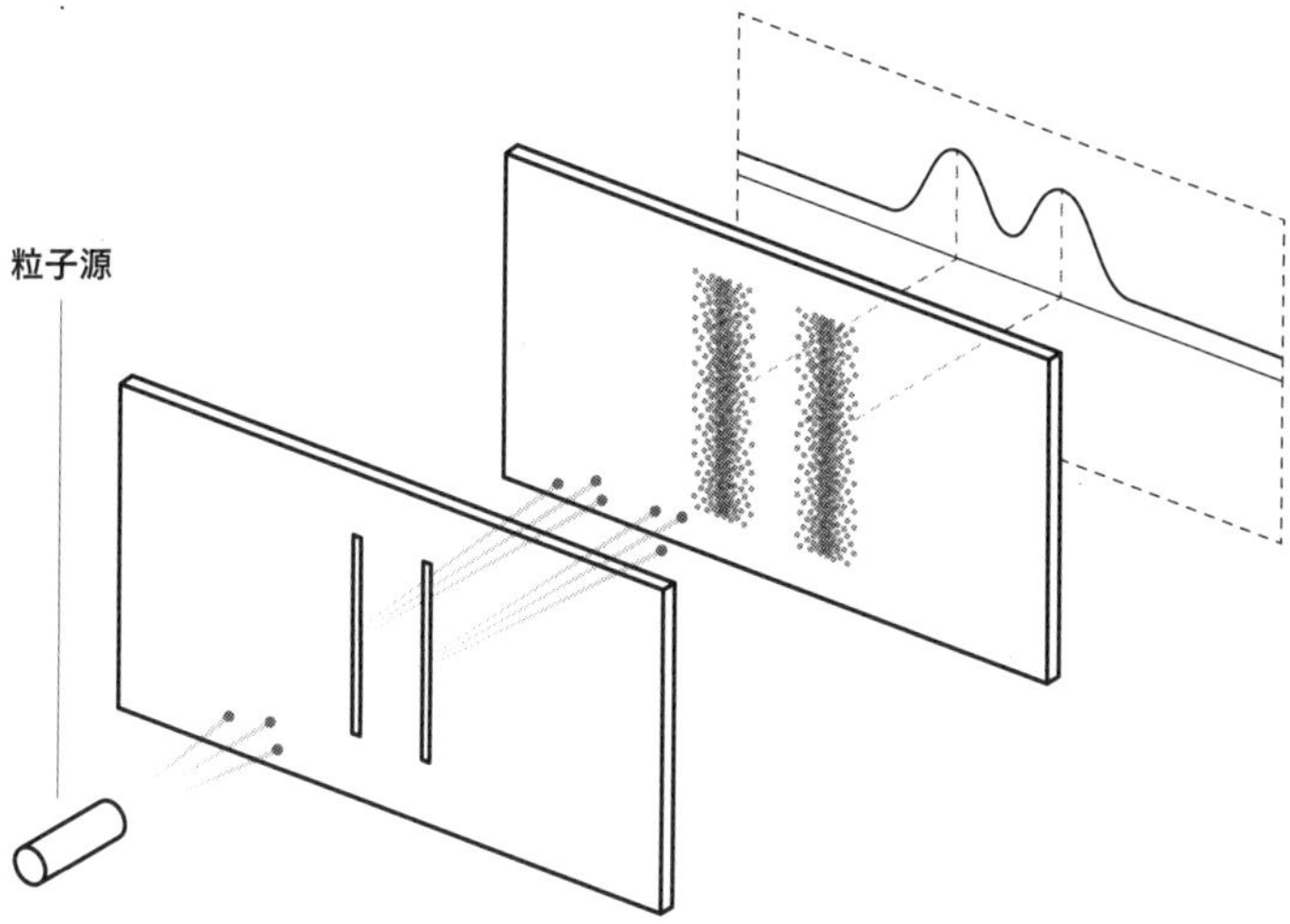

置に到達した砂粒の数が多いことを示している。

　では、両方のスリットを開けたら、スクリーンにはどんなパターンが現れるだろうか？　予想されるのは、どの砂粒も開いている左右どちらか一方のスリットを通って、反対側のスクリーンに到達するということ。そして、スクリーンに到達する砂粒の分布は、左右どちらかのスリットを通ったときに見られる分布を単純に足し合わせたものである。それは、非量子的な世界＝日常的な経験がもつ直感的で常識的な性格が反映されたものだ。要するに、ニュートンの運動法則で非常にうまく記述される古典的な世界のあり方が、そこに表れている。

　それが砂粒に実際に起こることなのだと実感するためには、砂が二本のスリットからスクリーンへと落ちていくように装置を回転させるといい[9]。直感に従って考えれば、二本の開いたス

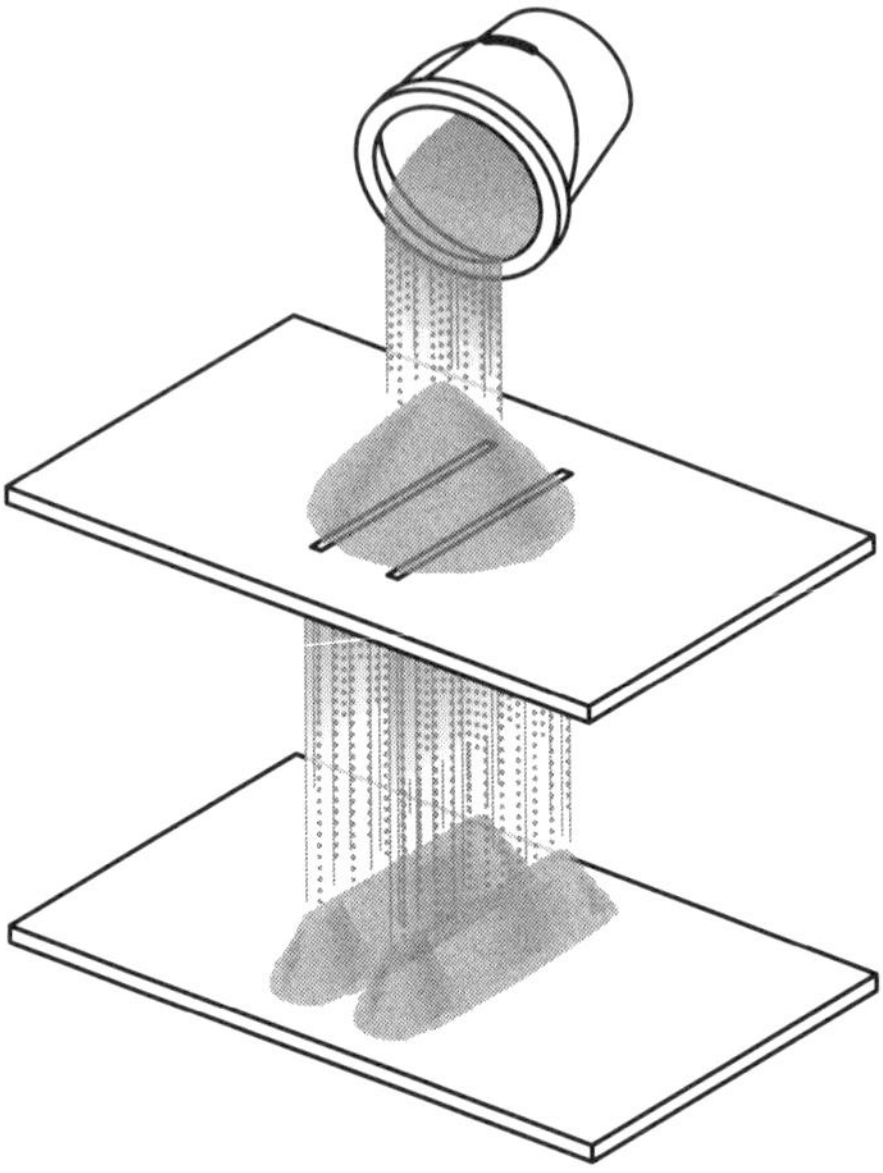

リットの下には二つの山ができるはずだ。

実験装置を元の状態に戻し、今度は砂ではなく、光を照射してみよう。このとき、光はニュートンの言うコーパスルでできていると仮定する。砂粒を使った実験をふまえて予想すると、スクリーン上には二本の明るい光の帯ができそうだ。一本は右のスリットの後ろに、もう一本は左のスリットの後ろにできて、それぞれの帯は両端に向かって暗くなる。そのパターンはスリットを片方ずつ開けたときのパターンを単純に足し合わせたものになるだろう。

ところが、そんなことは実際には起こらない。どうやら光は、粒子でできたもののように振る舞うわけではない。

ニュートン以前の時代でも、光が粒子

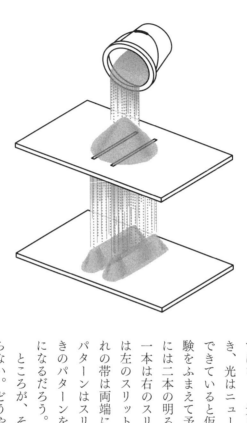

の性質をもつという彼の理論とは相容れない現象が観測されていた。一つ例をあげると、ある媒体から別の媒体、たとえば空気からガラス、さらに空気へと進むとき、光は進路を変える（この現象は屈折と呼ばれ、そのおかげで光学レンズができる）。もし、光が空気やガラスの中を移動する粒子であると考えると、屈折を簡単には説明できない。なぜなら、空気からガラス、またガラスから空気へと進むときに、光の方向が変わるには外的な力が加わる必要があるからだ。しかし、光が波であると考えれば説明できる（波の速さは空気中とガラス中で異なるため、光がある媒体から別の種類の媒体へ進入するときに、光が方向を変える理由を説明できる）。これは、一六〇〇年代のオランダ人科学者クリスチャン・ホイヘンスの提案そのものである。ホイヘンスは、光がまさに音波のような波であると主張した。音波とはそのじつ、それが伝播する媒体の振動であるため、光も私たちの周囲の空間を満たしているエーテルと呼ばれる物質の振動でできている、と。

これは、きわめて有能な科学者が導き出した、真剣な理論であった。ホイヘンスは物理学者であり、天文学者でもあり、そして数学者でもあった。彼は自らレンズを磨いて望遠鏡を作り、土星の衛星タイタンを発見した（二〇〇五年に初めてタイタンに着陸した探査機は、彼に敬意を表してホイヘンスと名づけられた）。さらに、独力でオリオン星雲を発見してもいる。そのホイヘンスが、一六九〇年に、「光に関する論文（*Traité de la Lumière*）」を出版し、そのなかで光の波動説を提唱した。

ニュートンとホイヘンスは同時代の人物であったが、ニュートンのほうが星回りがよかったらしい。なんといっても、ニュートンは、弧を描いて飛ぶ野球ボールから、太陽の周囲をまわる惑星の運動まで、あらゆるものを説明する運動の法則と万有引力の法則を考えついたのだ。そのうえ、ニュートンは、かなりの名声を得た博識家であった（物理学は言うまでもなく、微積分をもたらした数学者であり、化学、神学、さらに聖書の解説執筆にも踏み込んだ）。ニュートンの光の粒子説が、欠点をもつにもかかわらず、光を波のようなものとするホイヘンスの理論を覆い隠してしまったとしても、そう不思議ではない。光を理解するのは、ニュートンを超える別の博識家の仕事となった。

トマス・ヤングは、『最後の博識家（*The Last Man Who Knew Everything*）』[10]と題した伝記が書かれるほどの人物である。ヤングは一七九三年、二〇歳で、ヒトの眼が異なる距離の物体に焦点を合わせるしくみについて、牛の眼の解剖をもとに説明した。翌年、その研究が認められ、ヤングは王立協会のフェローとなり、一七九六年には「医学・外科学・助産学博士」となった。[11]彼が四〇代のころ、エジプト研究者に協力してロゼッタ・ストーン（ギリシャ語・象形文字・未知の文字の三種類の文字で刻まれている）を解読した。医師になり、エジプト学に急速に関心をもち、さらにインド・ヨーロッパ語族を勉強するかたわら、ヤングは物理学史上もっとも興味深い講義を行った。それは一八〇三年一一月二四日のロンドン王立協会での講義のことであった。ヤングは、威厳のある観衆を目の前にして、シンプルかつエレガントで、素朴な実験を行った。ヤングにとって、その実験は光の真の性質を疑問の余地なく明らかにし、ニュートンが間違っていたことを証明したものだった。

「私が行おうとしている実験は、太陽が出てさえいれば、簡単に再現することができます[12]」と、ヤングは観衆に話した。

太陽が出てさえいれば――実験の単純さは決して誇張されていなかった。「窓のシャッターに小さな穴を開けてその穴を厚紙で覆い、そこに細い針で穴を開けました[13]」と彼は言う。そうしてできたピンホールからもれる太陽光は、一筋の光線になる。「私は、その太陽光線のなかに、およそ三〇分の一インチ〔一ミリ弱〕幅の細い紙を差し入れて、壁や異なる距離に置いたカードに投影される影を観察しました[14]」

光が粒子でできているならば、ピンホールの正面の壁には、ヤングの「細い紙」の影がくっきりできているだろう。なぜなら、その紙は光の粒子をいくらか遮断しているからだ。もしそうであれば、ニュートンは正しいということになる。

しかし、ホイヘンスが主張するように光が波であるなら、流れる水を邪魔する岩のように、紙が波を邪魔するだけで、波はその両わきに分かれて二つの経路をとり、細い紙を回り込んで進む。その後、二手に分かれた光は合流して、窓のシャッターと反対側の壁に、明るい縞《しま》と暗い縞が交互に連なる特徴的なパターンを形成する。そのような縞模様は干渉縞といい、二つの波が重なるときにつくられる。そしてなんと、中心部の縞は明るくなる。ここは、もし光が粒子であるとすれば暗い影ができると予測されるところなのである。

干渉については、水面に生じる波を通して、日常の経験として私たちは知っている。沿岸にある堤防に開けられた二つの開口部に、海の波が当たる状況を考えよう。それぞれの開口部から新しい波が生じ（回折と呼ばれる現象）、それら二つの波が前方で互いに重なり合って干渉する。両方の波の波頭が同時に到達するところでは、二つの波が強め合う建設的干渉が起こり、水位がもっとも高くなる（光の明るい縞に対応する）。また、一方の波の山ともう一方の波の谷が同時に到達するところでは、二つの波が打ち消し合う破壊的干渉が起こる（暗い縞に対応する）。

ヤングは、そのような干渉縞を光で観察した。(15) とりわけ、彼はすべての色の光を含む太陽光で研究していたため、中心の縞の左右にさまざまな色の縞が並んでいるのが見えた。さらに詳しく調べると、中心の領域は明るい縞と暗い縞でできていることがわかった。これらの縞の数と幅は、スクリーンまたは壁と、ピンホールとの距離に依存する。そして、中心領域の中央部は常に白い（明るい縞になる）。彼は、光が波であることを示したのだ。

観衆は信じなかったに違いない。なにしろ、ニュートンの理論に異議を申し立てているのだ。その講義の前の時点で、エディンバラ・レビュー誌に匿名で掲載された論文はヤングの研究にきわめて批判的であった。その著者はのちに弁護士のヘンリー・ブルーム（一八三〇年にイギリス

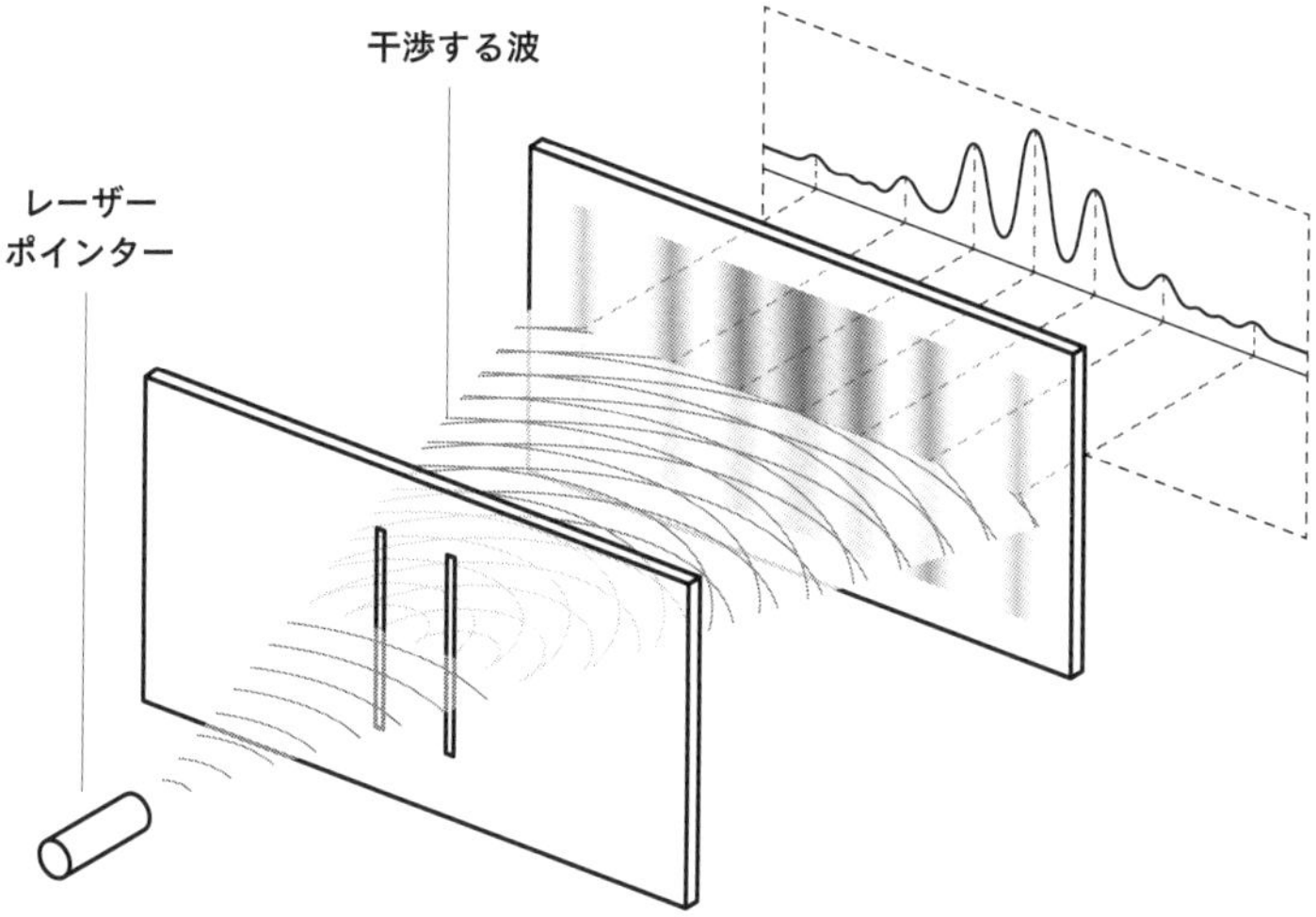

の大法官となった）であることがわかったが[16]、ヤングの研究を「どこにも価値を見出せない」もので「子供じみた、淫らな想像のような、卑怯で不毛な享楽[17]」と酷評した。

しかし、その批判は見当はずれだった。すぐにヤングの考えは、ほかの物理学者たちから支持を集めた。彼の実験は、いま二重スリット実験と呼ばれるものへと発展し、事実上、光の波動説を最初に実証してみせたのだった。二重スリット実験は、コーネル大学での講義でファインマンが褒め称えた、あの実験である。より標準的な二重スリット実験では、ヤングが用いた太陽光線は光源に置き換えられる。ヤングの実験では、「細い紙」を太陽光線に差し込んで光の経路を二つにしていたが、その代わりに、二重スリット実験では、二本の細いスリット（開口部）を開けた不透明な板に光を当てて、二本の光の経路をつくる。そうすれば、スリットから離して置いたスクリーン上に干渉縞が投射される。それは、窓のシャッターの反対側の壁にヤングが見たのと本質的に同じものである（もしスクリーンを写真乾板あるいは感光物質でコーティングされたガラス板にすれば、そこに生じる画像はネガ、つまり光にさらされた領域が黒くなると考えられる）。左右が次第に暗くなる二本の光の帯、つまり光が粒子の塊であったときに期待されるパターンはできない。光は波のように振る舞うのだ。

このようにして、量子力学の光が灯るずっと前に、ヤングはニュートンとホイヘンスの間の議論を表面上は解決したように思われた（ニュートンを支持し続ける懐疑論者は根強く存在していたが）。ヤングは、光が波であるというホイヘンスの考えに賛同した。そして、量子革命が起こるまで、その状態が続いた。

量子革命は、一九〇〇年代初めになされた衝撃的な発見の数々で幕を上げた。そうした発見の一つが、光は粒子でできていると考えるべきだという、アインシュタインが一九〇五年に行った主張である。そう考えることでしか、光電効果（このおかげで、太陽光を電気へ変換でき、太陽電池を作ることができる）として知られる現象を説明できなかったからだ。この光の粒子は光子と呼ばれるようになった。光子とは、ある振動数（つまり色）で光がとり得る最小のエネルギーの単位で、それ以上分割することができない。つまり、光は一個の光子がもつエネルギーよりも、少ないエネルギーをとることはできない。アインシュタインの主張は少々複雑なのだが、とりあえず、物理学には光を粒子からできたものとして扱わなければならない状況が存在するということを受け入れよう。すると、二重スリット実験は私たちの実在に関する直感とは相容れなくなっていく。

ファインマンは、二重スリット実験を量子力学の「中心的な謎」を体現するものと言った。その理由を説明するために、ファインマンは電子を銃の弾丸（本書では砂粒）に置き換えた。一九六〇年代には、電子は塊となってやってくることが知られていた。電子は、光子同様、亜原子の世界を構成する多くの素粒子の一種である。さて、ここからの議論では、電子の代わりに光子を使うことにしよう。質量をもたない光の粒子である光子を使おうと、わずかな質量をもつ物質粒子の電子を使おうと、二重スリット実験とその結果、さらにその意味合いは変わらない。その事実からは、さまざまな不可解な疑問が生じる。ファインマンが言うとおり、それらは同じように奇妙なのだ。

光子を使ったら、何が起こるだろうか。砂粒を用いたときとは違って、スクリーンに二本の光の帯はできない。その代わりに、ヤングが観察した干渉縞によく似た明暗の縞模様が観察でき、そのことから、光子が波のように振る舞っていることがうかがえる。明瞭な縞模様を観察するには、単色光を使うとよい。たとえば、光源として赤色光の強力な光子ビームを用いて、二重スリ

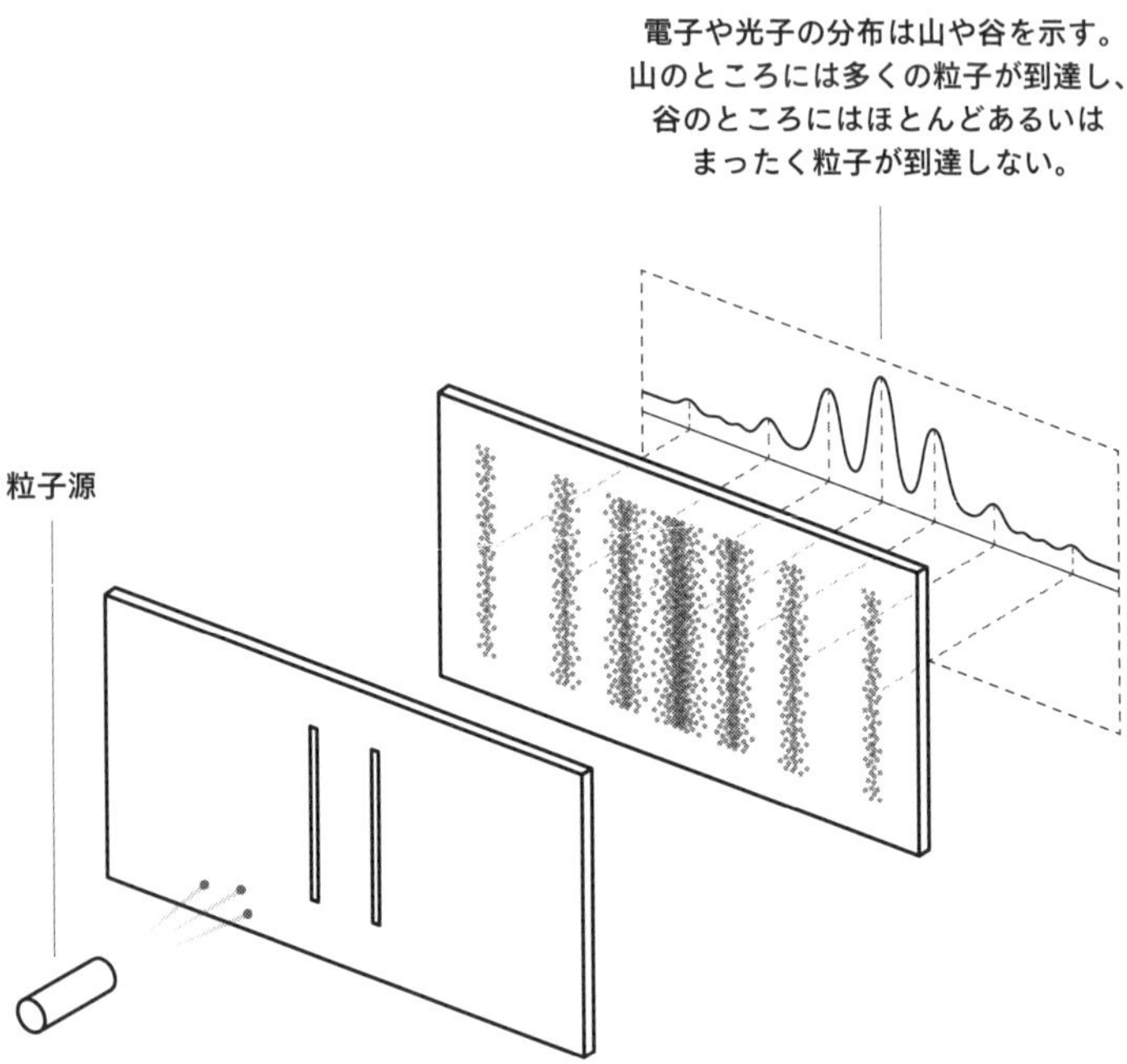
電子や光子の分布は山や谷を示す。
山のところには多くの粒子が到達し、
谷のところにはほとんどあるいは
まったく粒子が到達しない。
粒子源

ットに照射すればいいのだ。

両方のスリットを開けると干渉縞が見られるということは、光（今は光が粒子であると考える）は両方のスリットを通り抜けていると考えられる。しかし、二つのスリットのうち一方（どちらでもかまわない）を閉じれば干渉縞は消える。このとき、光は一つのスリットを通過し、そこにはその光と干渉するものが何もないということだ。

ところが、光源から一度に一個ずつ光子を放出した場合、この実験は途端に不可解なものになる。本書ではのちほど、物理学者が一度に光子を一個だけ放出する光源

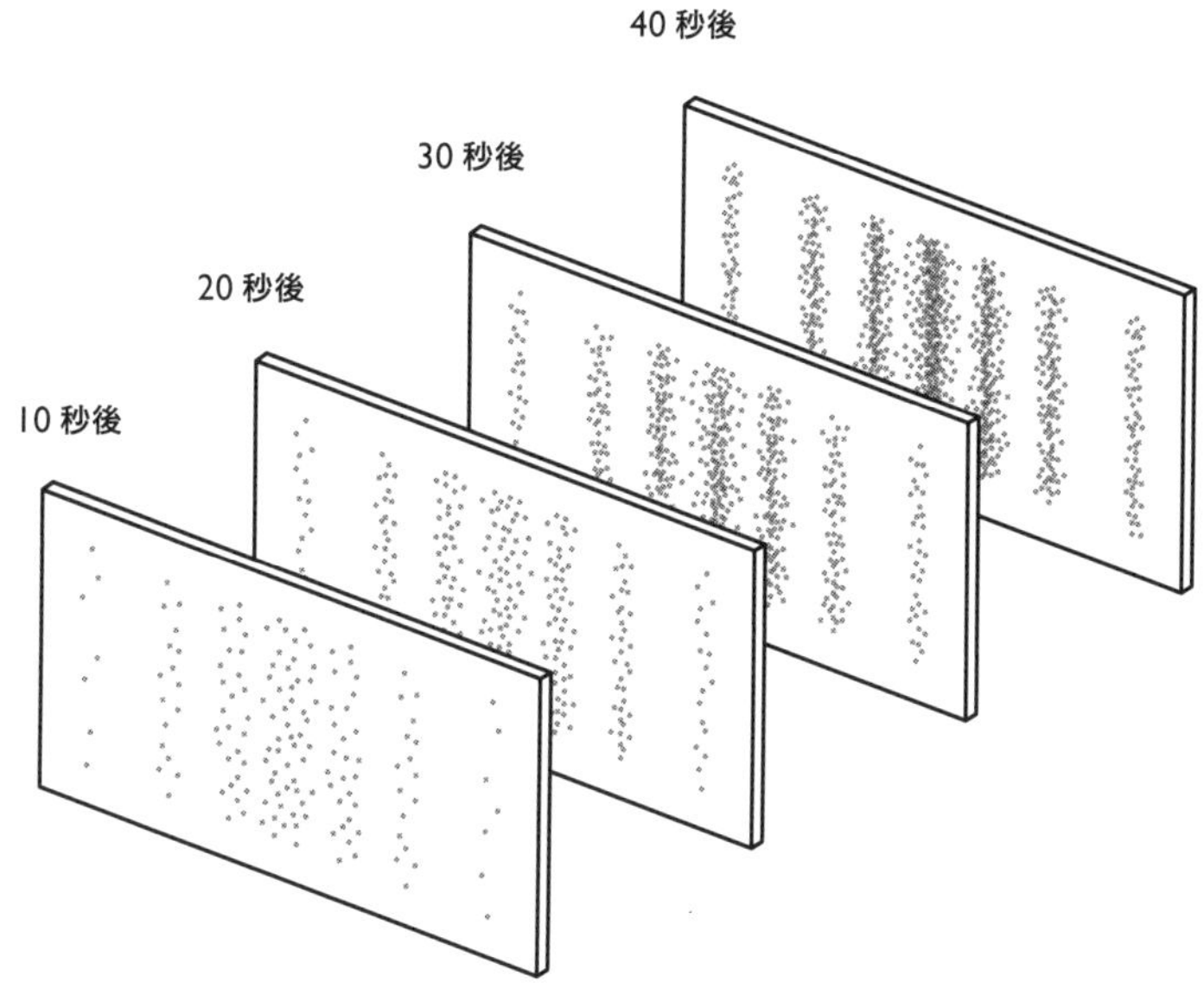

をどうやって発明したのか見ていくが、ファインマンが講義を行った一九六四年には、この実験を行うことは不可能だった。とりあえず、今はそのような光源を使えることにしよう。それを使って、一度に光子を一個だけスリットに通す。光子は光源の反対側にある写真乾板に当たり、点を残す。これを繰り返し、写真乾板にたくさんの点を打てば、直感的には、砂粒で実験したときと同じように、二本のスリットの真向いの場所に、点が線状に集まるはずだ。干渉縞なんて、できるはずはない。

しかし、それは違う。一つひとつの光子は乾板のランダムな位置に当たったように見えても、それを何度も繰り返せば、写真乾板に縞模様が現れる。光子はそれぞれに乾板に黒い点を残していくが、たくさんの光子が到達した場所は黒い帯となり、時間とともに、縞模様が形成されていく。

これは、いくぶん奇妙だ。一つの波が別の波と干渉して干渉縞ができるのには、なんの不思議もない。しかし、先ほどの実験では、光子は一個ずつ装置を通り抜けている。ある光子と次の光子、あるいは最初の光子と二番目の光子、あるいは最初の光子と一〇番目の光子との間に干渉は起こらない。それぞれの光子は単独なのだ。それにもかかわらず、それぞれの光子は写真乾板上の建設的干渉にあたる位置に集中し、破壊的干渉にあたる位置にはほとんど到達しない。その結果、干渉縞ができる。それぞれの光子が、まるで波の性質を示し、まるで自分自身と干渉しているかのようである。

それぞれの光子を粒子としてつくり出し、写真乾板で粒子として光子を検出しているというのに、こうなってしまう。この結果からは、粒子が生成されてから検出されるまでの間を波として振る舞い、両方のスリットを同時に通り抜けるように見える。この干渉縞に、それ以外の説明をつけられるだろうか?

べつに、それほど奇妙だとは思わない? だったら、光子がどちらのスリットを通るのかはっきりさせようとしたときに、起こることを考えてみよう（結局、私たちの直感では、両方ではなく、一方のスリットを通ったとしか思えないのだから）。光子を壊さずに、どちらのスリットを通ったのかを検出できるしくみがあるとしよう。これを使って実験すれば、干渉縞は消える（光子が波のような振る舞いをやめ、粒子のように振る舞い始める）。つまり、粒子の「塊」が片方ずつスリットを通ったときのパターンを、単純に足し合わせたものができる。ところが、光子の経路を盗み見ようとするのをやめれば、光子は波のような振る舞いを取り戻し、再び干渉縞が現れる。

この謎をしっかり認識するために、次の点に注目してほしい。光子の経路を盗み見ていないとき、ほとんどの光子は写真乾板上の特定の場所を避ける。その結果、そこが破壊的干渉の領域になる。しかし、光子の経路を監視し始めると、光子はそれまで避けていた場所に到達するようになる。なぜ、そんなことになるのだろうか？

奇妙な振る舞いは続く。もし、二重スリットに向かって砂粒を飛ばしたとき、それぞれの砂粒の初期条件（初速度や砂粒の射出角度など）がすべてわかっていたとすれば、ニュートンの法則から、砂粒が二重スリットの向こうにあるスクリーンのどこに到達するかを、スリットの縁に当たったらどれくらい曲がるかといったことまで考慮しながら、厳密に予想できる。これが、物理学に期待される役割である。しかし、光子（あるいは電子など、ほかの量子的なもの）に対しては、そんな期待は裏切られる。

ある一個の光子について、光源を離れてから二重スリットに至るまでのすべての情報を知っていたとしても、写真乾板の特定の場所に光子が到達する確率を計算できるだけだ。つまり、光子は建設的干渉が生じる領域のどこかに到達するだろうが、どの光子がどこに到達するかを厳密に予測する方法はない。自然は、そのもっとも深いところで本質的に非決定論的であるように見える。それとも、ただ秘密になっているだけで、それを暴くほど研究できていないだけなのだろうか？

疑問はまだある。光子の生成と最後の検出、それは粒子の特性をもつことの証拠であるのに、その二つの間で、光子は、私たちが経路を盗み見ないことにしたときは、波として振る舞うように見える。そして、盗み見ようとすれば、粒子として振る舞う。光子は、私たちが波の性質あるいは粒子の性質を見ていることを「知っている」のだろうか？ もしそうなら、どのように知るのだろうか？ また、私たちは光子を騙《だま》すことはできるだろうか？ たとえば、光子が波として二重スリットを通過するまで、手の内を隠しておく。光子がスリットを通ったあとに、経路を見ることにしたら、粒子のような振る舞いを確認できるだろうか？

答えはもっと単純である可能性もある。光子は常に粒子であり、常にどちらか一方のスリットを通り抜けるというものだ。そして、標準的な理論では考慮に入っていない、何かほかのものが、両方のスリットを通り抜け、波のような性質を生み出している。その場合、その何かとは、何だろう？

もしあなたに、人間の意識が何らかの形で関与して、光子の波あるいは粒子としての振る舞いが決まるという考えが心に浮かんだとすれば、そう考えたのはあなた一人だけではない。よく見られるように、二つの謎（この場合、量子世界の奇妙な性質と、無意識の不可解な性質）に直面したとき、それを融合しようとするのは人間の性《さが》なのだ。

二重スリット実験が単一の光子を用いて行われたのは、コーネル大学でのファインマンの講演から二〇年後のことだ。つまり、ヤングが実験した一八〇〇年代初頭から現在まで、物理学者は実在の本質を理解するために、手を変え品を変え、二重スリット実験を使い続けてきたのだ。二重スリット実験は、二〇〇年以上もの間、その単純なコンセプトは変わっていないが、技術の面では、たえず進化してきた。それは、実験科学者が自然を騙し、その深淵な秘密を明らかにしようと、知恵をしぼり続けた成果である。

第2章

「存在する」とはどういうことか？

実在へ向かう道《コペンハーゲン発・ブリュッセル行き》

客観的な実在世界という考え、それをつくる最小の部品が、石や木が存在するというのと同じ意味で存在し、われわれが観察するか否かにかかわらず存在しているという考え……は、あり得ない。[1]

——ヴェルナー・ハイゼンベルク

量子物理学が誕生してから、およそ一世紀になる。その誕生前のほぼ二世紀の間、自然のしくみの捉え方は、アイザック・ニュートンが発見した数々の法則を土台としていた。彼はそれらの法則を、一六八七年の著書『プリンキピア』で詳述している。[2] ニュートンの自然観において重要だったのは、自然が物質粒子でできていること、そしてその力学が、重力（互いに引き合う力）など、粒子に作用する力によって支配されることだった。光も粒子の性質をもっているとされたが、これは論争となった。ホイヘンスやヤングなどの研究者が、それに反発し、光は波の性質をもっと主張したのである。そのため、ニュートンの宇宙は物質粒子からなる場所だったが、光はそこから距離をおいて、世界を構成するもののカテゴリー（自然の本体論）では、いくぶん曖昧な位置に置かれた。

そのときの様子を、何世紀か経って、フランスの公爵で物理学者のルイ・ド・ブロイは、物理学の歴史に照らして、いきいきと描いた。「太陽や星の光が私たちの目に到達するとき、その光は物質のない広大な空間を通り抜けてやってくる。ということは、光は空っぽの空間を難なく進むことができ……光は物質のいかなる運動とも関係がない。すると、物質に、それとは無関係なほかの実在を加えるまで、物理学の世界の記述は不完全なままだ。その実体とは光である。では、光とは何だろうか？　それはどんな構造をしているのだろうか？[3]」

ド・ブロイが著したように、一八六〇年代、そうした疑問は無視できなくなっていた。スコットランドの科学者、ジェームズ・クラーク・マクスウェルが築いた数学的な基礎をもとに、物理学者たちは光を波として考え始めていたのである。

マクスウェルの最初の研究は、それまで別々のものと考えられていた、電気と磁気を統一することであった。英国の物理学者で化学者でもあったマイケル・ファラデーによる初期の研究をもとに、マクスウェルは電気と磁気を結びつける理論を立て、電気と磁気は一つの電磁波として移動すると予測した。マクスウェルはこの理論を、一八六四年一二月八日にロンドン王立協会に提出した[4]。自然の本体論は変わってしまった。光の性質には、粒子に加えて、光速で移動する電磁場（エネルギーの振動）という側面もあるというのだ。粒子は一つの場所に局在するものだが、場は広がりがあり、拡散して、元々の場所から離れたところに影響を及ぼすことができる。

マクスウェルは、光も電磁波であると主張したのだ。しかし、それは大反発を食らう。当時の物理学者たちには、電線のような媒体のなかを移動する電磁波は想像できたが、光を、空っぽの空間を移動する電磁波と考えるのには大変な抵抗があった。

しかし、光の性質についての疑問に答えるよりも先に、電磁気に関するマクスウェルの仮説を証明しなければならない。そこで一八七九年、プロイセン科学アカデミー（ベルリン）は、ベルリン賞問題と呼ばれるようになる懸賞金問題を発表した。[5] 賞は、マクスウェルの説を実験的に確かめた者に贈られる。申請は一八八二年三月一日まで受け付けられ、勝者には一〇〇ドゥカート（中世ヨーロッパで使われた金貨あるいは銀貨で、一九世紀から二〇世紀初頭まで流通した）が与えられることになっていた。受賞確実と目された科学者に、桁外れに優秀なドイツの物理学者ハインリヒ・ヘルツがいた。その年、ヘルツは問題に取り組むが、あきらめてしまう。明確な実験手法を考えつかなかったのだ。「しかし当時、その解法を見かぎったが、なんらかの方法でそれを発見できるとも考えていた」[6]と、のちに彼は書き残している。

一八八二年に受賞者はなかった。

しかし、ヘルツはわずか数年でその難問を解決する。マクスウェルが正しいことを証明する実験を設計したのだ。その実験で、電磁波の送信機と受信機を設計し、そして、この見えない波が

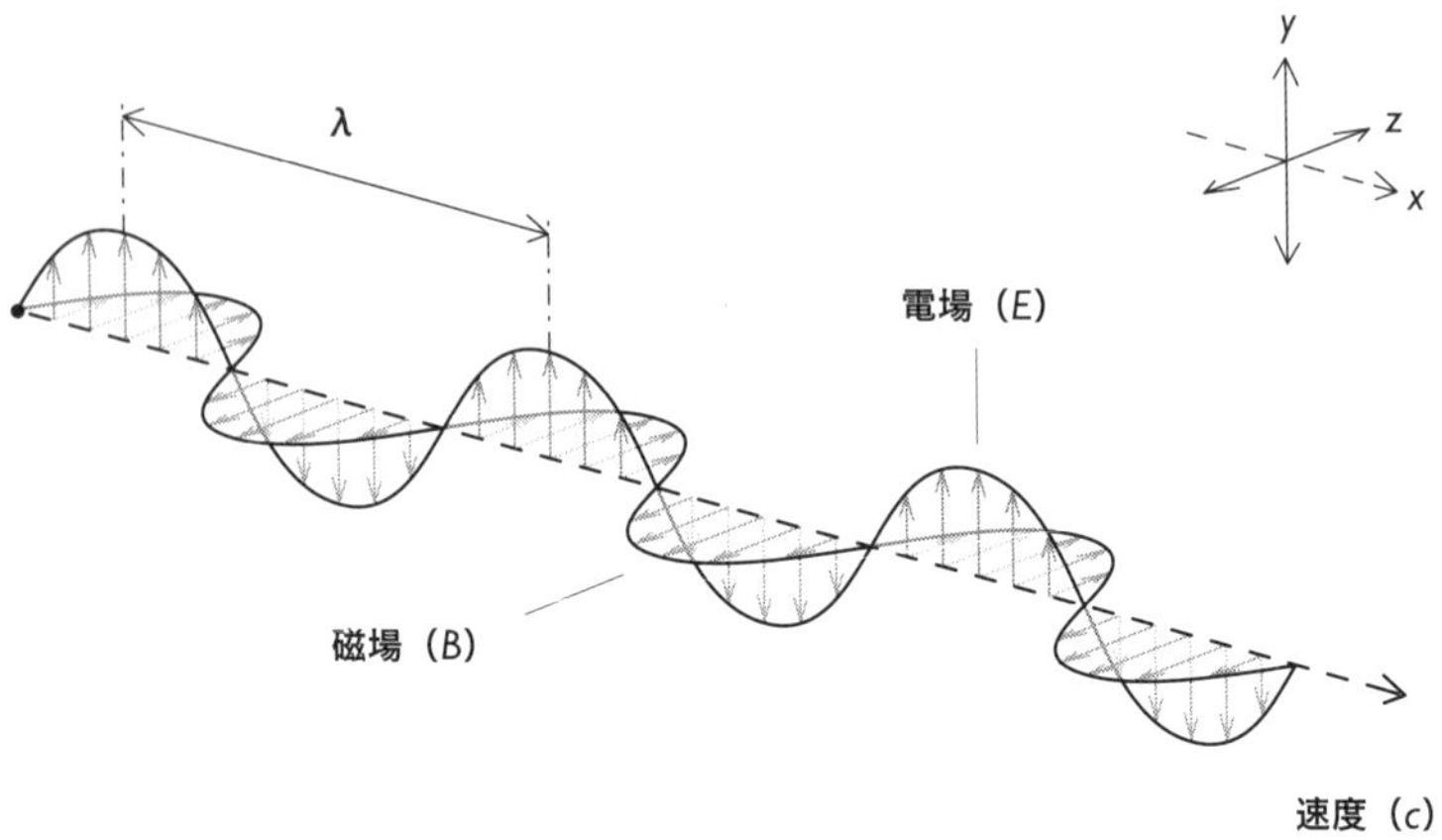

$$振動数（\nu）＝\frac{速度（c）}{波長（\lambda）}$$

実際に存在し、空気中を伝播できることを示した。それは予期せぬ電波の発見でもあった。

そのような波の有用性について尋ねられ、ヘルツはこう話したという。「なんの役にも立たない。これは、単にマクスウェル先生が正しかったことを証明する実験である。電磁波という謎めいたものがあるというだけのこと。肉眼で見ることのできないものが。しかし、それは存在するのだ[7]」

ヘルツの実験はマクスウェルの電磁気理論を実証した。のちに、光も電磁波であることが明らかになる。電磁波は電場と磁場で構成され、この二つの場は互いに垂直な平面で振動する。そして、光そのものは、構成要素である電場と磁場の両方に垂直な方向に伝播する。電磁波の振動数（ν）は、その波長（λ）で光速度（c）を割ったものと等しい。

しかし、この実験を行うなかで、ヘルツは不思議な現象に出くわした。それは、一〇年もしないうちに、光の波動説とぶつかるようになる。現在、光電効果と呼ばれる現象だ。金属に光が当たると、その金属は電子を放出する。重要なことは、当たった光の振動数が、その金属固有の限界振動数を上回るときにのみ、電子が放出されるという点である。その振動数以下では、どれだけ強い光を金属に当てても、電子は放出されない。一方、限界振動数を上回ると、二つのことが起こる。一つは、入射光の強度が増加するにつれて、放出される電子の数が増加するということ。もう一つは、光の振動数が高くなると、放出される電子のエネルギーも高くなるということである。

しかし、ヘルツはこの現象のかすかな兆候を確認したにすぎない。ヘルツの受信機は、目に見えない電波を受信しているとき、光に照らされると受信状況がよくなり、閉めきった暗がりに置かれるとあまり電波を受信しなくなった。電波は光となんの関係もないはずだったのに、光に関係する何かが受信機に影響していた。一八八七年七月、父に宛てた手紙では、ヘルツは自身の発見に関して彼一流の控えめな文面で報告した。「完全に新しく、非常に奇妙な現象なので、発見であることには違いないのです。もちろん、それが素晴らしい発見であるかどうかを判断することはできませんが、他人《ひと》にそう言ってもらえるのは喜ばしいものです。この発見が重要なのか、そうでないかは未来だけが知っている、というところでしょう(8)」

ヘルツの観察したものを、当時説明できなかったのは驚くに当たらない。電子はまだ発見されておらず、光電効果の細かい部分を理解するなどもってのほかだった。一八九〇年代の初めでさえ、原子が物質のもっとも小さな構成要素とされ、原子の構造も未知だった。その後、電子やほかの画期的な発見があり、ヘルツの説からアインシュタインの量子力学へと発展したのである。

残念なことに、ヘルツはそうした進展を見るまで生きられなかった。彼は一八九四年一月一日に亡くなった。科学雑誌ネイチャーの死亡記事から、その晩年を知ることができる。「慢性的で痛みを伴う鼻の病気を患い……やがて敗血症を起こした。ヘルツは最後まで意識があり、快復は絶望的であるということに気づいていたに違いない。しかし、彼は強い忍耐と精神力で苦しみに耐えた」[9]。わずか三七歳のときである。ヘルツを指導したヘルマン・フォン・ヘルムホルツ（彼自身もその年のうちに亡くなった）は、ヘルツの著書『力学の原理（*The Principles of Mechanics*）』の序文に書き残した。「ハインリッヒ・ヘルツは、これまで自然が人類に隠してきた秘密の多くを明らかにする運命をもった人物であった。しかし、そうした望みを悪性の病がすべてつぶした……かけがえのない人物の命と彼がなすはずだった業績を私たちから奪い去って」[10]

ヘルツが長生きだったら、きっと発見にかかわっていたであろう、自然界の秘密が次々と明らかになる。最初に見つかったのは電子である。陰極線管と呼ばれる装置のおかげだった。これは、ガラス管の両端に電極を設置し、内部の空気をほとんど抜き取って作られ、一九世紀中頃においては科学的好奇心をそそる代物だった。[11] 電極間に高電圧をかけると真空管は輝きだし、科学者はそれを見世物にしたりした。すぐに物理学者は、管のなかの空気をもっと抜くと（全部ではない）、劇的な現象が起きることを発見した。光線が負極（陰極）から出て、正極（陽極）へと向かうように見えるのだ。

ヘルツの死の三年後、英国の物理学者J・J・トムソン（ジョゼフ・ジョン・トムソン）は、一連のエレガントな実験によって、ガラス管のなかの光線が原子より小さい物質からできていること、そしてその軌道が電場によって曲げられること、すなわち光線が負の電荷をもつことを証明した。トムソンは電子を発見したのである。彼はコーパスルと名づけ、それが文字どおり、原子の一部であると考えた。トムソンのコーパスルは、すんなり受け入れられたわけではない。トムソンは「最初、原子より小さな物質の存在を信じた人はごく少数だった」とのちに語っている。「ずっとあとになってからも、王立協会での講義をした際に、聴講していた著名な物理学者から、自分は『担がれている』と思っていたと言われました[12]」

疑う向きはあったものの、トムソンはそれまでの原子の概念をすっかり変えてしまった。

その一方で、ヘルツが光電効果を最初に発見したあと、助手のフィリップ・レーナルトがヘルツのあとを引き継ぐ。レーナルトは優秀な実験物理学者で、彼の行った実験の結論は明確だった。金属に当たる紫外光が、陰極線管で見られる粒子、つまり電子を生成していることを示したのだ。[13]

重要な点は、これらの電子の速度（つまりはエネルギー）が入射光の強度には無関係だったこと。しかし、レーナルトは理論家としてはいまいちで、なぜそうなるのか説明できずに終わる。

アインシュタインの話に入ろう。一九〇五年、アインシュタインは光電効果に関する論文を発表した。この論文で、アインシュタインはドイツの物理学者マックス・プランクによる研究を引用した。プランクはその五年前に、古典的なニュートン物理学と、やがて確立される量子力学との間に起きる最初の衝突で、多くの人の怒りを買った人物だ。プランクは黒体と呼ばれる物体の振る舞いを説明しようとした。黒体とは、入ってくるすべての放射を吸収し、再びすべてを外へ放射する、熱平衡の状態にある理想的な物体である。もし、古典物理学のとおり、黒体から出てくる電磁エネルギーが無限に小さく分割できる、つまり途切れなく連続的であると考えると、そこから導かれる予想は実験結果と一致しない。何かが、古典的な〔古典物理学で説明可能な〕エネルギーの概念と相容れないのだ。

問題を解決しようとしたプランクは、こう主張する。黒体の電磁放射のスペクトルを説明できるのは、エネルギーが量子の形をとると考える場合のみ、と。量子とは、エネルギーの最小単位である。一つの量子が、エネルギーがとれる一番小さな量なのだ。ある電磁放射の振動数には固有の量子があり、それがもつエネルギーをさらに小さく分割することはできない（一ドルを一セントより小さく分けることができないのと同じ）。そう想定することによって、プランクは観測事実を見事に説明した。量子の概念が生まれたのだ。

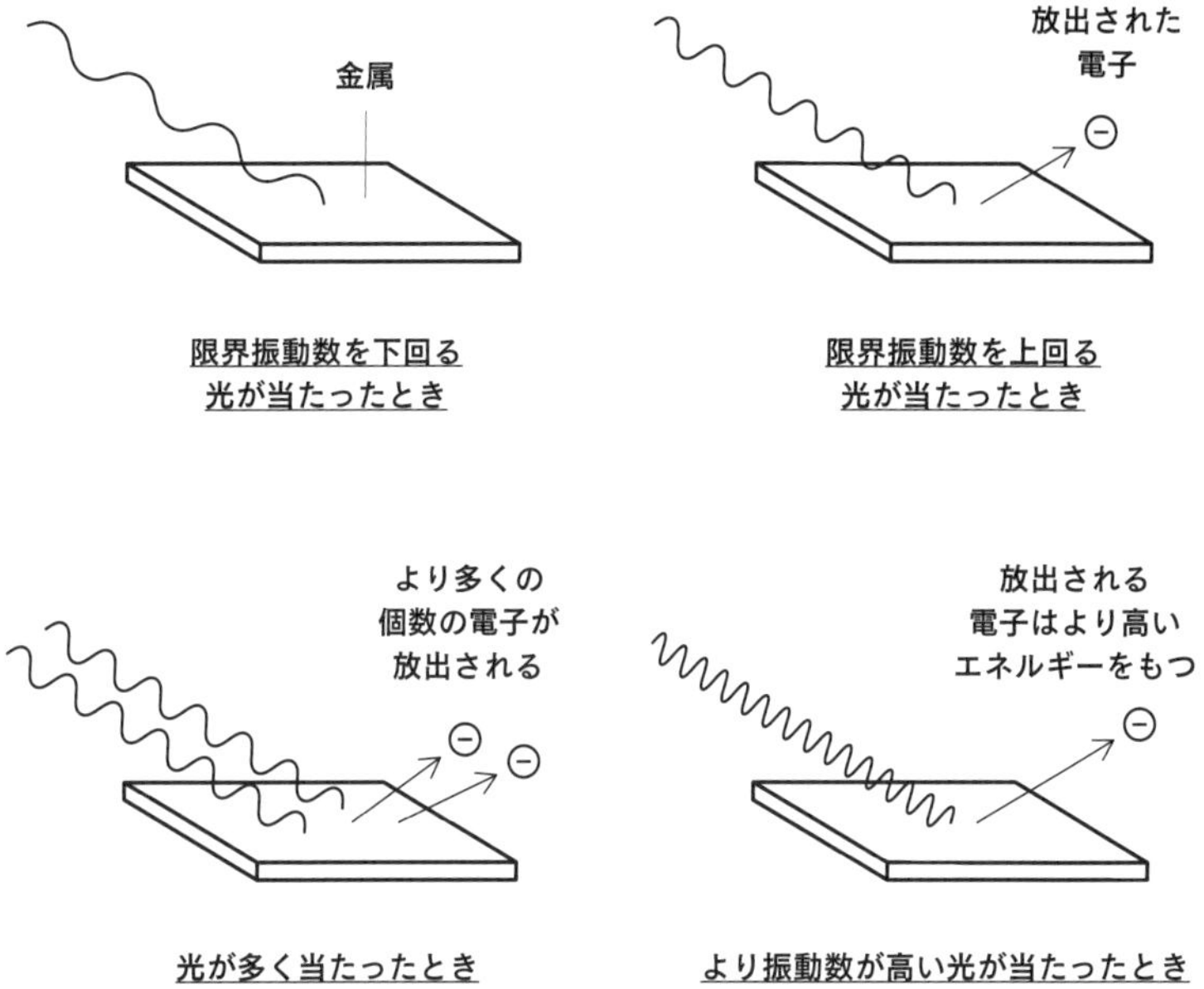
金属
限界振動数を下回る光が当たったとき
放出された電子
限界振動数を上回る光が当たったとき
より多くの個数の電子が放出される
光が多く当たったとき
放出される電子はより高いエネルギーをもつ
より振動数が高い光が当たったとき

アインシュタインは、光電効果を説明する一九〇五年の論文で、プランクの考えを全面的に受け入れていたわけではなかったが、最終的には完全に同意する。[14] アインシュタインは、光は電磁放射であるため、量子の形態をとると主張した。つまり、光の振動数が高ければ高いほど、その量子のエネルギーも高くなるのだ。この関係は線形であり、振動数が二倍になれば、量子のエネルギーも二倍になる。光が量子の形をとるという考えは、金属に当たる光が金属原子から電子を追い出すという、光電効果を理解するうえで重要であった。どんな金属でも、所定の最小エネルギー値を光の量子がもってさえいれば、その光を照射することによっ

て、金属表面から電子が放出されるが、所定の最小エネルギー値未満の光の量子を当てても、電子は原子にとどまるとアインシュタインは述べた。そう考えれば、入射光が限界振動数を下回る、つまり量子のエネルギーが小さすぎれば、電子が金属表面から決して放出されないのも道理だ。また、量子を二つ合わせて必要なエネルギー量になっても、意味はない。光と金属の原子との間の相互作用は、一度に量子一個と決まっている。そのため、限界振動数を下回る量子をどんなにたくさん当てても、なんの効果も得られない。

この理論でアインシュタインは、入射した光の振動数が増大するにつれて、放出した電子のエネルギーが高くなる（あるいは速度が大きくなる）とも予測した。個々の光の量子がもつエネルギーが大きければ、電子を強く押し出し、より大きな速度で金属から電子が飛び出すと考えた。この予測は、すぐに実験的に確かめられた。

ここでアインシュタインが核心を突いているのは、光が小さな目に見えない粒子からできており、個々の粒子つまり量子がもつエネルギーは光の振動数（色）によって決まるという部分である。奇妙にも、振動数や波長という言葉は、光の波の性質を表すものであるにもかかわらず、光は粒子であるという考えと結びついているのだ。不穏な二面性がいよいよその姿を現し、混乱が広がり始める。

一九〇五年のレーナルトが行った「陰極線の研究」と、一九二一年にアインシュタインがプランクの量子仮説を用いて光電効果を説明した研究に対して、それぞれにノーベル賞が贈られた。

しかし、レーナルトは、自分が出した結果を理論化したアインシュタインが賞賛されることに、ひどく憤慨する。レーナルトは、反ユダヤ主義者だったのだ。一九二四年には、ヒトラーが率いる国家社会主義ドイツ労働者党の党員になった。ハイデルベルクの物理学研究所にある彼の居室の前には、「ユダヤ人といわゆるドイツ物理学会会員の入室を禁ず」(15)と掲示した。レーナルトは人種差別と反ユダヤ主義をむき出しにして、アインシュタインと相対性理論を激しく攻撃した。「レーナルトにとって、アインシュタインのすべてが嫌悪の対象だった。レーナルトが軍国主義的な国家主義者であった一方で、アインシュタインは平和主義的な国際主義者であった……レーナルトは、相対性理論が『ユダヤ人の詐欺』であり、理論の重要な点はすべて、すでに『アーリア人』によって発見されていると決めてかかっていた」(16)。フィリップ・ボールが、そうサイエンティフィック・アメリカン誌で述べている。

ヨーロッパをおおう、激動の社会情勢と混乱したイデオロギーのなかで、量子革命は幕を上げた。

一九〇五年の時点で、電子が原子の構成要素であることはわかっていた（しかし、ほかにも構成要素があるかどうかは不明だった）。加えて、マクスウェルの方程式によって記述される電磁場についてもわかっていた。電磁場は量子の形をとる。光も電磁波であることは明らかだったが、それなのに、量子の形をとり、量子は粒子と考えられたのだ。極微の実在は、まったく理にかなっていなかった。

そのころ、J・J・トムソンは、ある疑問を抱いていた。数個の光の量子が一本のスリット（二本のスリットではなく）を通過すると、何が起こるか？ 一九〇九年、若手科学者のジェフリー・イングラム・テイラーは、ケンブリッジにあるトムソンの研究室で働き始め、トムソンの疑問に答える実験の設計に乗り出す。その答えは、現在もなお量子力学にこだまし、二重スリット実験についての本書にも密接に関係している。

一本のスリットが開けられた遮光シートを、光源で照らしているところを考えよう。このシートをはさんで、光源の反対側にスクリーンを置く。素直に考えれば、スクリーンには一本の光の筋ができそうな気がする。ところが、実際には縞模様ができる（しかし、二重スリットで見られるパターンとは異なる。スリット一本で縞模様ができるのは、スリットの各地点が新しい波源になると考えることで説明できる。そうしてできる波が互いに干渉し、回折パターンと呼ばれるものをつくり出す）。これは光が波のように振る舞うことの、もう一つの証拠である。光が豊富にある場合は、結果を説明するのはたやすい。光は電磁波であり、そのため縞模様ができるというわけだ。

しかし、光も量子つまり粒子であるとすれば、スリットを照らす光の強度を弱めて、ついには光の量子が一度に数個ずつ一本のスリットを通過するようになると、どうなるか。それをトムソンは知りたかった。もし、スクリーンが光の個々の量子を長い時間にわたって記録する写真乾板だったとしたら、干渉縞はできるだろうか？　トムソンは、ぼんやりした縞模様が現れるはずだと主張した。明確な干渉縞ができるには大量の量子がスクリーンに同時に到達し、干渉しなければならないと考えたのだ。[17] 同時にスクリーンに届く量子がぽつぽつという程度まで少ないと、干渉の度合いが減って縞模様の明確さは損なわれるはずだ。

当時、テイラーは二〇代。実験物理学者としてのキャリアを歩み始めたところだった。この実験を最初の論文のテーマに選んだが、のちにこんな不可解な回想を残した。「あのテーマを選んだのは、それに科学的な価値がないのではないかと危惧したからでした」。[18] そんなわけで、テイラーは両親の自宅の子供部屋で実験を行った。ガラス板の上に金属箔を貼り付け、そこにカミソリの刃でスリットを一本刻んだ。[19] 光源にはガスの炎を使い、炎とスリットの間に、暗い色の板ガラスを何枚も置いた。そうすれば、スリットに届く光が弱まり、一キロ以上離れたところにあるろうそくの光くらいになるだろうと考えたのだ。スリットをはさんで光源の反対側に針を置き、写真乾板に影ができるようにした。同時に届く量子がわずか数個となるはずの光は、スリットを通過して写真乾板に到達する。数週間ののち、かすかな光を受けた乾板には、何が記録されただろうか？

しかし、テイラーの心は別のところにあった。そのとき、ヨットの名手になろうとしていたのだ。テイラーは、実験開始から六週間後に写真乾板の露光がいい具合になるように、実験を計画していた。「ちょうど写真乾板への露光の段階に入るころに、最近手に入れた小さな帆走ヨットで一カ月の航海に出られるよう、うまく計画したのです[20]」と彼は述べた。写真乾板を三カ月かけて露光する、もっとも時間のかかる工程の間、テイラーは航海に出ていたという[21]。

三カ月にわたる露光のあと、テイラーが目にしたのは干渉縞だった。まるで、もっと強い光で非常に短い時間露光されたかのように鮮明だった[22]。トムソンは間違っていた。しかし、テイラーはトムソンの予測との食い違いを追求しなかった。追求していれば、テイラーは量子物理学の発展に大いに貢献したはずだ。彼の結果には、光子の奇妙な振る舞いが顔をのぞかせていたのだから。見切りをつけたテイラーは、物理学のほかの分野、特に流体力学に大きな足跡を残す。

しかし、トムソンの指導者としての役割は、それにとどまらなかった。一九一一年の秋、若いデンマークの科学者ニールス・ボーアが、トムソンのもとで研究を始めたのだ。その後すぐに、ボーアはマンチェスターへと移り、原子の構造を研究していたニュージーランド生まれの英国の物理学者アーネスト・ラザフォードと研究を始める。ラザフォードはそれまでに、原子は電子のほかに、正に帯電した原子核ももつことを明らかにし、さらに計算によって、原子の質量の多くが原子核にあることをはじきだしていた。そうして、原子の新しいイメージがつくられた。惑星が太陽の周りをめぐるように、負に帯電した電子が正に帯電した原子核の周囲を軌道運動するのだ。

ほどなく物理学者らは、このモデルに深刻な欠点があることに気がついた。ニュートンの法則によれば、電子が原子核に落ちることなく軌道運動するためには、電子は加速され続けなければならない。さらに、マクスウェルの方程式からは、加速している電子は電磁気的なエネルギーを放射すること、その結果、電子はエネルギーを失って原子核にくるくると落下し、すべての原子は不安定になることが予測される。もちろんそんなことは実際に起こらない。モデルが間違っているのだ。

暫定的な解が、若いボーアによってもたらされた。一九一三年、ボーアは、原子核の周囲を軌道運動する電子のエネルギー準位は連続的に変化せず、また原子内の電子がとることのできるエネルギーには下限が存在すると提案した。つまり、電子には決まった軌道がいくつか存在し、それぞれのエネルギー準位は量子化されているというのだ。そして、あらゆる原子核には、もっとも低いエネルギーの軌道が存在する。この軌道は安定なはずだ、とボーアは考えた。電子がもっともエネルギーの低い軌道にあるならば、電子は原子核に落ちることはない。核に落ちるためには、もっとエネルギーの低い、もっと小さな軌道がなければならないが、ボーアのモデルでは、軌道エネルギーの最小量子よりも低いエネルギーをもつ軌道は禁止されている。電子が落ちていけるような、さらにエネルギーの低い軌道は存在しないのだ。そして、この安定した、最低エネルギー準位の軌道のほかにも、原子は量子化された軌道をもっている。つまり、電子は軌道から軌道へ連続的に移動することはできない。電子はジャンプするのだ。

ボーアが出した解決策は、二〇世紀初頭の物理学者にとって、あまりに奇妙でなかなか理解されなかった。それを感じ取ってもらうために、自動車を時速一〇キロから時速六〇キロに加速するところを想像してほしい。軌道内の電子の振る舞いをその自動車にたとえると、時速一〇キロから時速六〇キロまで、時速一〇キロごとにとびとびに加速し、中間の速度にはならない。さらに、どんなに懸命にブレーキをかけても、速度は時速一〇キロを下回らない。それが、速度の最小量子だからだ。

ボーアはまた、電子は高いエネルギー軌道から低いエネルギー軌道に移動すれば、その差分のエネルギーを運び去る放射線を出し、また高いエネルギー軌道にジャンプするには、必要なエネルギーをもった放射線を吸収しなければならないと考えた。

電子が原子核のまわりを軌道運動している間に、エネルギーを失わないのは（マクスウェルの理論に従うのは）、電子がエネルギーを放射することのない、特別な「定常」状態にあるからだと、ボーアは考えた。このいくぶん恣意的な仮定を突き詰めていくと、電子のもう一つの特性に行きつく。電子の角運動量だ。これも量子化されていて、特定の値以外にはならない。

これには、みな困惑する。それにもかかわらず、プランク、アインシュタイン、ボーアが行った研究の間にはつながりがあった。プランクが示したのは、電磁放射のエネルギーが量子化されるということと、エネルギー（E）の最小の量子はプランク数（h）に放射の振動数（ν）をかけたものであるということ。つまり、有名な方程式$E=h\nu$を導いた。アインシュタインは、光が量子の形態をとること、そして個々の量子（光子）のエネルギーは、またも$E=h\nu$（νは光の振動数）で求められることを明らかにした。

そして、ボーアは原子内のエネルギー準位が量子化されることを示した。しかし一〇年以上かかってようやくボーアは、電子がエネルギー準位をジャンプするとき、原子に出入りする放射が光量子の形態をとることを受け入れる（当初、放射が波のような古典的なものであると主張していた）[23]。

しかし、光量子に関するアインシュタインの考え方を受け入れると、光子のエネルギーの吸収や放射が$E=h\nu$で表されることに、ボーアも気がついた（ボーア以外にも、アインシュタインの考えに抵抗した大物学者はいる。光が量子化されるという概念は物理学者には受け入れがたかったが、それは光の波としての性質を記述したマクスウェルの電磁気の方程式があまりに成功していたためだ。なにしろ、プランクでさえ、一九一三年にアインシュタインをプロイセン科学アカデミーの会員に推したとき、推薦文にこんな但し書きを付けた。「たとえば光量子仮説のように、彼は的を外したこともあるかもしれないが、このことをもって彼の評価を過剰に下げるようなことがあってはならない」[24]）。

しかし、積み上がっていく証拠の数々は、波と粒子の性質をあわせもつものが自然界に広くみられることを示していた。一九二四年、ルイ・ド・ブロイは学位論文で、波と粒子という二面性を物質の粒子にまで拡張し、電子の軌道が量子化される理由をより直感的に理解できるようにした。アインシュタインは光が波と粒子という二面性をもつことを示したが、ド・ブロイによれば、物質も同じなのだ。電子は波でもあり、粒子でもあると考えられる。そして原子も同様である。どうやら、自然は差別をしないらしい。すべてのものは波のようにも、粒子のようにも振る舞うのだ。

そう考えることで、ボーアの原子モデルの理解も進んだ。ド・ブロイの主張によって、電子は原子核の周囲を軌道運動する粒子ではなく、原子核を周回する波として考えられるようになる。電子が一、二、三、四などの整数倍の波長をもつことのできる軌道だけが存在し、分数倍の波長の軌道はあり得ないというわけだ。

そのころにはもう、物理学が重大な変化をとげつつあることは明らかだった。量子化された電磁放射や、量子化された電子軌道、そのほか同様の概念を用いて、少なくとも最も単純な原子である水素（原子核の周囲を一個の電子が軌道運動している）について、それまで不可解だった現象を説明できるようになった。より複雑な原子は、新しい概念をもってしても、簡単には理解できなかった。それでも、実在の構造が調べられていった――原子がどのように振る舞い、原子の内部の電子が放射や光を通じてどう外界と相互作用するのかということが。しかし、成功が積み重なる一方で、謎も増えていった。

きわめて小さなスケールで見られる、自然の不連続性と離散性がしだいに明らかになる一方で、それには波の特性も付随するという難問が存在した。波は古典的な連続性を象徴するものである。そして、もっとも不気味だったのは、非決定論の問題だろう。規則的な決定性という、古典的なニュートンの世界に従わない自然現象が存在することは明らかだった。たとえば、放射性崩壊を考えよう。放射性原子の現在の状態についてどれほどわかっていても、それがいつ放射性崩壊を起こして放射線を出すのかは正確に予測できない。放射性崩壊は予測不可能で、確率論的である。これは、当時の科学の信条に反していた。ある系についてすべて知っていれば、それが絡む将来の事象を正確に予測できると考えられていたのだ。微小な世界には、それとは異なる法則がはたらいているようだった。

しかし、この法則がどのようなものなのかは、わからないままだった。物理学には、これら異なる要素をまとめ上げる大きな枠組みが欠けていた。しかし一九二〇年代後半、すべてが変わる。わずか数年のうちに、天才たちによって、微小な世界を理論化する枠組みが二つも構築されたのだ。この取り組みは、歴史に残る科学会議で最高潮を迎える。一九二七年一〇月、ベルギーのブリュッセルで開催された、電子と光子に関する第五回ソルベー会議である。その一コマを捉えた歴史的な写真（ベルギー人カメラマンBenjamin Couprie撮影）には、全二九名の出席者が納まる。後列に立っている二〇代の人々はのちに有名になる。前列に座るのは、すでに名声をとどろかせていたアインシュタイン、プランク、マリー・キュリーたち[25]。その中間の人々も、量子物理学という新しい分野に重要な役割を果たした。ここから、多くのノーベル賞受賞者が出る。二九名の参加者のうち、一七名までが受賞するのだ。

コペンハーゲンの「ザ・レイク」は、街の中心部からそれほど遠くないところにある、三日月形をした五つの貯水池である。この貯水池の北端を歩いて、セイヨウトチノキが縁取る湖畔を過ぎたのち、短い裏路地を二ブロック進めば、すぐにニールス・ボーア研究所の飾り気のない建物が見えてくる。一九二一年にボーアによって設立されたときは、理論物理学研究所と呼ばれていた。ボーアはマンチェスターからコペンハーゲン大学へ移り、一九一六年にわずか三一歳で教授になった。その後、懸命にロビー活動をして、理論物理学研究所の建設のために資金を集めた。そして、数十年の間、研究所はボーアの熱心な指導のもと、進化していく量子物理学に没頭する偉大な頭脳を集め続けた。

偉大な頭脳の一人が、ヴェルナー・ハイゼンベルクという名の若いドイツ人物理学者であった。一九二二年六月、ドイツのゲッティンゲンで、ハイゼンベルクとボーアは出会う(26)。ボーアが最新の原子モデルや、重要な未解決問題のあれこれについて講義するために、訪問したときのことだ。講義で鋭い質問をした、二〇歳の大学生ハイゼンベルクに、ボーアがいたく感心し、彼を散歩に誘って原子理論について論じ合った。そして、ハイゼンベルクをコペンハーゲンに呼び寄せる(27)。一九二四年、ハイゼンベルクはボーアやほかの人々と議論を交わしたのち、こう考えた――「いつの日か、賢明な推測によって、量子力学という完璧な数学的体系を構築する道をつくることができるはずだ」[28]。力学とは、力の影響を受ける物体が時間とともにどのように変化するかを説明する物理学のことである。

ハイゼンベルクのその洞察は予言めいていた。一九二五年の春、ひどいアレルギー性鼻炎を患うハイゼンベルクは、花粉が少なく岩だらけの島、北海のヘルゴラント島に避難する。そこで、長い散歩とゲーテの『西東詩集』を熟読し思いにふける合間に、現代の量子論の基本となる初期の数学を考え出すのだ[29]。ハイゼンベルクはのちにこう回想している。「最後の計算結果を出す前、まもなく朝の三時という時分……私の計算が示すかぎりの量子力学に、数学的な一貫性と干渉性があることは、もはや疑いようがなかった。最初はひどく驚いた。原子レベルの現象の表層の向こうに、妙に美しい内部構造を見ていたという感覚に陥った。そして、自然が寛大にも私に見せてくれた、奥深い数学的な構造の特性を調べ上げなければならないという考えに、めまいさえ覚えた。興奮のあまり眠れず、夜が明けると、島の南端に向かった。海に突き出た岩を登りたいと思ったのだ。難なく岩に登り、太陽が昇るのを待った[30]」

ハイゼンベルクは研究を論文にまとめ、まずヴォルフガング・パウリ（優れた若手研究者の一人）に見せ、次いでマックス・ボルン（同様に優れた研究者で、ハイゼンベルクが博士号取得後の研究をしていたとき、ボルンは四〇代で父親のような存在だった）にも見せた。ボルンはハイゼンベルクの論文の論旨をすぐに理解した。「その日一日考え続け、夜ほとんど眠ることができなかった……朝になって突然、光を見出した[31]」と回想する。

そのときボルンが気づいたのは、ハイゼンベルクが方程式で操っていた記号が行列という数学の記号に相当するもので、行列代数と呼ばれる数学の一分野が存在するということだった。たとえば、ハイゼンベルクは、自分の記号に奇妙なところがあるのを見出していた。行列Aに行列Bをかけたものと、行列Bに行列Aをかけたものとは同じではないのだ。掛け算の順序は重要だった。これは、実数にはなく、行列にみられる性質だ。行列とは要素の配列である。配列は、一つの行だったり、一つの列だったり、複数の行と列の組み合わせだったりする。ハイゼンベルクは行列代数を知らないまま、量子の世界を表し、量子についての疑問を明らかにする方法としての行列を直感的に理解したのだ。

ボルンはハイゼンベルクとパスクアル・ヨルダンとともに、数カ月のうちに、現在の行列力学と呼ばれる量子力学の定式化〔物理現象などを数式で表現すること〕を行った。英国では、ポール・ディラックがハイゼンベルクの研究を知って光を見た。ディラックも一連の論文をまとめるなかで、行列力学に深い洞察と数学を独自に加え、現在も使用される「ディラック記法」を開発した。

もっとも重要なのは、この行列力学がうまくはたらくことが明確だったことだ。たとえば、電子の位置は行列で表現される。この場合の位置は、観測量と呼ばれる。このとき、行列は電子が観測され得るすべての位置を表す。この定式化では、暗に電子がある位置にのみ存在し、ほかの位置にないことを許している。そして、ある位置から別の位置への連続的な変化は存在しない。

離散性あるいはある状態から別の状態へのジャンプは、行列力学に織り込み済みである。

やがて物理学者は、行列力学を使ってさまざまなことを明らかにしていく。たとえば、原子内の電子のエネルギー準位を計算したり、ナトリウムやその他の金属の小片から光として放射される放射線を説明したりした。また、そのようなスペクトル放射が磁場の影響のもとでわずかに異なる振動数に分かれるメカニズムを解明したほか、水素原子そのものへの理解を深めていった。

しかし、行列力学がなぜうまくはたらくのかはわからなかった。これらの行列は、物理的には何を示しているのだろうか？　その要素には、複素数もあり得る（複素数は実部と虚部で表される。虚部は実数に-1の平方根をかけたものである。また$\sqrt{-1}$は実在しないので虚部というが、数学のあらゆる分野で大いに役立つ）。物理的な世界が想像上のものだけで示されるとは、どういうことだろうか？　人間が理解できる限界にたどり着いてしまったのだろうか？　明快に理解することは可能なのだろうか？

行列力学では、たとえ電子を量子として捉えても、明確で決まった軌道をもつものとして電子を考えることはできない。行列力学を使えば、数の組み合わせで電子の量子状態を記述したり、行列の操作を何度も行ってスペクトル放射のようなものを予測したりできる。しかし、太陽の周りをまわる地球といった、明快なイメージとして電子の軌道を視覚化することはできなくなる。

さらに、行列力学には確率もからんでくる。粒子が状態Aにあり、それを確認しようと測定するとする。行列力学で計算すれば、もちろん、状態Aの粒子を一〇〇パーセント確信をもって確認できるという解が得られるだろう。同じことが状態Bでも言える。しかし、行列力学では、粒子がさまざまな中間の状態に存在し得る。つまりAがxの割合、Bがyの割合という状態が存在し得る。もし、粒子が状態Aか状態Bかどうかを予測しようとすれば、もはや一〇〇パーセント確信をもって予測することはできない。

行列力学では、どんな測定結果が得られるか、その確率だけしか計算できないのだ。たとえば、状態Aにある割合がxで状態Bにある割合がyだったとすると、状態Aの電子を発見する確率はx^2となり、同様に、状態Bの電子を発見する確率はy^2となる。(専門的には少し違っていて、xとyは複素数である。しかし、ここでは話を簡単にするために、xとyのルールを以下のようにする。確率は足し合わせて1であるため、$x^2+y^2=1$とする)。

ここで確率の話になっているのは、おそらく、粒子について知らないことがあるからではない。行列力学では、私たちが考え得るすべての情報を持ち合わせていることを示す。それでもなお、一〇〇万個の同じ状態(状態Aと状態Bの同じ組み合わせ)にある粒子を同じように用意し、それぞれについて測定を行えば、状態Aの粒子を検出する確率が平均でx^2になり、状態Bの粒子を検出する確率が平均でy^2となる。しかし、ある粒子に対して得られる答えを予測することは決してできない。統計学的に述べることができるのみである。自然界は、量子の世界で決定論的ではないらしい。

二重スリットで同じようなことが起こることを思い出そう。一個の光子がスクリーンに到達する場所を正確に予測することはできず、光子が到達する場所の確率を特定できるだけだ。

こうした一連の展開から間を置かず、のちに量子物理学の創設者の一人と称されるようになるオーストリアの物理学者、エルヴィン・シュレーディンガーが、ハイゼンベルクの行列力学に嫌悪と失望の声をあげた。シュレーディンガーは〔行列力学を〕「いかなる可視化もできない、不可解な代数学を用いる非常に難しい手法」と見なし、「不快とまでは言わないまでも、落胆した[32]」と述べた。

波と粒子、連続性と離散性、古い学説と新しい学説との間で激しい戦いが繰り広げられていた。シュレーディンガーは嫌悪感から、突然現れた行列力学に代わる、素晴らしい伝統的な手法を開発した。それによって、自然界に対する古典的な考え方は威信を取り戻すかのように見えた。

ルイ・ド・ブロイが一九二四年に、物質に備わる波と粒子の二面性について論文を書いたとき、シュレーディンガーはすでにチューリッヒ大学で理論物理学の教授職に就いていた。隣国の若き天才たちと比べ、シュレーディンガーはだいぶ年上、四十手前だった。しかし、シュレーディンガーもまた、みなの頭を悩ませていた問題に長年取り組んでいた。シュレーディンガーは、アインシュタインの論文でド・ブロイの研究を知った。古典的で直感的なシュレーディンガーの頭には、物質を波と考えるのは理にかなっており、一九二五年一一月三日付けのアインシュタインへの手紙でそう認めている。「数日前のこと、私はルイ・ド・ブロイの独創的な論文を大きな関心をもって読み、ついに見つけたのです」[33]。シュレーディンガーは、原子核周囲の電子の運動を波と考えることで、それを記述しようとした。ハイゼンベルクの行列力学の代わりに、シュレーディンガーは電子の波動力学を望んだのだ。

ハイゼンベルクのヘルゴラント島へのひとり旅が量子物理学の伝説なら、シュレーディンガーの孤独な――ほとんど隔絶された――創造の爆発も伝説にあげられるだろう。ニューヨークタイムズ紙の書評は、シュレーディンガーの人生のこの時期を次のように表現する。「一九二五年、クリスマスの数日前。シュレーディンガーは二週間と数日の休暇を過ごすのに、スイスのアルペンにあるアローザへと旅立った。チューリッヒに妻を残し、ド・ブロイの論文と、ウィーンの昔のガールフレンド（この人物が誰であるかはわからないまま）、それに二個の真珠を旅の道連れにした。耳には雑音を遮断する真珠、ベッドにはインスピレーションをくれる女性。シュレーディンガーは波動力学の研究に取り組んだ。一九二六年一月九日に謎の女性との難儀な休暇を終えたとき、偉大な発見を手にしていたのだった」[34]

数週間後、シュレーディンガーはアナーレン・デア・フィジーク誌に最初の論文を発表する。さらに三本の論文を矢継ぎ早に発表し、ハイゼンベルクとボルンの世界を混乱に陥れた。世の物理学者たちは突如、水素原子の電子に起きている見かけの現象を直感的に理解する方法を手にした。電子を波として扱い、この波がどのように時間的に変化するかを示す方程式をシュレーディンガーは思いついたのだ。波動力学である。それはほぼ古典物理学だった。奇妙かつ重大な違いがいくつか存在することを除いて。

古典物理学で、音波などの波動方程式を解けば、空間と時間のある一点における音波の圧力が得られる。シュレーディンガーの波動方程式を解くと、波動関数と呼ばれるものが得られる。ギリシャ文字ψ《プサイ》で表される、この波動関数はいくぶん奇妙なものだ。それは粒子の量子状態を示すが、たとえば、電子がある時刻にこの位置に存在するとか、また別の時刻にほかの位置に存在するというような、単一の値をとらない。むしろ、ψはそれ自体、変動する波で、任意の時刻において、さまざまな位置でさまざまな値をもっている。さらに奇妙なことに、これらの値は実数ではなく、虚部をもつ複素数である。そのため、いかなる時間においても波動関数は空間のある領域に局在せず、あらゆるところに広がっており、虚数成分をもっている。そしてシュレーディンガー方程式は、量子系ψの状態が時間とともにどのように変化するかを計算することができる。

シュレーディンガーは、波動関数によって電子あるいはほかの量子世界の粒子で実際に起こっていることを可視化できると考えた。しかし、その見解には、論文発表の数カ月ほどで、疑問符が付けられた。マックス・ボルンが、シュレーディンガーによる波動関数の解釈に誤りがあることに気づいたのだ。

一九二六年の夏、ボルンは数編の独創的な論文を発表する。そのなかで、電子が衝突し散乱した際、電子の状態を示す波動関数は、電子がある状態あるいは別の状態で発見される確率を符号

化しているにすぎないことを示した。試行錯誤の末、ボルンが実証したのは次のことだ。もしψが電子の波動関数で、電子の二つの可能な状態ψAとψBについて、たとえば$\psi = x\psi A + y\psi B$のように記述できれば、観測を行うときに私たちにできるのは、状態Aと状態Bにある電子を発見する確率の計算のみである（状態Aにある電子を発見する確率は、xの振幅の二乗、別の言い方ではxの絶対値の二乗、$|x|^2$で与えられ、状態Bで電子を発見する確率は$|y|^2$で与えられる。xが実数であれば、$|x|$は単にその絶対値だ。正の数であれば、そのままで、負の数であれば、-1を掛けたもの。それを二乗すれば、正の数になる。もちろん、xとyは複素数の可能性もある。複素数の絶対値の計算はやや複雑になるが、基本的には複素数の絶対値を二乗すると、虚部を含まない正の実数になる）。

一見、ボルンは、あらゆる結果に原因があるという決定論的な古典物理学の土台である因果律に、疑いを向けていたように思われた。電子の初期状態が与えられても、標準的な量子力学は、電子の次の状態がどうなるかを決定論的に示すことはできない。ボルンの法則と呼ばれるものを用いて、電子がある新しい状態へと遷移する確率を計算することができるのみだ。ランダムな要素、言い換えると偶然性が、自然法則の不可欠な要素になったのだ。ボルンは「粒子の運動は確率論に従うが、確率自体は因果律に従って伝播する」[35]と考えた。

それは、波動関数の解釈の一つ――確率波である。シュレーディンガー方程式では、確率波が時間とともに決定論的にどのように変化するかを計算することができる。しかし、確率波が進化し形を変える際に、変化するものは、さまざまな状態の量子系が見つかる確率である。

以上のことが行列力学の確率のように聞こえたとしたら、あなたは間違っていない。シュレーディンガーはさらに洞察力を発揮し、波動力学と行列力学が数学的に等価であることを示した（この等価性を実際に証明したのは数学者ジョン・フォン・ノイマン）。シュレーディンガーは、このことを行列力学の妥当性とみなすより、波動力学の勝利であると主張した。自分のアプローチが正しいと考え、行列力学を用いて計算されるあらゆることは、波動力学を用いて計算できると述べた。シュレーディンガーにとって、波動力学の利点はもっとも小さなスケールでの特性が連続的であり、離散的ではないと考えるところにあった。量子飛躍はないというわけだ。

一方で、ハイゼンベルクはシュレーディンガーの考え方に否定的であった。パウリに宛てた手紙で、シュレーディンガーの考えを「Mist[36]（ドイツ語でゴミや汚物の意）」と呼び、「非常に不快である」と不満を書いた。パウリは、「Züricher Lokalaberglauben[37]（チューリヒの迷言という意味。シュレーディンガーが働いていた街を隠喩する）」と言った。もちろんシュレーディンガーは、それに気分を害した。パウリは次のように言って、シュレーディンガーをなだめようとした。「これを嫌がらせと受け取らないでほしい。そうではなく、連続体の物理学の概念では表現できない様相を量子現象が見せているという、私の客観的な確信と捉えてほしい。しかし、この信念によって、私の人生が楽になったとは考えないでもらいたい。そのせいで、私はすでに苦しんでおり、今後いっそう苦しむだろうから[38]」

シュレーディンガーがコペンハーゲンを訪問して、初めてボーアに会ったときも、実在の性質は彼らを悩ませ続けていた。

一九二六年九月にシュレーディンガーがコペンハーゲンを訪れてから数十年後、ハイゼンベルクはそのときの激論ぶりをこう語っている。「ボーアとシュレーディンガーとの議論は、コペンハーゲンの駅から始まり、毎日、朝早くから夜遅くまで続いた。議論に邪魔が入らないよう、シュレーディンガーはボーアの自宅に泊まり込んだ。ボーアは日頃、親切で周囲に気を配る人だったが、そのとき私には、彼が容赦のない狂信者のように見えた。まったく譲歩する意思はなく、曖昧な点が少しでもあれば追求した。二人の激しい議論の様子は、とても言い表せそうにない(39)」

シュレーディンガーが風邪をひき、発熱と寒気でベッドに伏していたあとでも、ボーアは容赦なかった。それどころか、ボーアの妻マルグレーテがシュレーディンガーの看病をしていたときでさえ、ボーアは彼のベッドサイドに現れ、量子物理学の議論を始めた。

ボーアとシュレーディンガーの議論はいわば前哨戦だった。その後、ボーアはアインシュタインと実在の最小要素（このときは電子と光子）をどう考えるかについて議論を交すのである。それは二つの思想の衝突であった。ウォルター・ムーアの著書『シュレーディンガー――その生涯と思想』（小林澈郎他訳、培風館）にあるとおり、「シュレーディンガーは映像的に思考する『視覚型の人』であり、ボーアは抽象的に思考する『非視覚型の人』であった[40]」。

シュレーディンガーはコペンハーゲンをあとにしたが、ハイゼンベルクは留まり、ボーアの議論の相手となった。ハイゼンベルクが住んでいた研究所の屋根裏に、ボーアが夜遅くにやってきて、議論を続けるのだ。二人はほとんど意見を同じにしていたが、食い違うこともあった。ボーアは、実在を解釈するうえで、波と粒子の二面性（自然は二つの顔をもち、ある瞬間にはどちらか一方しか示さない）は重要な要素であると考えた。一方ハイゼンベルクは、「新しく考え出した数学的な定式化〔行列力学〕を信じる[41]」と言い、実在の捉え方をあらかじめ決めてかかるよりも、数式が意味するところを知ろうとした。

彼らは、二重スリット実験をはじめとする実験を理解しようと、頭を悩ませた。ハイゼンベルクはこう回想する。「ある溶液に含まれる毒をさらに濃縮しようとする化学者のように、パラドックスの毒を濃縮しようとして、最後にできたものが二つの穴と電子の実験だった……それはこの難題の典型だ[42]」

一九二七年二月の終わり、彼らの議論は行き詰まり、ボーアはノルウェーへスキーに出かけた。ハイゼンベルクも自分のことに時間を使った。ひらめきのあった夜のことを、ハイゼンベルクはこう書き記した。「新鮮な空気を吸って、寝る前に心を落ち着かせようと、研究所の裏にあるフエレ公園を散歩した。星空の下を歩いていると、明確なアイデアが浮かんだ。つまり、自然は［そうした］実験の状況だけを許していて、それらが量子力学の定式化の枠組みで記述できると想定すべきなのだ。そこから導かれる結論は、数学的な定式化からもわかるのだが、粒子の位置と速度を同時に知ることができない、ということだ[43]」

ハイゼンベルクは不確定性原理を発見したのだ。量子力学の定式化には、たとえば粒子の位置と運動量のような観測可能な量の組み合わせがあるが、より精度を高めて一方を決定しようとすると、もう一方の得られる値の不正確さが増大する。そのため、もしあなたが粒子の正確な位置を知れば、その運動量はほとんどわからなくなり、その逆も同様である。この関係は、エネルギーと時間など、ほかの物理量の組み合わせにも及ぶ。

（私はニールス・ボーア研究所を訪れたとき、ハイゼンベルクが住んでいた場所を見たくて屋根裏に上がった。彼の住んでいた部屋には、エアコンの機材が置かれていた。その外側にあるトイレのドアに、「ハイゼンベルク夫妻の家」という漫画が貼られていた。ハイゼンベルク夫人が「車の鍵が見つからないわ」と言うと、ハイゼンベルクが「君が車の鍵の運動量を知りすぎているからだよ」と答えている）

一方でボーアは、自身が相補性の原理と名づけたものが量子力学の核心にあることに、いっそう確信を深めていった。波の性質と粒子の性質は、実在の相補的な側面であり、どちらの面を調べる実験をするかは私たちの選択しだいだが、両方を同時に調べることは絶対にできない。ボーアは、不確定性原理が、より大きな相補性の原理から導かれる一つの結果であると考えた。

その頃、アインシュタインは、量子力学の定式化の解釈に不安を募らせ、ボーアとの議論に向けて準備を整えていた。二人の深い議論は量子力学の未来を決める。アインシュタインは論点を明確にするために思考実験を考え出すことを好み、それには二重スリット実験も含まれていた。そして、第五回ソルベー会議でそれを披露する。

アインシュタインとボーアは、知力で互いを切りつけ合う、戦う巨人のように描かれることが多い。しかし、その紋切り型の物語で見落とされがちなのは、二人が互いに尊敬し合い、影響を及ぼし合っていたということだ。アインシュタインとボーアは、一九二〇年四月にベルリンで初めて出会った。ボーアに感心したアインシュタインは五月、彼にアメリカから手紙を出した。「親愛なるボーア氏へ　ミルクとハチミツ〔豊かな生活の糧〕で潤う中立世界からの素晴らしい贈り物は、貴殿へ手紙を出すまたとない機会を与えてくれました。私の人生では、あなたほど素晴らしい人物にはほとんどお目にかかったことはなく、大変な喜びを感じています。［ポール・］エーレンフェストが、貴殿を高く評価する理由がわかりました」(44)。ボーアは六月に「貴殿にお目にかかり話ができたことは、私の人生のなかでもっとも貴重な経験となりました」(45)と返信している。

量子力学については意見を大きく異にしていたにもかかわらず、この相互の敬意が彼らの関係を支えていた。

彼らの友好的な論戦は、ブリュッセルの第五回ソルベー会議で本格的に火がついた。これは互いの思想をかけた世紀の対決だった。科学ではめったにお目にかかれることではないが、宇宙における私たちの位置について考えを改めさせる、人類文化の記憶に刻み込まれるような瞬間だった。個人が交わす議論が世紀を超えることがたまにある。たとえば、一六世紀のコペルニクスは、ギリシャ時代の天文学者で数学者でもあったプトレマイオスの古い説に異を唱えた。地球は太陽系の中心にあるというプトレマイオスに対して、コペルニクスは、太陽が太陽系の中心であると訴えた。ときに、それは、人々の共通認識に対抗する個人の戦いとなることもある。理論と観測による証拠がビッグバンから始まった膨張宇宙を指し示していた一九五〇年代、英国の天文学者フレッド・ホイルが定常宇宙を唱え、孤立を深めていったのは、その例だ。また、科学の進歩そのものの性質についての論戦という場合もある。哲学者カール・ポパーとトーマス・クーンとの議論がそれだ。アインシュタインの相対性理論の研究に感銘を受けたポパーは、科学が徐々に進化すると主張した。科学者は現象を説明するために仮説を考え出し、その仮説の誤りを立証するためにさらに最善を尽くすというのだ。一方のクーンは、第五回ソルベー会議で進行中だった議論に影響を受け、こう主張した。科学は、浸透した概念の範疇《はんちゅう》で研究する科学者によって、おおよそポパーが提唱したあり方で進化するが、それは、例外——現行の考え方では説明できないもの——が積み重なり、科学を危機の瀬戸際まで追いやって大混乱を引き起こし、劇的なパラダイム・シフトをもたらすまでのことだと。

第五回ソルベー会議での議論は、まさにそのようなパラダイム・シフトの舞台となった。ボーア、ハイゼンベルク、それにパウリは、のちに量子力学のコペンハーゲン解釈と呼ばれるようになるものに賛成した。彼らによれば、私たちは定式化によって許された実在の側面だけを知ることができる。たとえば、どこかに電子を見つける可能性について知ることができるが、どの経路でそこに到達するかを知ることはできない。なぜなら、電子の経路を捉える数学は存在しないからだ。ジョン・フォン・ノイマンによって数学的に洗練されるまで、さらに五年を要したが、実在に対するこの新しい見方は根を下ろしていた。もっとも極端な見方をすれば、コペンハーゲン解釈は反実在主義である。なにしろ、観測から独立して存在する実在についての考えをいっさい否定するのだ。さらに重要なのは、提唱者らは、この数学的な定式化が完全であり、これ以上実在について言及する必要はないと主張したことだ。

もちろん、それは私たちの考え方に起きた変革であった。その時まで、理論は、観測に関係なく実在する自然界について、具体的に記述するものであった。実在派のアインシュタインは、量子力学の数学的な定式化が不完全で、実在の全容を示していないのだと主張した。

ソルベー会議は、ブリュッセル中心部の生理学研究所で開催されていた。「しかし、参加者は全員、ホテル・メトロポールに滞在しており、もっとも激しい議論が交わされたのは、そのエレガントなアールデコ調のダイニングルームでのことだった……思考実験の大家であるアインシュタインが朝食の席で、不確定性原理と、それとみごとな一貫性をもつコペンハーゲン解釈に疑問を投げかける新たな提案を行った。コーヒーとクロワッサンをとりながら、その提案の分析に取

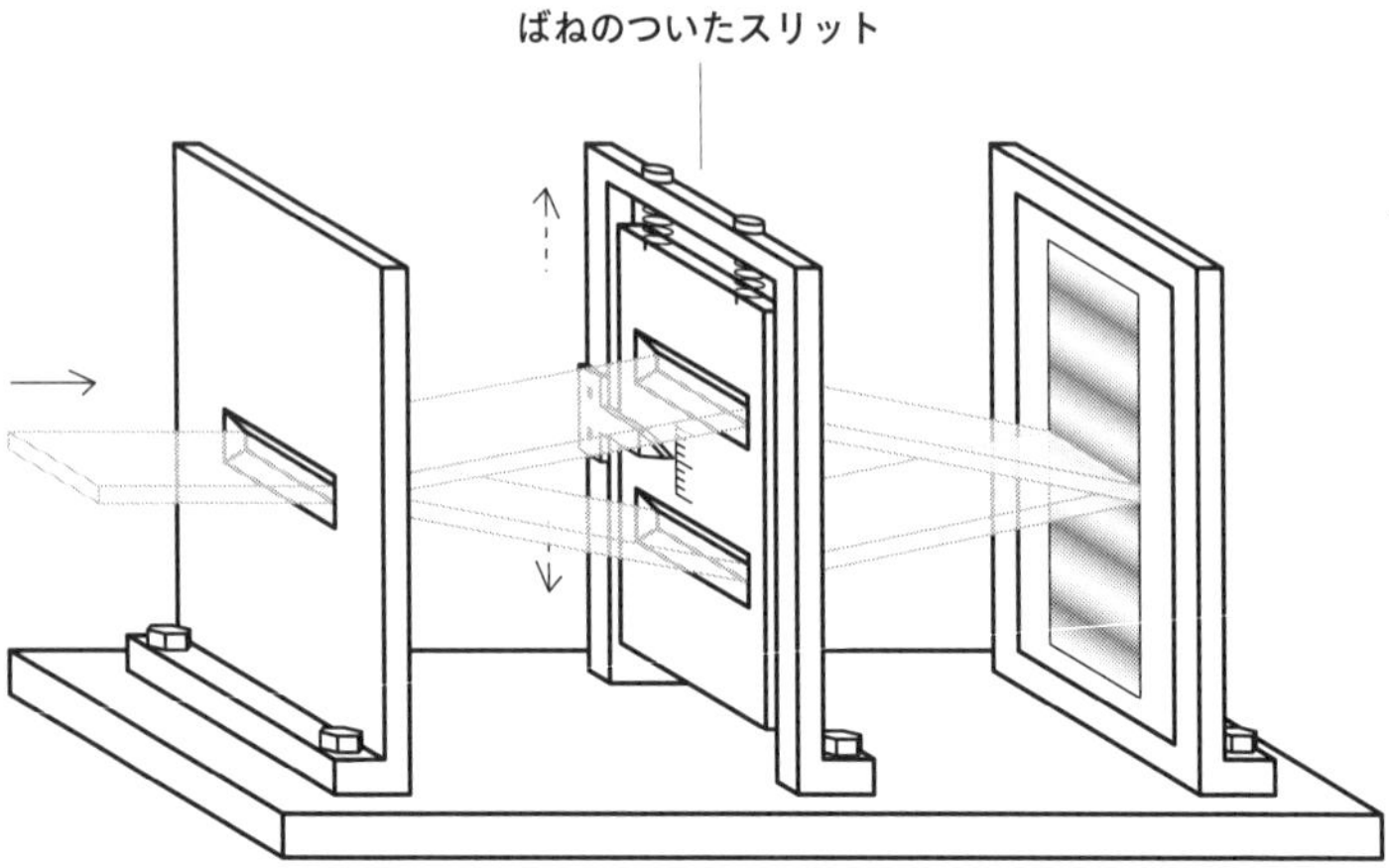

りかかる。アインシュタインとボーアが生理学研究所に向かう道中も議論は続けられ、ハイゼンベルク、パウリとエーレンフェストが二人のあとに従った。歩きながら話し合ったので、仮説は午前中のセッションが始まる前に調べられ、明らかになった……ホテル・メトロポールに戻ると、夕食を食べながら、ボーアはアインシュタインに、彼の最新の思考実験が不確定性原理によって課される限界を破れなかった理由を説明した。毎回、アインシュタインはコペンハーゲン学派の反論に穴を見つけられなかったが、ハイゼンベルクによれば『アインシュタインが心から納得はしていなかった』のは明らかだった[46]」

　彼らの頭脳戦《マインドゲーム》の中心には、二重スリット実験があった。アインシュタインがイメージしていたのは、電子が最初に単スリットを、そのあとに二重スリットを通過し、最後に一番奥のスクリーンの中心部のどこかに到達するというものだった。アインシュタインのオリジナル版では、単スリットは上下に移動させることができ、二重スリットは固定されていたが、その後物理学者らが再考案したものでは、単スリットを固定し、二重スリットを上下させて向かってくる粒子がぶつかるようにした(47)。アインシュタインが考えた装置とコンセプトは同じだが、新しいバージョンのほうが理解しやすい。

まず単スリットを、ついで二重スリットを通過し、奥のスクリーンに到達する電子を考えよう。アインシュタインの考え方にならうと、もし電子が下側のスリットを通過すれば、スクリーンの中央に到達するには、電子は方向を変えて上向きに進まなければならない。そう考えると、スリット自体には下向きの衝撃が伝わる。一方、電子が上のスリットを通過すれば、上向きの衝撃がスリットに伝わる。そのため、移行した運動量を計測することによって、電子がどちらのスリットを通過したのかを調べることができるはずだ、とアインシュタインは述べた。つまり、電子の波の性質を示す干渉縞が観測されたとしても、スリットへ移行した運動量を計測することで電子がとったスクリーンまでの経路がわかり、それはすなわち粒子の性質をもつことの証拠であるというわけだ。実在の二つの面は相互に排他的ではなく、量子力学にはその事実を表現する定式化がない、つまり不完全であると、アインシュタインは主張した。

ボーアはいくぶん悩んだが、すぐに反論を携えてきた（ボルトで装置を台に固定するなど実際的なことまで書き込んだ図面とともに）。電子が通過するときにスリットを移動できたら、また、スリットに移行する運動量を正確に計測できるとしたら、電子の位置についての私たちの知識は不正確になる（ハイゼンベルクの不確定性原理のため）。ボーアはそう指摘した。また、スリットの位置についての不確実性を考慮して、スクリーンに電子が到達する位置を計算すれば、干渉縞は不鮮明になる。スリットを動かすことによって、電子がどちらのスリットを通過したかを知ろうとすることが、電子の波としての性質を破壊する。私たちは、粒子としての電子か、あるいは波としての電子のどちらかを見ることはできるが、同時に粒子であり波である電子を見ることはできないのだ。

もちろん、これは思考実験だった。一九二〇年代には、粒子を壊すことなく、その経路についての情報を得られる、高度な実験は行えなかった。それからほぼ一世紀にわたって、この思考実験のさまざまな変化形を実行するための努力が続けられた。その結果、ボーアが正しかったことが明らかになる。自然を欺くことは不可能なのだ（しかし、のちにボーアの著作を読んだ物理学者と歴史家は、ボーアの主張がいくぶん不可解だと指摘している。そのため、「ボーアは正しかった」と無条件に主張するのは慎んだほうがいい。とはいえ、実験的な証拠は、この点についてのアインシュタインの主張と相容れない）。そして実験からは、ボーアが想像していたよりも、相補性が強力な原理であるらしいことがわかった。

それらの勝利を手に、ボーア派の人々はコペンハーゲン解釈と非実在主義的な自然観を具体的な形にしていった。二重スリット実験では、コペンハーゲン解釈は装置を通過する粒子の経路についていて何の要求もせず、さらには、そのような経路の存在さえ否定する者もいる。

アインシュタインとボーアは、量子力学から実在について何が言えるのか、議論し続けた。量子物理学はすべてを明らかにしたのだろうか？　亜原子の世界の振る舞いを統計的に記述した数学的な定式化は、実在の完全な記述なのだろうか？　そうでないとしたら、数学が表しきれない隠された実在が存在するのだろうか？　ボーアは、お手上げという風情で、隠れた実在はないと主張した。

ボーアは、二重スリット実験にたびたび立ち戻って、哲学的な点ばかり話題にし、ときどきまわりの人間を苛立たせた。ボーアと研究するためにやって来ていた若い物理学者のヘンドリック・カシミールは、ボーアとデンマークの哲学者ハラルド・ヘフディング、ヨルゲン・ヨルゲンセンとの会話を書き残している。カールスバーグ・マンション（カールスバーグ醸造所の創業者のかつての住居）に、みなが集まっていたときのことだ。ボーアは、電子を用いる二重スリット実験を話題にする。誰かが「しかし、電子は放射源から観測スクリーンまでの道のりのどこかにあるに違いないでしょうな」(48)と冗談交じりに言うと、ボーアは、その答えは「ある」という言葉をどういう意味で使っているかで変わるだろうと指摘した。憤慨したヨルゲンセンはそれに反発する。「まったく、何だっていうんだ。二つ穴のスクリーンに哲学をまるごと還元することなどできないだろうに」

しかし、ボーアはふざけているわけではなかった。量子領域で何かが「ある」とは、どういう意味なのだろうか？　驚くほどさまざまな意見が存在している。そして、二つ穴の実験は、ヨルゲンセンの抗議をよそに、科学と哲学でなされた歴史的な議論の数々で、その中心に居座り続けるのである。

第3章

実在と認識のあいだ

二重スリットを通す、光子一つひとつ

電子は、原子から飛び出すと、シュレーディンガーの霧を抜け出し結晶となる。まるで、ランプから現れる精霊のように。(1)

——アーサー・エディントン

二〇一四年のノーベル化学賞受賞者シュテファン・ヘルが晩餐会のスピーチで引用したのは、一九三三年のノーベル賞受賞者エルヴィン・シュレーディンガーの言葉だった。「一個の粒子で実験できないということは、この先、動物園で恐竜を見られないのと同じく真実である、と言ってもいい(2)」

シュレーディンガーの発言から八一年。ヘルはウイットを効かせる。「さて、ご臨席のみなさん。彼の言葉から、私たちは何を学べるでしょうか？ まずは、エルヴィン・シュレーディンガ

ーが『ジュラシック・パーク』を書くことは決してなかっただろうということ……そして、二つ目。ノーベル賞受賞者になったら、『あれやこれやは、絶対に起こらないだろう』と言うべきだということです。そうすれば、数十年後、ノーベル賞の晩餐会のスピーチで思い出してもらえる可能性が格段に高まるので[3]」

恐竜と単一粒子実験にシュレーディンガーが懐疑的だったという話は、パリ郊外にある光学研究所に、フランスの実験物理学者アラン・アスペを訪ねたときに話題にのぼった。実を言うと、アスペは単一光子を用いた実験の先駆者で、一個の光子を飛ばして行う二重スリット実験を世界で初めて実現している。それは半世紀を越す量子力学の物語のなかで決定的瞬間だ。それまでに立てられた理論のすべてに裏付けを与え、さらに、より精巧な改良版実験が続く道を拓いたのだから。

私がアスペと会ったのは、その先駆的な実験から二五年以上あとのこと。彼の話しぶりからは量子物理学の大家の威厳がにじみ出ている。フランス訛《なま》りの英語と、立派なグレーの口ひげの組み合わせは、アガサ・クリスティーの推理小説に登場する探偵エルキュール・ポアロを思わせた(アスペには申し訳ないが、ポアロはベルギー人である)。

アスペは一九七〇年代初頭に修士号を取得、フランス軍の活動の一環として子どもたちへの教育のため、アフリカのカメルーンへ渡った。カメルーン滞在中も、心の中は物理学一色だった。自分の学んだものに何かが欠けているという感覚を、振り払うことができなかったのだ。教わってきた物理学――光学、電磁気学、熱力学など――は、古典的で連続的で決定論的なことを扱う。ニュートン、マクスウェル、アインシュタインたちの世界についてだ。アスペは、粒子や原子といった微小な量子世界の物理学についてほとんど知らなかったし、原子が光子の放出または吸収によって、あるエネルギー準位から別のエネルギー準位へとジャンプするという話を聞いたとき、どのようなことなのか理解できなかった。「何かを見逃していることはわかっていた」と、当時を振り返る。

そこで、アスペは『量子物理学（*Quantum Physics*）』という、シンプルなタイトルの新刊書を購入する（同書はその後、教科書として高い評価を得る。著者の一人、クロード・コーエン＝タヌージは、のちにアスペの学位論文の指導者となり、一九九七年にはノーベル賞を受賞）。アスペは隅々まで本を読んだ。「一ページから、おそらく一三〇〇ページまでね」。夢中になった。

一九七四年にフランスに帰国したアスペは、ジュネーブ（スイス）近郊にあるCERN（欧州合同原子核研究機関）に勤める北アイルランドの物理学者ジョン・ベルが一〇年前に書いた論文に出くわす[4]。その一九六四年の論文は当時まだ有名ではなかったが、今ではベルの代表的な仕事と言われる定理に関するものだった。アスペは二時間座りっぱなしで読みふけった。「信じられない……素晴らしい」。思わず、そんな言葉が口をついて出た。アスペのみたところ、ベルの論文は、アインシュタインとボーアを消耗させた実在の特性に関する問題を解決へと導くものだった（ほかの研究者も気がついていたが、若いアスペには雷に打たれたような衝撃だった）。

ベルの一九六四年の定理は、アインシュタインが立てた問いに実験的に取り組むことを可能にした。その問いとはこうだ。量子力学の標準的な数学にはない量子系の特性を規定する、局所的な隠れた変数は存在するか？　つまり、アインシュタインがあると主張する、量子力学を実在の完全な記述へと変える変数は存在するのか？「局所的」とは、実在の要素が互いに光の速さより速く影響を及ぼさないことを意味する。そして、「局所的な変数」は、こうした実在を表す日常レベルの理論において数学の一部であり、「隠れた局所的な変数」とは、数学的形式にはない変数という意味だ。ベルは、局所性にとりわけ関心があった。当時すでに、ベルの考え方にもとづいて実験が行われていたが、結果は決定的ではなかった。アスペの目には、そうした実験はベルの定理が求める理想的な実験に程遠いものに映った。自分ならもっといい実験ができる。

しかし、アスペは不安になる。一つには、まだ博士号取得のための研究を始めていなかったからだ。これは、博士論文として適切な研究課題だろうか？　アスペは意見を求めて、ベルに会いにCERNへ出かけた。ベルはそれで問題ないと太鼓判を押してくれたが、そのテーマが多くの物理学者から「常軌を逸した物理学」と思われているとも忠告した。ほとんどの人が、量子力学の完全性を疑っていないのだ。それなのになぜ、わざわざ検証するのか？　フランスの若い研究者のキャリアを気にかけたベルは、正規の仕事に就いているか尋ねた。「はい。ささいな仕事ではありますが、正規職です」。アスペはそう答えたことを覚えている。「解雇されることはないし、毎月給与をもらえるはずです」

アスペはフランスに戻り、いわば隠れた実在理論のたぐいを最初に一掃したと評される実験に乗り出す。それを達成するために、まずアスペは、光、つまり光子を一つだけ生成する技術を開発し、一度に光子を一個ずつ装置に飛ばせるようにした。この単一光子を用いる技術は、リチャード・ファインマンの注目をひく。一九八四年、アスペはカリフォルニア工科大学に招かれ、ベルの定理の検証実験について講演した。そこにファインマンがいた。「みなさんは、存在しない問題を解決したふりをしているフランスの若造を、ファインマン氏がやり込めるところを見物するつもりなのでしょう」。アスペは、そう始めた。

講演後の質疑応答のセッションで、ファインマンは愛想よく質問した。単一光子を使って、もっと古典的な量子力学の実験ができるだろうか？　これは、ファインマン自身、量子力学の中核をなす謎をもっともよく示す実験として、講演で強調していたもの――単一光子を用いる二重スリット実験――だった。アスペは、彼の学生のフィリップ・グランジエが、まさにそれをパリで研究中であると丁寧に返答した。

一八〇一年にヤングが太陽光の実験を行ってから、量子力学が発展していく間、単一光子を用いた二重スリット実験を実際に行った者はいなかった。アスペが開発するまで、単一光子をつくりだす方法はもとより、光子が一つだけ装置に存在することを確認する方法も、発案されてさえいなかった。「一般的な光源は、一つひとつに分離された光子を発していない。放電ランプ、電球、あるいはレーザー光でさえ、膨大な数の原子から同時に光子が放射される」とアスペは述べた。「その結果、生じるのは光子の集合体であり、それは古典的な電磁波によって記述できる特性をすべてもちあわせている」

たとえば、ジェフリー・イングラム・テイラーが、一キロ以上離れたところに置いたロウソクから来る光のような、かすかな光で干渉縞ができることを発見したが、今では、それは単一光子が写真乾板に当たってできたものではないことがわかっている。テイラーが使用していた同時検出器と呼ばれる機器では、少なくとも四個の光子が同時に検出器に当たらなければ、記録できるほどのシグナルにならない[5]。

光源からやってくる光を個々の光子にすることが、どれほど難しいかを知るには、次のことを考えてみるとよい。一〇〇ワットのランプを持ち、一メートル先に置いた、一センチ四方の正方形の開口部に到達する光子の数を計測する。大雑把な計算（ジャンカルロ・ギラルディ著『神の手札をのぞき見る（*Sneaking a Look at God's Cards*）』による）では、その一センチ四方の開口部を毎秒およそ二京四〇〇〇兆個の光子が通過する[6]。単一光子をつくるには、単にランプを小さくしたり、ロウソクの光を弱くするのとは本質的に異なる技術が必要になる。アスペはそういう技術を開発したのだ。そして、彼が単一光子の二重スリット実験を行ったとき、古典物理学は役に立たなかった。量子力学だけが、その結果を説明することができた。

単一光子を扱うことが難しいとわかってから、アスペが登場するまで、物理学者たちは技術の発展を待ったが、ただ待っていたわけではなかった。ほかに取り組むべき粒子はあった。ファインマンが単一電子を用いる二重スリット実験にこだわったことを思い出そう。しかし、ファインマンは、それが純粋に思考実験であることを強調した。一九六一年から六二年にかけて、カリフォルニア工科大の一年生と二年生に行った一連の講義が、三分冊の書籍として一年後に出版されている。そのなかで、ファインマンは単一電子の干渉について、こう述べた。「この実験は、このような形では、今まで一度も行われなかった。問題なのは、私たちが関心をもっている効果を示すためには、実現不可能な小ささの装置を作らなければならないことだ」[7]。ファインマンには、その不可能が一九六一年に可能になっていたことを知るすべがなかった。それはドイツ語で書かれ、ドイツ国内で発表されたためだ。

一九六一年の実験は、チューービンゲン大学のゴットフリート・メレンシュテットの研究がもとになっている。メレンシュテットは、トマス・ヤングが細い厚紙で太陽光を分割したのと同じようにして、電子ビームを二本に分けて、それらを干渉させるユニークな装置を発明した。その装置は電子線バイプリズムといい、それは偶然の産物だった。一九五〇年代初頭、電子顕微鏡の対物レンズには、細いタングステンのワイヤーを渡していた。タングステンワイヤーが電荷を帯びると、二つのものを見ているかのように、像が二重になることにメレンシュテットは気がついた[8]。この帯電したワイヤーによって、顕微鏡の電子ビームが分割され、二つの像が生じるようだ。この帯電したワイヤーを使えば、電子ビームを分けたのち、再び合わせることで、干渉縞をつくることができないだろうか？

メレンシュテットと、彼の学生のハインリッヒ・デューカーは、研究にとりかかる。細いワイヤーとしてまずは、金メッキしたクモの糸を用いた（どうやら、メレンシュテットは「この目的のために研究所のまわりでクモを飼っていた」[9]）。結局、二人は、直径約三マイクロメートルの水晶のワイヤー（比較のために示すと、人間の毛髪は直径一〇〇マイクロメートル）に金メッキを施す方法を考えだす。そうしてできたワイヤーに電圧を加えて帯電させ、電子ビームの通り道に置いた。電子は、ワイヤーの電荷によって進路を変え、ワイヤーを回り込んだあと、合流した。これは本質的に、二重スリット実験と同じである。電子は二本のスリットにぶつかったときと同じように、二つの経路のうち一つをとることになるのだ。

しかし、「強力な光学機器」を使ったにもかかわらず、縞模様は観察できなかった。ファインマンが心配していたとおり、縞が小さすぎたのだ[10]。しかし、写真乾板に三〇秒間電子を当て、その後、高倍率の光学顕微鏡で乾板を見ると、「みごとな干渉縞」ができていた。一九五四年のことである。メレンシュテットらはほどなく、ナトゥーアヴィッセンシャフテン（自然科学）誌に論文を発表し、そのなかで、得られた干渉縞を、フランスの物理学者オーギュスタン・ジャン・フレネルが光を用いて観察していた干渉縞と比較した。雑誌の編集者はメレンシュテットとデューカーを賞賛し、「トマス・ヤングはフレネルの一〇年前に［このような］……干渉縞を作っていた[11]」と指摘した。

この研究成果の重要性は見落とされがちだ。物質の粒子である電子が干渉縞を形成する。つまり、それは波に関係しているのである。これは、ルイ・ド・ブロイが一九二四年に立てた前提そのままであり、光子だけではなく、物質もまた波と粒子の二面性をもつ。水晶ワイヤーにかけた電圧の値、装置の形状、観測できた縞模様のみを用いて、メレンシュテットとデューカーは、ド・ブロイが提唱した物質波の方程式が正しいことを証明したのだ。この方程式$\lambda=h/p$は、粒子の波長λがプランク定数hを粒子の運動量pで割ったものに等しい、というものである。これは大胆な式だ。なにしろ、左辺には波の特性、右辺には粒子の特性が表わされているのだから。波と粒子の二面性について、これ以上に簡潔な表現は望めない。ド・ブロイはメレンシュテットからの手紙に、こう返事した。「この方程式に、あなた方は新たな、そして素晴らしい裏付けを与えてくれた……大変な喜びです[12]」

メレンシュテットの学生だったドイツ人のクラウス・ヨンソンは、この実験をじかに見ていた。一九六一年までに、ヨンソンは公式に、電子を使った二重スリット実験を行う。六一年は、ファインマンがカリフォルニア工科大学で例の思考実験について講義を始めた年だった。それについてドイツ語で論文を書いたのがヨンソンだった。論文が英語に翻訳されるのには何年もかかるため、ファインマンは電子による二重スリット実験を思考実験として想定し続けていたのだった。

しかし、それでもまだ、同時に多数の電子が二重スリットを通過（あるいは電荷を帯びたワイヤーを通過）していた。単一電子を用いる実験は、実現までさらに時間を要する。そして二つの研究グループが、一九七四年と一九八九年にそれぞれ、単一電子の実験の一番乗りを主張する。二つの実験は、本質的には、メレンシュテットとデューカーのものと似ている。異なるのは、つねに一個の電子だけが装置を通過することを保証している点だ（これが本当かどうかが、二つのグループ間で論争になる）。

一九七四年、ボローニャでイタリアの物理学者ピア・ジョルジョ・メルリ、ジャン・フランコ・ミッシローリ、ジュリオ・ポッツィは、電子が複プリズムを通過したあとテレビモニターに到達するのを記録した[13]。肉眼で干渉縞を観測するには、縞模様を数百倍に拡大する優れた光学機器が必要だった。さらに、モニターに到達する電子を数分の間、「維持する」技術を開発しなければならなかった。それができて、すべての電子が到達したときに浮かび上がる縞模様を観測することが可能になる。できなければ、最初の電子がつくった輝点が、最後の電子が到達するまでに消えてしまう。研究チームがモニターに浮かび上がってくる縞模様を一六ミリフィルムの動画に撮った。それは一九七六年にブリュッセルで開催された第七回国際科学技術映像祭で受賞した[14]。

一九八九年、日本の日立製作所の外村彰《とのむらあきら》らは、電子の発生源を巧みに制御して同様の実験を行った[15]。彼らが開発した、スクリーン上で電子を記録する技術は、写真乾板で光子を記録するのと同じように、電子を一つずつ記録していき、時間の経過とともに像ができていくというものだ。この方法では、最後の電子が到着するまで、最初の電子を保持する必要はない。日立の研究グループが撮影した、電子がスクリーンに衝突する映像（実際の撮影時間は二〇分だが、フィルムは再生速度を上げている）は、物理学の歴史上、もっとも魅力的な短編映像の一つである。一見したところ、衝突した電子はスクリーン上にランダムな点として現れるが、十分な時間が経つと、縞模様が浮かび上がる。単一粒子による干渉を示した、不思議なデモンストレーションだ。映像からはわからないが、実験はそうとう難物だった。電子の放射源や複プリズムなど、装置全体をすべての時間にわたって静止させなければならず、数分の一マイクロメートル動いただけでも、縞模様は壊れてしまうのだ。

一〇年あまりのち、フィジックス・ワールド誌に掲載された記事は、この単一電子による二重スリット実験が、投票によって、物理学で「もっとも美しい実験」に選ばれたことを讃《たた》えた。記事は一九七四年にイタリアの研究グループが行った実験に触れていなかったため、彼らから抗議文が届いた。フィジックス・ワールド誌は記事を改訂したが、その際、イタリアの研究グループの手紙と、日本の実験の歴史的な意義を主張する外村らの返答も併せて掲載した。「単一電子が起こすイベントが徐々に干渉パターンをつくっていく過程をリアルタイムで観察できる実験を、われわれは初めて、ファインマンの有名な二重スリットの思考実験さながらに行ったのだと自負している。強調したいのは、この実験を、装置に複数個の電子が見つからない状況にして行った点である[16]」

一方で、単一の光子で二重スリット実験を最初に行った人物については、なんの疑いもない。

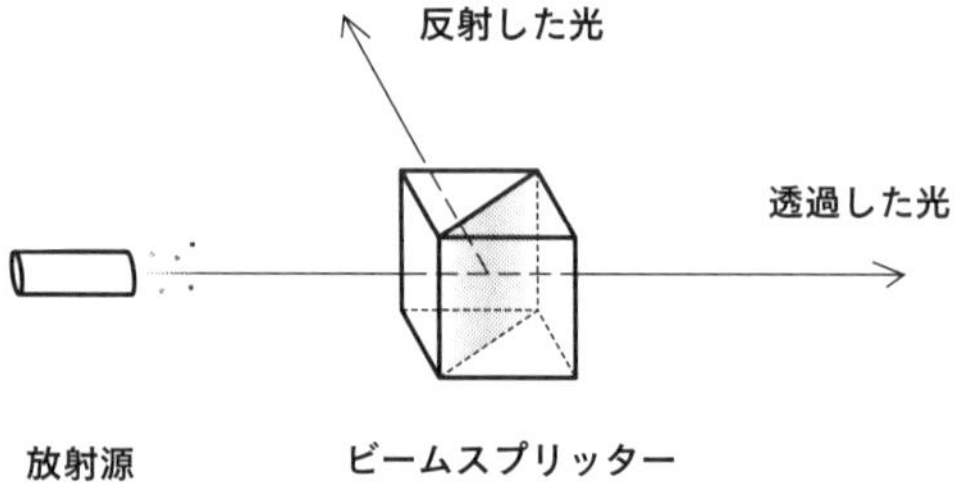

アスペとグランジエがパリで行った二重スリット実験を見ていくには、まず、当たった光を半分反射し、残りを透過させるガラスから話を始めなければいけない。これは、実はガラスでごく一般的に起ることである。夜、列車に乗って、田舎を通っているところを考えよう。外が真っ暗なときに、窓ガラスを見ると、ガラスには車内が写っているのが見えるはずだ。しかし、電車が明かりに照らされた建物の前を通り過ぎるときは、その建物が見えるのと同時に、ガラスに映った自分自身も見える。窓ガラスは光を反射させもするし、透過させもするのだ。実験室では、そのようなガラスはビームスプリッターまたは半透明鏡あるいは半透鏡と呼ばれ（普通の窓ガラスよりもはるかに正確な代物だ）、名前が示すとおり、一本の光線を二本に分ける。光の波のエネルギーは半分反射され、半分透過する。

入射する光が一個の光子だったとき、奇妙なことが起こる。光子は光の最小単位であるため、半分に分けることができない。そのため、入射した光子はまるごと透過するか、反射されるかのどちらかだ。二

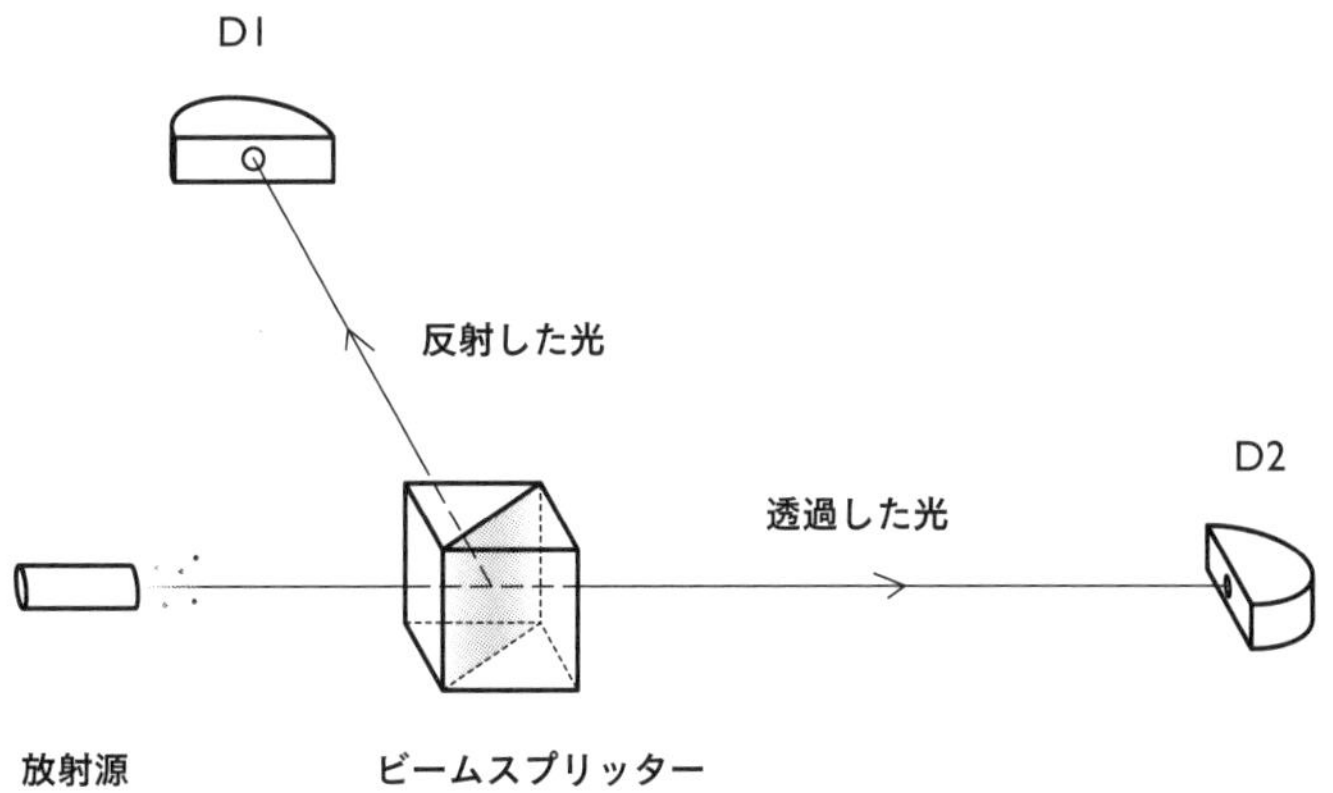

本の光線の終端に光子検出器D1とD2を置こう。光子は分割されずに移動するので、光子が反射すればD1が反応し、透過すればD2が反応する。両方の検出器が同時に反応することはあり得ない。なぜなら、光子はエネルギーの一個の単位として間違いなく振る舞うのだ。

大量の光子を一度に一個ずつビームスプリッターに送ると、平均でその半分はD1が反応し、あとの半分はD2が反応することになる。ここで、重要なこと、本書を通して重要さを増し続けるある事実が観測される。それは、任意の一つの光子が反射されるか透過するかを確実に予測することは決してできない、ということだ。できることと言えば、それぞれの光子に対して、各結果が生じる確率——D1に向かう確率は五割、D2に向かう確率は五割——を記述することだけである。

この事実に対して、古典的な考えに慣れ親しんだ私たちはこんな反応をする。光子の振る舞いを予測できないのは、光子の状態を完全に把握できていないからだ、と。

それは、なんらかの隠れた変数が存在するはずだという、アインシュタインが当初主張していたことに似ている。

たとえば、コイントスをするとき、私たちは表が出る確率と、裏が出る確率を五分五分だと考える。しかし、そんなふうに表が出るか裏が出るかを確実に予測できない理由は、コインの初期条件（コインがはじかれたときの角度や初期速度など）についてすべてを知ることができないからだ。もし初期条件を完璧に知っていて、それらを変数として組み入れることができれば、原理的には結果を予測することができるはずだ。

これと似たような何かが、光子の振る舞いにもはたらいているのだろうか？　もし光子に、数学的な形式に捉えられていない何らかの特性があるとしたら、どうなるだろうか？　そしてもし、こうした隠れた変数を知ることができたら、個々の光子の振る舞いを確実に予測できるのだろうか？

今のところ、隠れた変数は脇に置いておいて、実験をもう少し面白くしよう。光線の通り道に完全に反射する鏡を置き、光線が互いに直角の向きになるようにしよう。D１とD２は、引き続き今までと同じビームの終端に置く。何万個もの光子を一つずつ、この装置に飛ばせば、どうなると予測できるだろうか？

そう、何も変わらない。私たちが行ったことは、光子の進む距離を長くはしたが、それ以外は何も変わっていない。そのため、D１は半分の回数反応し、D２もそれと同じ回数反応する。

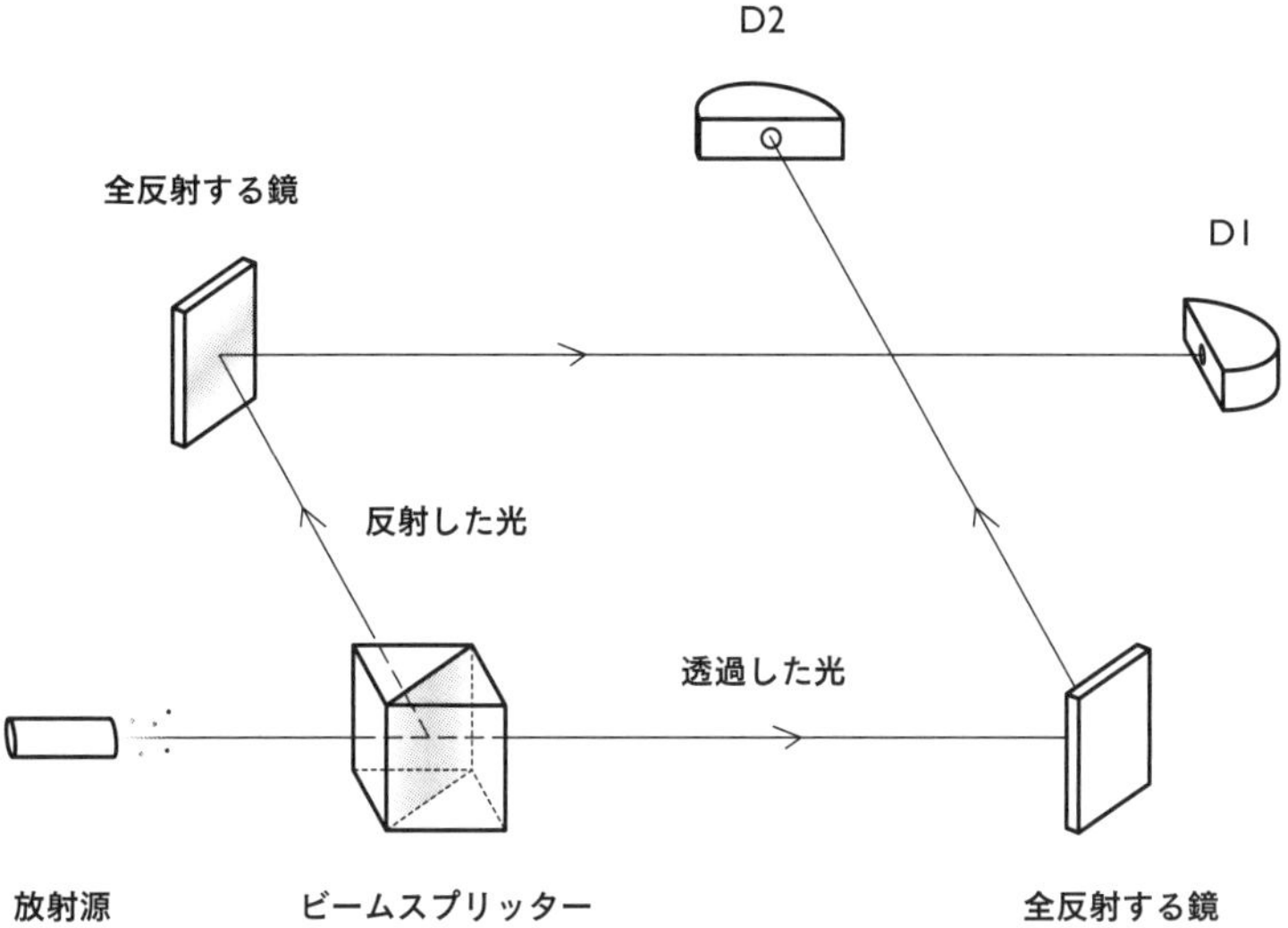

少し複雑にして、二本の光線が交差するところに正確にスプリッターをもう一つ加えよう。二番目のスプリッターに到達する光子も、反射するか、透過するかのどちらかである。

ここまでわかっていることから考えると、装置に入ってくるそれぞれの光子について次のような予測を立てられる。最初のビームスプリッターで反射され、二番目のスプリッターで透過した光子はD1に到達する。この光子をrtと呼ぶ。最初に透過して、次に反射された光子も、D1に到達する。この光子はtrである。つまり、光子rtとtrはD1に到達し、光子rr〔反射→反射した光子〕とtt〔透過→透過した光子〕はD2に到達する。

一万個の光子を一個ずつ装置へ飛ばしたとしたら、何が起こるだろうか？　これまでの実験から言えるのは、光子の半分は最初のビ

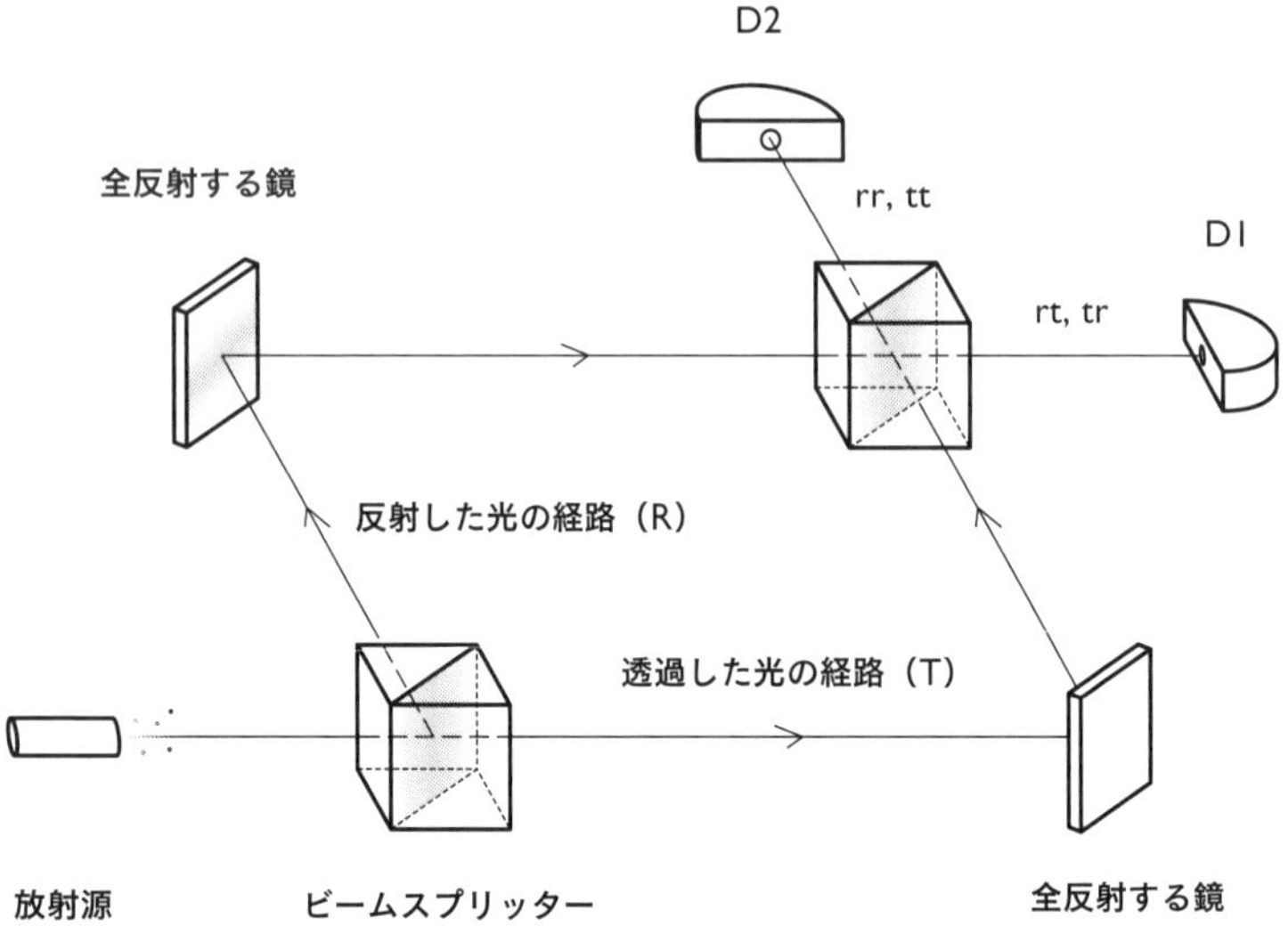

ームスプリッターで一方の経路に送られ、もう半分は別の経路に送られることだ（だいたいいつも、平均するとそうなる）。そのため、五〇〇〇個の光子は経路Rを通り、五〇〇〇個は経路Tを通る（しかし、任意の光子の運命については、依然として確実には予測できない）。二番目のビームスプリッターにくると、経路Rをとった五〇〇〇個の光子は再び半分に分けられ、二五〇〇個がD1へ、二五〇〇個がD2へと進むはずだ。同じことが、経路Tをとった五〇〇〇個の光子にも言える。それらを足し合わせれば、単純だが論理的に完璧な結論が得られる。つまり、D1に五〇〇〇個の光子が、D2にも五〇〇〇個の光子が到達するはずである。

ここまでで、量子の奇妙さに慣れたのなら、前段落のような結論にはならないと聞いても、あなたは驚かないかもしれない。二番目のビームスプリッターを加えることには、重大な意味がある。二番目のビームスプリッターが挿入される前、D1が反応したら光子が通ったのは経路RであることD2が反応したら光子が通ったのは経路Tであることは明らかだった。ところが、二つ目のビームスプリッターを置くと、D1に到達する光子は経路RTまたはTRのどちらかを、D2に到達する光子は経路RRまたはTTのどちらかを通ったことになる。D1で光子を検出しても、〔RTまたはTRの〕どちらの経路をとったのかを知る方法はない。D2で検出された光子でも同じことだ。個々の光子については、二つの経路を区別することはできなくなった。これは、二重スリット実験で起こることとまったく同じである。光子が奥のスクリーンに到達したとき、光子がどちらのスリットを通過してきたのかを知る方法はない。光子のとる経路が実験の設計上明らかでない場合、数学的な形式に従えば、光子は両方の経路をとると言える。では、ここまでわかったことを勘案すると、一万個の光子がどうなるかがわかるだろうか？

手がかりは、先ほどの図に示した装置の名前にある。この装置はマッハ＝ツェンダー干渉計と呼ばれ、ルートヴィヒ・マッハ（物理学者エルンスト・マッハの息子）とルートヴィヒ・ツェンダーに因《ちな》んでいる。一八九二年、マッハは、ツェンダーが光学実験のために一年前に設計していた装置を改良した（彼らは当時、単一粒子を用いる量子力学実験のことは考えていなかった）。マッハ＝ツェンダー干渉計は、特別なバージョンの二重スリット実験である。光は二本の経路のうち一つをとることができ（二つのスリットうちの一方を通過するのと同じ）、二番目のビームスプリッターで（二重スリット実験でいう、スクリーンの位置で）経路が交わり、干渉する。古典的な二重スリットで実行可能と考えられることは、マッハ＝ツェンダー干渉計でも行うことができる。現代の実験物理学者が二重スリット実験を行うと言えば、まずこの干渉計を使っていると考えていい。それは実験物理学者の好物だ。「とにかくイケてるよね」とは、アスペの談。

なぜ干渉が起こるのか？　特に粒子を一個ずつ装置に飛ばしたとき、干渉が起きるのは興味深い。アスペとグランジエがこのタイプの干渉計を作ったときに研究したのは、まさにこれだった。

まず、確実に一個の光子だけを実験装置に飛ばせるようにする必要があった。そこで、慎重に補正したレーザーを使い、カルシウム原子を高いエネルギー準位に励起させる。励起したカルシウム原子は、元のエネルギー状態に戻るとき二個の光子を放射する。最初に五五一・三ナノメートル（一ナノメートルは10^{-9}メートル）の波長の緑の光子、続いてすぐに四二二・七ナノメートルの青い光子が放射される。[17] そんな調子で、緑と青の光子ペアが放出され、少し間があって、別の緑と青の光子ペア、また間があり、というように続く。ペアとペアの間は、時間的にしっかり区切られている。「よし、この区切りを利用しよう」。アスペはそう考えた。

緑の光子は、青い光子の前にやってくる。そこで研究チームは、緑の光子を検出器の手がかりとして使い、数ナノ秒以内にやってくる青い光子を捉えられるようにした。ここで重要なことは、ある時点で装置には一個の、しかも一個の青い光子しか存在しないことである。「同時に二番目の青い光子が装置に存在する可能性は、ほぼなかった」とアスペは話す。はじめの検証は、二番目のビームスプリッターを挿入せずに、最初のビームスプリッターだけに青い光子を送り込むことだった。すると、光子はD1あるいはD2に到達する。量子論によれば、一つの任意の光子に対しては、D1かD2どちらか一方が作動するはずだ。実験のこの部分は成功だった。青い光子は常にどちらか一方の検出器に到達し、光子がとった経路は明らかである。二台の検出器は、決して同時に作動しない。光子は常に分割されないものとして移動する。まるで粒子の振る舞いである。

次は、光子の波動性を検証する番だ。研究チームは、二番目のビームスプリッターを挿入した。こうなると、二本の経路は区別できなくなる。そして、トマス・ヤングが太陽光を分けて干渉を観測したように、アスペとグランジエも干渉を観測した。

しかし、単一光子を用いるマッハ゠ツェンダー干渉計実験では、どんな結果になるのだろうか？　光線では、建設的干渉によって明るい縞ができ、破壊的干渉によって暗い縞（光のないところ）ができる。マッハ゠ツェンダー干渉計では、同じ長さの二本の経路に一個ずつ光子を送り込めば、すべての光子がD1に到達し、D2へは一つも到達しない。要するに、D1は建設的干渉を、D2は破壊的干渉を意味する。少し前に、一万個の光子について私たちが導いた単純な結論――半分がD1に、半分がD2に到達する――は、間違っているのだ。一万個すべての光子がD1に到達し、D2にはなに一つ到達しない。

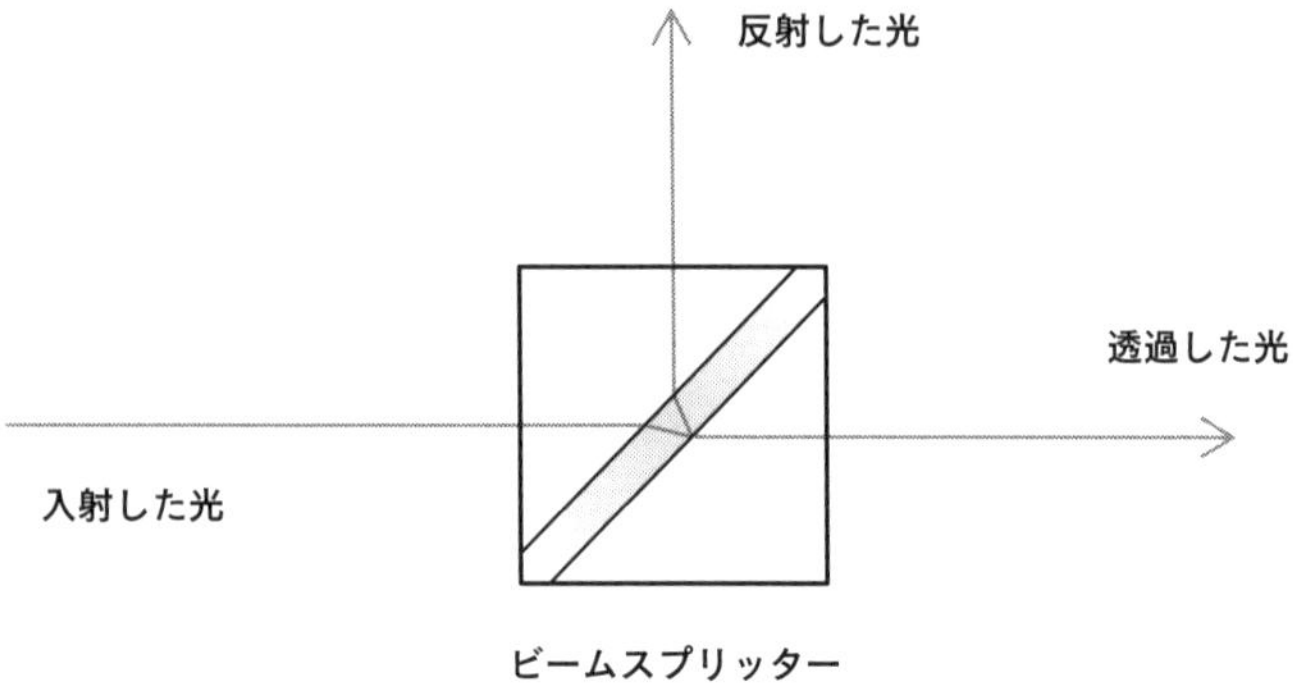

その結果を説明する唯一の方法は、光が波であると考えることだ。波はビームスプリッターのところで分かれ、半分は干渉計の一方の終端へ、半分はもう一方の終端へと進む。ビームスプリッターの（有限の厚みがある）構造に着目すると、波が反射されたとき、反射した波は透過した波とは異なった進み方で、ガラスを通っていることがわかる。

光の波長とビームスプリッターの厚みを適切に選べば、反射する波が透過する波より、波長の四分の一遅れるようにすることができる。

二番目のビームスプリッターでもう一度反射すれば、二回反射した波rrは、二回透過した波ttに半波長分、遅れる。そして、rrとttはともにD2に到達する。つまり、D2では、一方の波の山が到達すると同時に、もう一方の波の谷が到達する。破壊的干渉である。そうして、D2は真っ暗になる。

同じようにして考えると、波rtと波trがD1に到達したとき、両方の波は同期していて、互いの山と山が同時に到達す

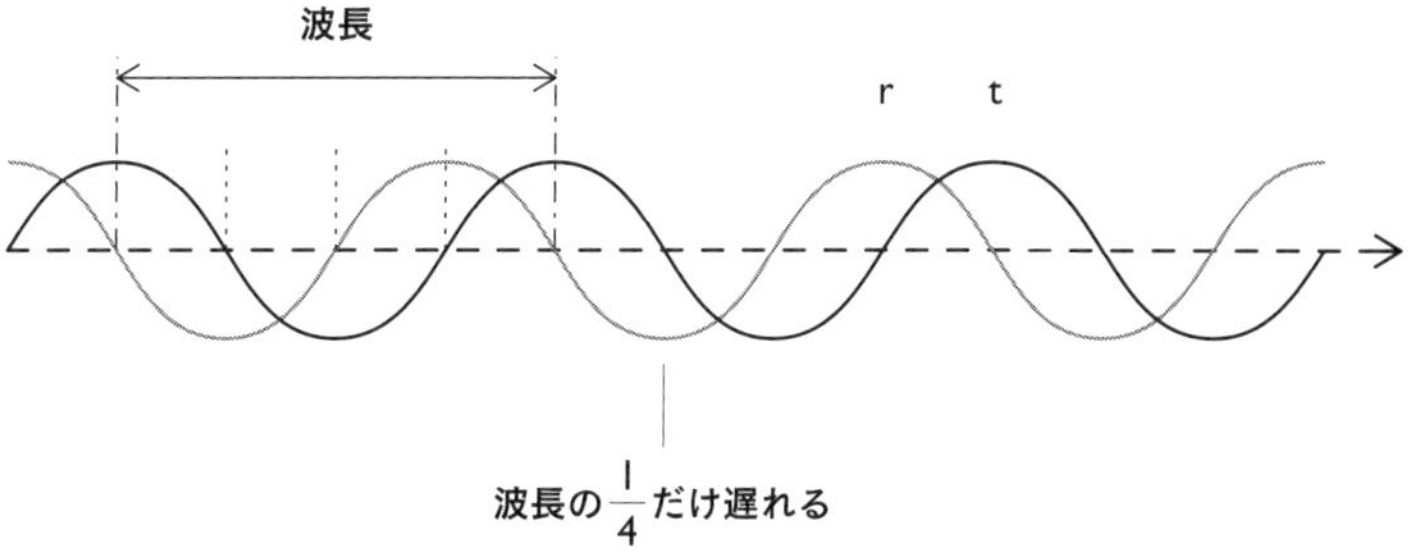

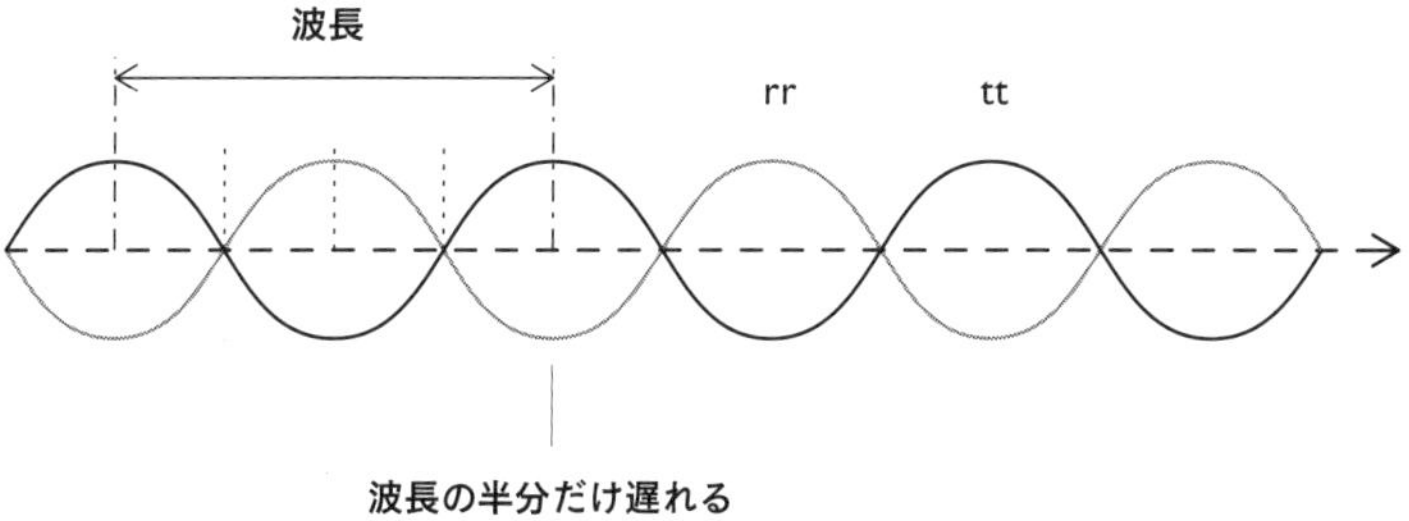

る。これを波の位相がそろっているといい、建設的干渉である。光はすべて、D1に到達する。

　これは、光がたくさんの光子からなり、電磁波のように振る舞うと考える場合には、完璧な説明である。波の半分が一方の経路を、もう半分の波が別の経路を進み、その後、合流して干渉効果を生むというのは、簡単にイメージできる。しかし、単一光子を飛ばしたときも、まったく同じことが起こる。D1では建設的干渉（一万個の光子すべて、つまりすべての光がD1に到達する）が、D2では破壊的干渉（光子は一つもD2に到達しない、つまりまったく光がこない）が生じているように見える。

　これは、なんとも奇妙である。干渉が

起こるためには、波が二つに分かれ、その後合流しなければならない。これと同じことが、単一の光子に起こるのだろうか？　二番目のビームスプリッターを加えると、個々の光子が分かれて、干渉計の両方の終端に到達し、そこで合流しているように見える。しかし、（最後まで熟慮する必要はあるけれども）光子は分割不能な単位であり、二つに分かれたりしない。では、いったい何が干渉計の両方の経路を（あるいは二重スリットの両方のスリットを）通っているのだろうか？　そこを深く掘り下げていくと、量子の世界に、なぜそんなにも困惑させられるのかがわかってくる。

　では、ここでもう一度、マッハ＝ツェンダー干渉計に戻ろう。ただし、少しだけ変更を加える。一方の経路をブロックでふさいで光子が通過できないようにするのだ。まずは、経路Ｒをふさいでみよう。どうなるか、予想してみてほしい。

　二つのことが起こる。まず、二番目のビームスプリッターに到達する光子の数が半分になる。すると、両検出器に到達する光子も半分になる。

　しかし、ほかにも変化があり、それには困惑を通り越してしまう。先ほど見たように、ブロックがなければ、二番目のビームスプリッターを通過したすべての光子がＤ１へ向かう。しかし、図のようにブロックを置くと、二番目のビームスプリッターに到達する光子の数を半分に減らしても、二番目のビームスプリッターを透過する光子の半分はＤ１へ向かい、もう半分はＤ２へ向かう。経路Ｔにブロックを置いて実験を繰り返しても、同じ結果になる。ブロックは、ふさぐ経

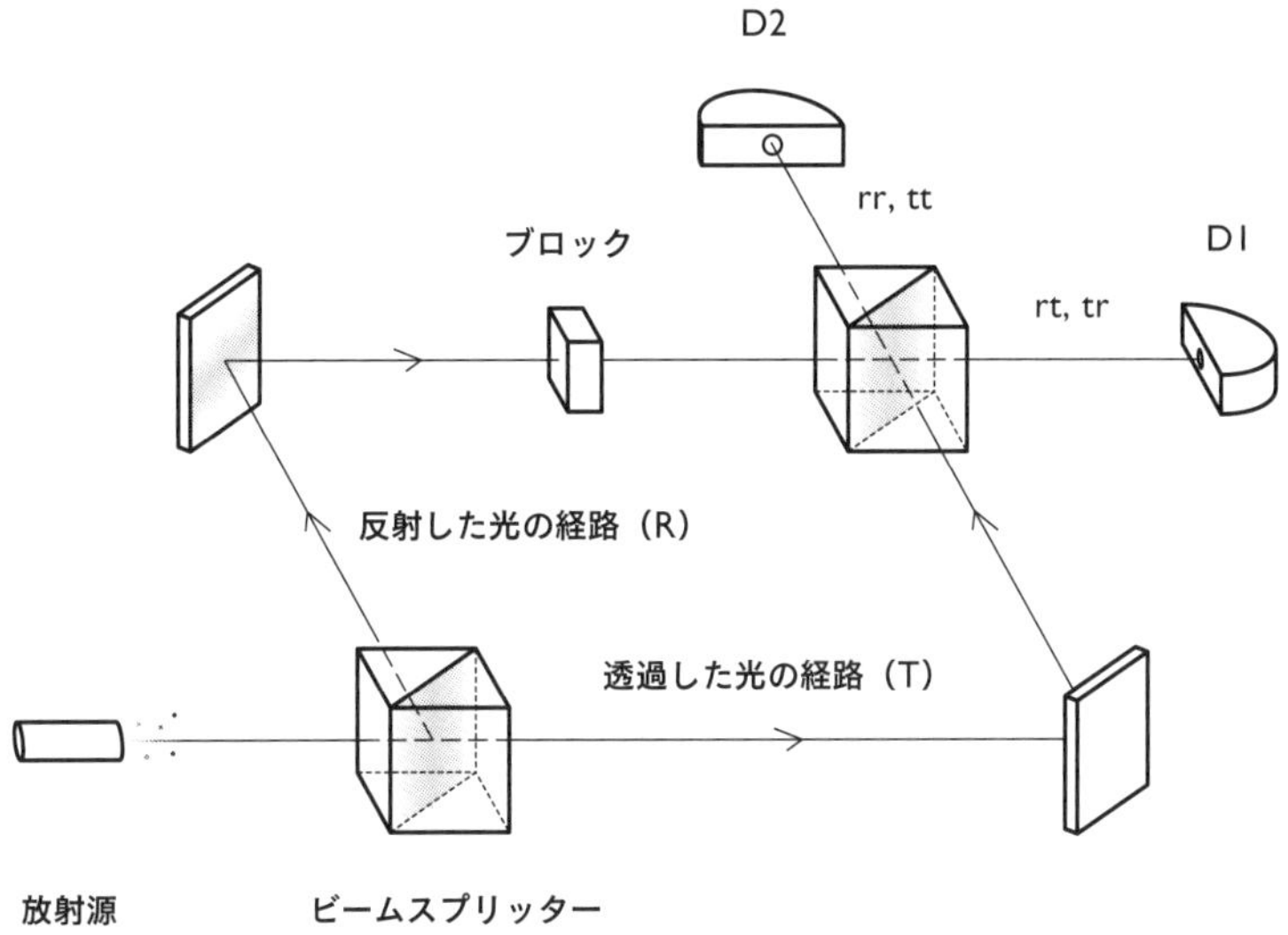

路がRであるかTであるかにかかわらず、検出器と同じようなものなのだ。つまり、私たちは二番目のビームスプリッターに到達する光子が、ブロックされていない経路を通っていることを確実に知っている。こうなると、もはや「秘匿性」はなくなり、光子は粒子のように振る舞い、結果、干渉は起こらず、D1とD2に五分五分で到達する。

二番目のビームスプリッターを挿入しても、光子の経路をふさがなければ、個々の光子は直感的には理解できないようなことをする。「量子の重ね合わせ」という状態である。コロンビア大学の哲学者デイヴィッド・アルバートの著書『量子力学の基本原理——なぜ常識と相容れないのか』（高橋真理子訳、日本評論社）によれば、「重ね合わせ」とは「私たちが理解できない何らかのもの[18]」（本書で先ほどまで検討してきたことは、アルバートの本に出てくる、少し異なる系に対する同様の検討から大いに刺激されたものだ)。

光子は、一方の経路を通る状態と、もう一方の経路を通る状態という、二つの状態の重ね合わせにある。しかし、それは、両方の経路を通過したとか、あるいはどちらか一方の経路のみを通過したとか、さらにはどちらも通過しなかった、ということではない。

「二重スリット実験は、問いを立てることが意味をなさないという状況があり得ることを示すためによく使われます。そう、粒子がどちらのスリットを通ったか、とかね」。ニューヨークの自宅を訪ねたとき、アルバートが話してくれた。「粒子がどちらのスリットを通ったかという問いには、実体がないわけです。粒子がどちらのスリットを通ったかを尋ねることは、数字の『5』の物質状態は何かと問うたり、カトリックの教義は何グラムかと尋ねたりするようなもの。哲学者がカテゴリー錯誤と呼ぶものですね」

それにもかかわらず、干渉が生じる。何が干渉するのだろうか? 干渉は量子重ね合わせと関係があり、量子的な物体がどのように量子重ね合わせになり、どのように量子重ね合わせから抜け出すかというのは「たぶん、一七世紀に物理学が登場して以来、最も奇妙なお話だ」[19]。そう、アルバートは書いている。

エルヴィン・シュレーディンガーは、特に量子重ね合わせに納得しなかった。アインシュタインも同じ思いだった。彼らは、量子力学をそのまま受け入れると、巨視的な現実を拒否しかねないことを理解させるために、ぞっとするような思考実験を思いつく。そうやって、コペンハーゲン解釈の中心教義を狙い撃ちした。

マッハ＝ツェンダー干渉計を考えよう。量子力学の数学に従えば、検出器が反応する（光子が到達したことを伝える）前、光子は重なり合った二つの状態にある。つまり光子は、一方の経路ともう一方の経路の二つともをとる。光子の波動関数は二つの状態の重ね合わせであると言える。ここで、一方の状態はある経路に沿った進展のことを意味し、もう一つの状態は別の経路に沿った進展のことを意味する。波動関数を用いれば、光子がＤ１あるいはＤ２で検出される確率を計算することができる。ちなみに、Ｄ１とＤ２までの経路の長さがまったく同じなら、Ｄ１で検出される確率は一、Ｄ２で検出される確率はゼロである。二つの経路の長さを少し変えれば、これらの確率も変化する。標準的な見方では、光子は測定されるまで、明確な位置をもたない（波動関数は広がっている）。Ｄ１またはＤ２で測定すると、それが原因となって、波動関数が一つの明確な値へと収束する。その結果、光子が二つの検出器の片方に現れる。

波動関数を収束させる役目は測定機器にある。測定機器は、巨視的な大きさの古典的な装置であることが想定されている。しかし、コペンハーゲン解釈では、測定の正確な意味を実際には定義していない。測定機器が古典的とされるには、どれくらいの大きさが必要なのだろうか？　量子的と古典的の間の境界はどこにあるか？　そのような問いを突き詰めると、いわゆる観測問題に行きつく。

観測問題がどれほど深くまで根ざしているかを理解するために、測定装置も量子力学的な装置であると仮定してみよう。つまり、装置それ自体も粒子で、光子と相互作用し、光子が到達したことを自らの状態を変化させることで記録する。もし数学に従うなら、奇妙なことが起こる。光子の波動関数は、両方の経路を通るという重ね合わせまで進む。その後、二つの経路は二番目のビームスプリッターで交わる。そして光子は、それ自身が量子力学的な粒子である測定装置と相互作用する。数学的に言えば、系全体が結局、重ね合わせになり、すなわち光子が測定する粒子D1に到達し、D1が状態を変えたものと、光子が測定する粒子D2に到達し、D2が状態を変えたものとの重ね合わせだ。系全体の波動関数が収束し、光子がどこに到達したのかを正確に知るには、表面上は古典的である別の装置を用いて測定し、D1とD2の状態を決めなければならなくなる。

もし、使う測定装置のすべての部品が量子力学の法則に従う、つまり実験装置全体が常に重ね合わせになったままだとしたら、その全体の波動関数は決して収束しないのではないか？　ということは、光子がどこへ行ったのかを確認するためには、収束を引き起こす、意識のある人間が必要とされるのではないだろうか？

コペンハーゲン解釈は、人間の意識の必要性を感じさせないが、古典的な測定は必要とする。

その結論はこうだ。まず、系の量子状態は適切に、そして実に完璧に波動関数に捕捉される。そして、波動関数はある状態の系を見出す確率しか計算できず、光子が実際にある場所を求めることはできないため、実在はどんな意味においても、古典的な装置による測定と無関係には存在しない。

アインシュタインとシュレーディンガーは、そのような反実在主義の考え方に大いに困惑した。アインシュタインは、シュレーディンガーに宛てた手紙に、懸念を書いている。彼はこんな思考実験を考えた[20]。量子的なメカニズムによって自然に爆発する火薬がある。それは、特定の確率で一年以内に爆発し、特定の確率で爆発しない。その系〔爆薬〕は初め、十分に定義された波動関数をもつ、つまり明確な状態にある。しかし、それは量子系なので、波動関数はシュレーディンガー方程式に従って進んでいき、最終的に火薬は、爆発した状態と、爆発しなかった状態の量子的な重ね合わせに行きつく。もちろん、巨視的な私たちの世界から考えれば、これは馬鹿げている。私たちが見るかどうかにかかわらず、火薬は爆発するかしないか、二つに一つである。アインシュタインはシュレーディンガーにこう書き送った。「どんな解釈であっても、このψ関数［波動関数］を実際の状態の適切な説明に変えることはできない。［なにしろ］現実には、爆発したものと爆発していないものとの中間などないのだ[21]」

シュレーディンガーは、この思考実験を洗練させる（見た目の馬鹿馬鹿しさにも磨きをかけて）。アインシュタインへの手紙にこうある。「ψ関数が実在を直接的に記述していると考えていたのは、遠い昔のことです。書き上げたばかりの長編の論文で、私は貴殿の爆発する火薬によく似た例を挙げています[22]」。続いて、論文よりも念入りに、その実験の詳細を解説した。

「猫がスチール製の箱に、以下のような悪魔的装置とともに閉じ込められている（猫に直接触れられない）。微量の放射性物質がガイガー管に入れられており、その放射性原子が一時間に一個崩壊する可能性があるが、崩壊しない確率も同じだけある。もし崩壊すれば、ガイガーカウンターが反応し、中継器を介してハンマーが作動し青酸の入った小さなビンを打ち砕く。一時間、この系をそのままにしておき、原子の崩壊が起こらなければ、猫はまだ生きていることになる。放射性原子が一個でも崩壊すると、猫は死んでしまう。系全体のψ関数は、生きている猫と死んでいる猫とが等しい割合で混ざり合うか、べったりと広がっている（表現は大目に見ていただきたい）状況を表している[23]」

しかし、猫は生きているか死んでいるかのどちらかでしかないわけで、その両方が混じり合った奇妙な状態はあり得ないのではないか？　少なくとも、私たちの古典的な直感ではそうなる。しかし、量子力学の標準的な見方では、そんなことはない。このパラドックスが生じるのは、コペンハーゲン解釈における系全体の波動関数は、死んでいる猫と生きている猫の重ね合わせの状態を維持するからだが、それは、系が何らかの古典的な相互作用をするまでだ。たとえば、誰かがスチール製の箱を開けて中を確認すると、そのとたんに、系全体の波動関数は二つのうちのどちらかに収束する。すると、死んでいる猫か、生きている猫のどちらかが発見される。

量子力学が要請するのは、亜原子の世界の奇妙さを理解できるようになるまで、疑うことをいったんやめ、直感に反する実在の概念にしがみつき続けることだ。たとえば、シュレーディンガーの猫の思考実験がいかに信じがたいとしても（それは仕方のないこと。そもそも、量子力学の不完全性を示そうとしたものだったのだから）、そのおかげで、量子世界の真実を思い出させてくれる。つまり、少なくとも標準的な見方では、重ね合わせは存在する。

重ね合わせが存在しなければ、一個の粒子を用いた二重スリット実験での干渉縞を説明することができない。アスペとグランジエのマッハ＝ツェンダーの実験装置では、それぞれの光子は、検出されるまで両方の経路をとる重ね合わせの状態にある。マッハ＝ツェンダーの実験で起こっていることを数学的に説明しよう。一つの経路を進む光子の状態を記述する波動関数と、別の経路を進む光子の状態を記述する波動関数が存在する。この二つの波動関数は、二つの経路が二つ目のビームスプリッターで交わるときに干渉する。最終的な波動関数は、二つの波動関数の線形結合であり、D1あるいはD2で検出される確率を計算できる（$\psi_{合計} = a1\psi_{D1} + a2\psi_{D2}$と計算され、a1の絶対値の二乗がD1で光子を検出する確率で、a2の絶対値の二乗がD2で光子を検出する確率である。全体の確率は一になるので、$|a1|^2 + |a2|^2 = 1$でなければならない。a1とa2の正確な値は干渉計の経路の長さが同じであるか、わずかに違うか、ということに依存する）。

量子力学の初期の頃、干渉縞は一つの粒子がそれ自体と干渉するために現れると、しばしば考えられていた（ポール・ディラックの引用[24]）。しかし、実際に起こっていることの見方として、それはかなり限定的であることが明らかになる。より踏み込んだ理解では、実際に干渉しているのは、系の二つの異なる状態である。二つの経路をもつ干渉計の場合、個々の光子の二つの状態とは、とり得る二つの経路であり、それぞれに波動関数が与えられる。光子がとれる状態、つまり経路が三つ以上存在するなら、たとえば、スリット二本ではなく五本であれば、重ね合わせには五本のスリットすべてを通る光子が伴い、奥のスクリーンにはまったく違った干渉縞が現れるはずだ。

明確な二つの経路をもつマッハ＝ツェンダー干渉計であれ、五本スリットの実験装置であれ、標準的な量子の状態を表す数学では、個々の光子の経路を可視化することはできない。つまり、経路を計算する方程式は存在しない。この形式のコペンハーゲン解釈によれば、そのような経路は存在しない。実際、原子核の周囲の電子の軌道の概念が意味をもたないのと同じように、経路の概念は意味をもたない。実在主義とは、世界が私たちの関与なしに客観的に存在し、明確な特性をもつという考え方であれば、コペンハーゲン解釈とは、非実在主義である。コペンハーゲン解釈によれば、私たちが断定して話すことができるのは、測定によって明らかになった世界だけであり、そうでない状況について話すことに意味はない。

アスペ個人としては、アインシュタインの夢の一部に望みをもたせている。「私はアインシュタイン陣営ですよ」とアスペは話した。「実在の世界は存在すると思う」。つまり、観測者や実験、実験主義者とは無関係の実在という意味である。現時点でアスペは、世界についての記述という点では、量子力学を受け入れている。「世界は私たちが考えるほど単純ではない。しかし物理学者は、出来事を説明する数学ツールを開発するくらい賢い人たちです」

コペンハーゲン解釈によれば、量子系――たとえば、マッハ゠ツェンダー干渉計を通り抜けつつある一つの光子――に起きていることを、正確に述べることはできない。その点が注目されるようになったのは、一九七〇年代後半から一九八〇年代初頭に、理論物理学者ジョン・ホイーラーが「巨大な煙の竜[25]」という独創的な喩えを使ったためだった。ホイーラーは、はっきりした頭と尾をもつ竜を想像して、誰かにスケッチさせた。尾は干渉計に突入しようとしている光子の明確な量子状態を示しており、頭は検出器D1またはD2のどちらかで光子が検出されていることを示している。しかし、胴体は竜の名前のとおり、霧がかかったように曖昧である。ホイーラーと同僚のワーナー・ミラーは「頭と尾の間で、竜が何をするのか、あるいはどんなふうに見えるのかを語る権利は、私たちにはない[26]」と述べた。竜のぼんやりした胴体が表しているのは、もちろん、干渉計を通っている光子の状態だ（通っていればの話だが）。

ホイーラーはアインシュタイン同様、思考実験を好んだ。なかでも最も引用されるものに、彼の名前を冠した、ホイーラーの遅延選択実験がある。アスペとグランジエによる一九八五年の、マッハ゠ツェンダー干渉計を用いた単一光子の実験を見てきた私たちにとって、ホイーラーの実験をイメージするのはたやすい。だが、もちろん、ホイーラーが考案したときは、同様の実験を誰も行っていなかった。

遅延選択実験は、ボーアの相補性原理を浮き彫りにする。ボーアは、量子系の波の特性と粒子の特性は、実在の捉え方として互いに相容れないと主張した。観測できるものが実験の設定に左右されるのに、一度の実験で同時に両方の設定を試すことはできないのだ。そして、両方を試そうとすれば（アインシュタインは二重スリットの思考実験でこれを試そうとした）、ボーアの主張では、不確定性原理によって干渉縞は見られなくなる（あとで見るが、実際の説明はボーアが理解していたものより複雑だ）。

量子系は二面性をもつ。しかし、ある面を示すのか、あるいは別の面を示すのかを「決める」のは、いつだろうか？　それは当然の疑問ではないか？　ホイーラーは、劇的な方法で、この疑問に取り組んだ。彼の思考実験では、マッハ＝ツェンダー干渉計を用いる。もう一度確認しておくと、マッハ＝ツェンダー干渉計を使った実験では、二番目のビームスプリッターを外すと、光子の粒子としての性質が観測され（D1とD2は同じ回数反応する）、二番目のビームスプリッターを置くと、光子の波としての性質が観測される（干渉が起こり、D1が毎回反応し、D2はいっさい反応しない）。

ホイーラーはこんな提案をした。光子が最初のビームスプリッターを通過したあと、つまり光子が干渉計に入ったあとに、二番目のビームスプリッターを置くかどうかを決めたら、どうなるだろうか？　干渉計の内部での振る舞い方を、光子はどうやって知るのだろうか？　たとえば、最初のビームスプリッターに到達した時点では、二番目のビームスプリッターがなかったとしよう。これまでの知見を総合すると、光子はどちらか一方の経路を、粒子として進むはずだ。光子がD1かD2どちらかへの経路をとったあとに、二番目のビームスプリッターを挿入し、二つの経路を区別できないようにする。すると実験装置の設定から考えると、光子の波の性質が観察されるはずである。さて、光子はどのように振る舞うだろうか？　突然、両方の経路をとる重ね合わせに移行し、干渉縞を示すようになるのだろうか？

また、逆を試すこともできる。二番目のビームスプリッターが置かれた干渉計に光子を入れる。そのとき、二本の経路を進むものの重ね合わせの状態にあり、今度はD1に到達し、D2には到達しない。しかし、光子がD1に到達する直前に、二番目のビームスプリッターを取り外そう。すると光子はどうにかしてこの試練を乗り越えるほかなく、二つの経路のうち一方をとるようだ。つまり、粒子の性質を示し、D1かD2いずれか一方に到達する。まるで光子が時間をさかのぼって、自分の行いを取り消すかのようである。ホイーラーは「光子が『一本の経路を通ってきたか、あるいは両方の経路を通ってきたか』どうかは、『その移動を終えた』あとに決まる」[27]と述べた。

傍点で強調した語句（「知る」、「ようだ」、「まるで」）は、よく考えた上でそうしている。古典的概念やそれを表す語彙が、量子世界を扱うときにはしっくりこないことを、少なくとも、標準的な量子の形式とコペンハーゲン解釈に限ってはしっくりこないことを、傍点で強調しているのである。

アスペは、一九八五年に単一光子の二重スリット実験を行ったとき、ホイーラーの思考実験に気づいていたし、自分の設定したマッハ＝ツェンダー干渉計がホイーラーの思考実験を検証するうえで必要な要素をいくつか備えていることに気づいた。しかし、「そのときは、ホイーラーの実験をしようとは夢にも思っていなかった」という。

それは、遅延選択実験が技術的にはるかに難しかったからだ。アスペの最初の実験では、マッハ＝ツェンダー干渉計の各経路の、一番目のビームスプリッターから検出器までの長さは、およそ六メートルだった。光子はその距離を、わずか二〇ナノ秒ほどで進む。光子が干渉計に入ったあとに光子を騙そうにも、二番目のビームスプリッターを挿入あるいは取り外している時間はなかったのだ。それは不可能に思えた。

では、干渉計の長さを伸ばしたらどうだろう？　たとえば、五〇メートルくらいにしたらどうだろうか？　そのくらい伸ばせば、光子を騙すのに一六五ナノ秒かけられることになる。無限ではないが、かといって、あり得ないほど短いわけでもない。

「光学とはどんなものか、教えてあげましょう」。アスペは、なぜ一九八五年に経路を長くしなかったかを説明してくれた。アスペらが用いていた単一光子の発生源は、点状ではなかった。光子が針の穴からではなく、大直径の開口部から出てくるようなものだった。光学実験では、しばしばレンズを使って、光子を検出器に向かっていくように囲い込む必要がある。もし、光源が点状でなかったら、光は発散してしまうため、レンズをどんどん大きくしていかなければならない。そうなると、レンズはあり得ないほど高価になり、技術的にも実現不可能なものになる。「私の用いた光源は厳密には点ではなかったため、六メートルでも厳しいものがありました。でも、解決できなくもなかった」とアスペは話した。「しかし、五〇メートルは論外だった」。その場合、直径数メートルのレンズが必要になったはずだ。

ホイーラーの意図どおりの遅延選択実験を行うことができるようになるまで、アスペは二〇年間、技術の発展を待たなければならなかった。一方、ほかの研究チームは、さまざまな変形版ホイーラーの遅延選択実験を行っていたが、アスペが目指していたのはその本質部分であり、解釈の余地を残すようなことはしたくなかった。「二〇〇五年です。ホイーラーの理想に非常に近い実験ができるまでに、技術が到達したと確信しました」

二〇〇五年には、アスペは十分な点状の単一光子の放射源を手に入れ、干渉計の長さを四八メートルにすることができた[28]。この長さであれば、光子が一番目のビームスプリッターを通過したあと、二番目のビームスプリッターを挿入あるいは取り外す十分な時間を稼げる。

観測の結果、一つたりとも光子を騙すことはできなかった。二番目のビームスプリッターがなければ、光子は粒子のように振る舞い、二番目のビームスプリッターがあれば、光子は波のように振る舞った。いつ、二番目のビームスプリッターを挿入するかは、重要ではなかった。

ボーアとアインシュタインの間で起きた、古い議論を思い出そう。波の特性と粒子の特性を同時に観測できないことの理由をめぐる議論は、観測という行為が観測装置に擾乱《じょうらん》を与え、干渉縞を破壊するというボーアの主張と関連していた。相補性は、不確定性原理の結果であった。

しかし、この遅延選択実験が明確にしたのは、相補性がより深い原理で、ボーアが認識していたよりもいっそう深いものだったということだ。アスペの二〇〇五年の実験（結果は二〇〇七年二月に発表）で、最初のビームスプリッターを通過した光子は、二番目のビームスプリッターの位置まで非常に遠く、この距離で行われた決定による影響を受けない。特殊相対性理論の言葉で言えば、これらの二つの事象は空間的に切り離されており、測定による擾乱は問題にならない。装置の終端付近で行われることは、光子にいっさい影響を及ぼすことができない。それでも、光子は粒子の性質か波の性質のどちらか一方だけを示す。

「何を観測するかを決定するのは測定である、などなど……そういうボーアの発言を、あまりに馬鹿正直に受け取るべきではない。それより、もっと微妙な話ですよ」と、アスペは言う。

その微妙さを鮮明にしたのは、さらに大胆なバージョンの遅延選択実験だ。いわゆる遅延選択量子消去実験である。二番目のビームスプリッターに古典的で巨視的な（存在するかしないか二つに一つしかない）装置を用いる、ホイーラーの元々のアイデアとは異なる。もし実験が、光子の粒子性か波動性かのどちらかを検出するかという選択を遅らせるだけでなく、その選択を消去することができたら、どうなるだろうか？　光子はどう振る舞うだろうか？

遅延選択量子消去実験を理解するには、再び、量子物理学に対するアインシュタインの不満に立ち返る必要がある。特殊および一般相対性理論や光電効果を含めた全研究のなかで、もっとも引用された一九三五年の論文でアインシュタインが扱ったのは、量子系の奇妙な特性（のちに「不気味な遠隔作用」と呼んだ特性）である。それを、シュレーディンガーも同じ年に認識し、「もつれ」と呼んだ。単一の粒子が見せる量子の重ね合わせが、量子力学が投げかけた最初の謎であるとするなら、二個あるいはそれ以上の粒子が絡むもつれはいっそう深いものであり、アインシュタインにとっては根幹を揺るがすものだった。その後、ホイーラーの思考実験をしのぐ二重スリット実験のさまざまな変形版が続き、そうした発展を指して、アスペは第二の量子革命と言った。「[それは] 量子もつれが著しく異質のものであると理解することに関係している」

第4章　神聖なる記述より

不気味な遠隔作用についての啓示

非局所性は、自然の仕組みについて語るときに用いる思考の道具箱を広げるように、私たちに迫る。[1]

――ニコラス・ギジン

ティム・モードリンは、その奇妙さに出くわした瞬間を鮮明に思い出せる。三〇年以上前のことであった。そのとき、モードリンは大学の最終学年。サイエンティフィック・アメリカン誌で、理論物理学者ベルナール・デスパーニアによる「量子論と実在」というタイトルの記事が目にとまった。記事には、かなり長くて、とっつきにくい副題「世界は人間の意識とは無関係に存在する物体で構成されているという原則が、量子力学や、実験的に立証された事実とは相容れないことを明らかにする」が付けられ、一五ページ余りに渡って、文章、方程式、イラストが詰め込まれていた。読むのにかなりてこずった。モードリンは記事を読み込むと、その意味するところにすっかり打ちのめされた。「ルームメイトたちから後で言われたよ。どうかしちまったんだろうって。なにしろ私が……雑誌を持ったまま、部屋の中の同じところをぐるぐる回ってたんでね」。ニューヨーク大学の科学哲学者モードリンは語った。私は、ニューヨークにあるモードリンのアパートの、ほとんど家具のないリビングルームに座っている。クロアチアの芸術家ダニノ・ボジッチによる絵画が、壁を美しく飾っている。モードリンの著書『物理学のなかの形而上学（*The Metaphysics within Physics*）』の表紙も華を添える。タンザニアのニャムウェジ人によって作られた、細くて背の高い二つの木彫り像が部屋の一角に置いてある。上品でこざっぱりとした部屋の中で、モードリンはデスパーニアの記事に思いを馳《は》せた。いわく、今なら記事の内容の一部には反論するところだが、当時それを読んだときは学生だったので、「［量子力学に］おかしなことが起きていることがはっきりとわかるくらい記事は明快だったし、虜になるくらいにとがった結論だった」。

　サイエンティフィック・アメリカンの記事では、一九六四年のジョン・ベルの論文について詳細な解説がなされていた。アスペに、アインシュタインとボーアの議論に決着をつける実験に着手させた、あの論文である。記事でデスパーニアは、アインシュタインの（相対性理論に組み込まれた）考え方と量子力学は相容れないとし、ベルの定理を検証するアスペの実験（当時まだ実行されていなかった）が問題を解決するだろうと主張した。アインシュタインは、誰よりも早く、自分の理論と量子力学との間に緊張が生じていることに気づくようになった。

アインシュタインは、一九二七年のソルベー会議で自身の論拠を述べる際、スクリーンの穴を通過する粒子を取り上げた。彼一流の謙遜で、アインシュタインは「まず、量子力学に深く傾倒していなかったことに謝罪した[2]」。続いて、彼一流の洞察をもって、自身を困惑させていたことに対して鋭い分析を行った。その論理的形式によれば、粒子の波動関数は穴を通り抜け、回折し、半球状に広がる。そして、この広がってゆく半球の表面のあらゆる地点で粒子が発見される確率を計算できる。ここで、穴からいくらか離れたところにある検出器が粒子を検出したとしよう。これは、広がった波動関数が測定によって収束したことと同じである。もし、波動関数を粒子の状態の完全な記述としてか、または実際に起こっていることの記述として（私たちの実在についての知識の状態、またはそれが欠如している状態についての単なる記述としてではなく）解釈するならば、広がっていた粒子が局在化したように見える。もしそうであれば、この局在化と同時に、すなわちある地点に粒子が明確に出現すると同時に、ほかのすべての場所からこの粒子が異論の余地なく消失すると、アインシュタインは主張した[3]。これは局所性の原理に違反している。局所性の原理とは、時空のある点で何かが起きたとき、その影響がほかの領域に光速を超えて及ばないというものだ。ということは、波動関数の収束は一瞬にして起こるため、明らかに非局所的である。量子力学の黎明期だった当時でさえ、アインシュタインは、作用の同時性を意味する、この見かけ上の非局所性が特殊相対性理論と相容れないことに気づいていた。

しかし、アインシュタインと二人の同僚が、より有望な分析を行う。この分析は、一般的な科学論文ではなく、ニューヨークタイムズ紙の俗っぽい報道を通して、世界に知られた。アインシュタインはこれに釈然としなかった。

一九三五年五月四日、「アインシュタイン、量子論を攻撃」という見出しが躍る。[4] ニューヨークタイムズによると、アインシュタインと二人の若い研究者ボリス・ポドルスキーとネイサン・ローゼンは、量子力学が完璧ではなく、補強が必要であることを示した。

フィジカル・レビュー誌が発行される二週間ほど前に、ポドルスキーが論文に掲載される予定の情報をもらしていた。それを突き止めたアインシュタインは、ニューヨークタイムズを非難する。「[科学的な]問題……に関する発表を世俗紙が出し抜くとは。私は軽蔑する」[5]（数十年後、物理学者デイヴィッド・マーミンはこう皮肉った「ニューヨークタイムズが世俗紙なら、フィジカル・レビューは聖典といったところか」[6]）。

とはいえ、一九三五年五月一五日に発表された、四ページのエレガントな論文[7]は、今日でも量子物理学を揺さぶり続ける震源となった。アインシュタイン、ポドルスキー、ローゼンの頭文字からＥＰＲ論文として知られるそれは、アインシュタインとローゼンがティータイムに交わした議論に端を発する。二人は、相互作用したあとの二つの粒子の量子状態について話し合った。[8] そして、相互作用のあと、それぞれの粒子を記述する独立した波動関数は存在しないという結論に至った。それらはむしろ、結合した一つの波動関数で記述される。これらの粒子は「もつれている」と言う。もつれた粒子によって、量子論の不完全性についての自分の議論を強化できると、アインシュタインは考えた。第五回ソルベー会議では、コペンハーゲン解釈に一本取られ、ボーアに大敗したように思われたが、アインシュタインはボーアとの議論をまだ続けるつもりだった。

ＥＰＲ議論の中心にあるのは、自然は局所的であるという前提である。かなり直感的な考えのようであるが、アインシュタインの一般相対性理論が局所性に焦点を絞りきっていたのは、その前提があったからだ。アインシュタインより前には、ニュートンが重力の影響は瞬間的であると言い、局所性については曖昧にした。ニュートンの重力理論によれば、もし太陽が何らかの原因で消失したら、地球は重力場の変化によって直ちに影響を受けるだろう。しかし、アインシュタインの一般相対性理論が示したのは、重力とは物質の存在によって（ぴんと張られたゴムシートに重いボールを載せると、シートがたわむように）時空が歪むことの結果であり、物質によって時空の曲率に生じる変化は光速でしか伝わらないということだった。そのため、太陽が消失して、その引力がなくなったことに地球で気づくのには、およそ八分を要する。局所性はアインシュタインの相対性理論にとって本質的である。

局所性のほかに、アインシュタインは「実在性」という考えを長い間大切にしており、ＥＰＲ論文でもそれは出てくる。その書き出しはこうだ。「物理学理論を真剣に検討するときは必ず、どのような理論にも依存しない客観的な実在と、理論が扱う物理的な概念との間の違いを考慮しなければならない。そのような概念は客観的な実在に対応するよう意図されており、これらの概念を用いて、われわれは実在を思い描くのである」

アインシュタインの考え方では、実在の世界は私たちの観測とは独立して存在する。実在主義を物理学理論に関する記述へと研ぎ澄ましてゆき、理論の変数が実際の物理的な実在に対応すると主張することができる。その点に関して、理論の完全性とは、すべての物理的な実在を捉えられるほど十分に、関連する変数を理論がもっているかどうかにかかっている（たとえば粒子の位置と運動量に関する変数がそうだ。それらの変数から、その軌道を計算することができる。軌道があればの話だが）。

そして実際に、量子力学が不完全であることを証明するためにEPRが出した論拠の一つは、もつれた粒子の位置と運動量を計測することを必要とする、少々複雑な思考実験に関するものだった。一六年後の一九五一年、物理学者デイヴィッド・ボームは、より単純な思考実験によってEPRの論拠を明確にした[9]。あとからしてみれば、ボームのより明確な例を使ったほうが問題を理解しやすい。

スピン0の一個の粒子が、互いに遠ざかるそっくりな二個の粒子に崩壊するところを想像しよう。角運動量の保存則に従えば、二つの粒子は互いに反対向きにスピンしなければならず、その結果、それらのスピンの合計は0になる。X軸（このページの左右方向）に沿って互いに遠ざかる、粒子Aと粒子Bを考えよう。量子力学では、この二つの粒子はスピンについてもつれていると言う。

まず、粒子Aについて考えよう。X方向に沿った粒子のスピンを測定しようとしても、その可能性を予測することしかできない——スピンは上向きか下向きかだ。Y方向（このページの上下方向）、Z方向（このページの前後方向）、あるいは任意の方向についても同じことが言える。

任意に選んだ方向について、粒子Bのスピンのみを測定しても、同じことになる。測定の結果を確実に予測する方法は決して存在しない。

ここからがアインシュタインを悩ませたところだ。粒子Aと粒子Bはもつれている。そこで、粒子AのX方向のスピンを測定したところ、上向きだったとする。量子の定式化から、粒子BのX方向のスピンは下向きであると、絶対確実にわかる。それを確かめる測定は必要ないが、もし測定すればそのとおりになっている。同じ方向で（たとえばX軸で）二つの粒子のスピンを測定するかぎり、粒子Aを最初に測定すれば、粒子Bのスピンの運命は決定され、その逆も同じだ。まるで、粒子Aの位置で行ったことが、粒子Bに瞬時に影響を及ぼしたかのようである。これは明らかに、非局所性の一形態だ。

ところが、EPR議論は局所性を明確に前提としており、瞬時の影響を不可能にしている。この前提があれば、EPRは粒子Bのスピンという実在が存在することを支持する議論を展開できた——「系にいかなる擾乱を与えることなく、物理量の値を確実に（すなわち確率一で）予測できれば、この物理量に対応する物理的な実在の要素が存在する(10)」

それこそまさに、粒子Aの測定によって達成されることである。世界が局所的であるなら、粒子Aの位置で行ったことが、粒子Bに擾乱を与えることはない。それなのに、粒子Bが粒子Aからどんなに遠く離れていても、ただちに粒子Bのスピンの値を確実に予測することができる。そうなると、粒子Bは、粒子Aを測定する前から、その値だったに違いない。そしてもし、粒子が測定に依存しない値の特性をもっていれば、その特性を捉える理論には変数が含まれる可能性がある。この話の行きつく先はもうおわかりだろう。量子力学がもち得るものは波動関数がすべてであり、波動関数から得られるのは測定の結果の確率である。そこには、隠れた変数など存在しない（たとえば、粒子の位置に関する変数が隠されていると言われたりする事実を、ベルは「歴史的に愚かなこと」[11]と述べた）。

EPR論文は勝ち誇ったようにこう結論した――「波動関数は物理的実在を完全に記述できない」。三人は、実在の完全な理論がどのようなものかについては触れなかったが、「しかし、われわれはそのような理論が存在し得ると信じている」と述べている。

そんなふうに変数を加えて波動関数を補強する理論を、隠れた変数理論と呼ぶようになる。EPR論文にとって皮肉なことに、その数年前の一九三二年、ジョン・フォン・ノイマンが、成功した量子論の実験を再現できた理論はどれも隠れた変数をもち得ないことを証明したかに見えた。量子世界のコペンハーゲン解釈を信じていた人々は、手放しで喜び、フォン・ノイマンの証明を受け入れた。

ある哲学者の断固とした反論はきれいさっぱり忘れ去られていた。ドイツ人哲学者のグレーテ・ヘルマンである。現代物理学に多大な貢献をした驚異の数学者エミー・ネーターの「最初で最後の女性の博士課程学生」[12]でもあったヘルマンは、哲学の世界と数学の世界を自由に行き来した。一九三五年、ヘルマンはフォン・ノイマンの証明に誤りがあることを示した論文をドイツの学術誌に発表する。「フォン・ノイマンの証明を徹底的に検証して明らかになったのは……彼の議論で前提としたものが、証明しようとしている言説と等価であること」。ヘルマンは続けた。「したがって、証明は循環的である」[13]

アインシュタインも一九三八年ごろ、ヘルマンが問題にした前提を指して「なぜそれを信じなければならないのか?」[14]とこぼしていたと言われている。アインシュタインは気難しい老人と思われることが増えていた。実在や局所性、時に決定論にまでしがみついていたためである。しかし、公平に言って、アインシュタインは決定論の欠如にそこまで悩まなかった。ポップカルチャーで多用されがちな、「神はサイコロを振らない」というアインシュタインの言葉は、問題に対する彼の姿勢を歪めてしまっている。一九二〇年代初頭を通して、アインシュタインは確かに、量子世界の非決定論的な本質に対する憂慮を口にし、その考え方を「我慢できない」と言い、もしそれが真実なら、「物理学者でなく、靴屋か賭博場の店員になったほうがまし」[15]と考えた。しかし、量子力学が成熟するにつれ、非決定論の否定を撤回するようになる。彼が受け入れようとしていたのは非決定論であり、非実在性でも非局所性でもなかった。いずれにせよ、アインシュタインが年を取ると、若い物理学者はさほど抵抗なくアインシュタインの考え方を無視するようになっていった。

ヘルマンの研究が広く注目を集めなかった理由はよくわからない。ドイツの無名の哲学誌で発表したのは、広く知られるためにはマイナスだった。しかし、ハイゼンベルクと彼の同僚はヘルマンの研究に気づいていたことから、それだけが理由ではないだろう。おそらく、自分たち自身の考えに惑わされて、ヘルマンの主張の意味を見落としてしまったのだ。おそらく、政治的なつながりも理由の一端だろう。あるいは、当時の性差別もあるのだろうと哲学者パトリシア・シプリーは考えるが、「たとえ関連があったとしても、一番の理由ではないと思う。二番目の理由だろう[16]」と付け加えた。

隠れた変数理論を構築することによって、フォン・ノイマンの証明を暗に攻撃したのは、デイヴィッド・ボームである。一九五二年のこと、アインシュタインのEPRの議論をより単純な思考実験にした翌年のことだ。数十年後にジョン・ベルは、フォン・ノイマンの不可能の証明に反論したボームの定式化を指して、「一九五二年、私は不可能がなされたのを見た[17]」と言った。

一九八八年に科学・SF雑誌オムニに掲載されたインタビューで、ベルは酷評している。「本当にしっかりと理解《グリップ》すれば、フォン・ノイマンの証明はあなたの手の中でバラバラになる。その証明には何もありません。欠点があるというだけでなく、愚かなことだ。置かれた前提をしっかり見てごらんなさい。一瞬たりとも持ちこたえられない。数学者のやりそうなことです。数学的な対称性をもつように前提に置いたんです。それを物理的な性質の言葉に翻訳すると、まったくのナンセンス……フォン・ノイマンの証明は、間違っているばかりか、馬鹿げているんです[18]」

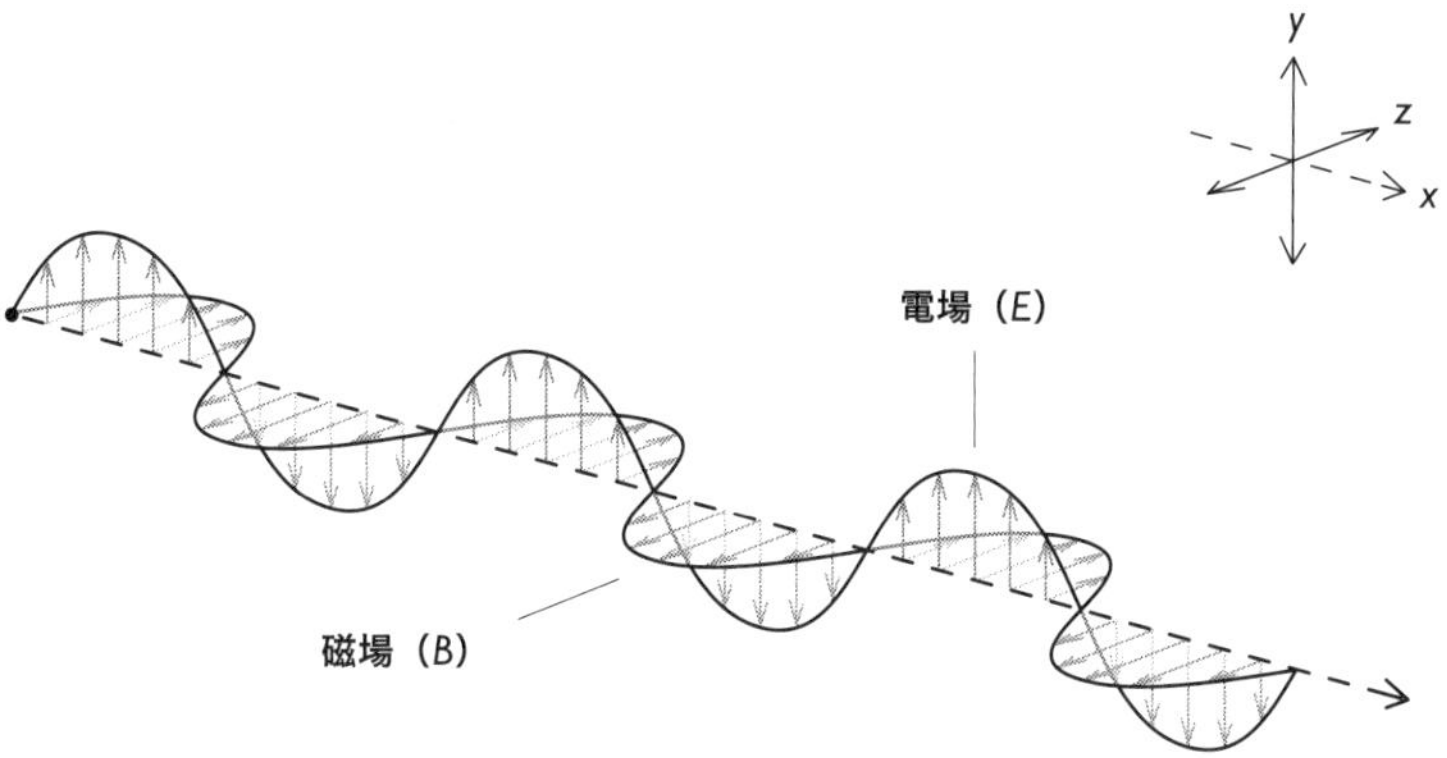

ベルはフォン・ノイマンの証明に感銘を受けなかったが、ボームとアインシュタインに影響されて、EPRの議論を量子力学の検証にかける方法を探す。その結果が一九六四年の論文であり、彼の名前がついた定理である。

ここで、ベルの定理に基づく実験を説明しよう。ボームのEPR思考実験を少し変えたものだが、その本質はアスペのような実験物理学者が行うものにより近い。肝となるのは、光子と、偏光と呼ばれる特性である。

光が電磁波であることはこれまでも述べてきた。電磁波には電場の振動と磁場の振動がある。偏光とは、電場と磁場の振動方向が規則的な光である。たとえば、光がX方向（ページの左から右）に進むとすれば、電場はX－Y平面（ページの上下方向）に振動する。これを、光が垂直に偏光しているという。電場がX－Z平面（ページの前後方向）に振動していれば、光は水平に偏光している。この二つだけが電場がとれる角度というわけではなく、電場はあらゆる角度の平面で振動することができ、その角度を偏光角という。また、光が進んでいる間、偏光角は一定のこともあるし、変化し続けることもある。電磁波のパルスである個々の光子も偏光する。

今、光源から、偏光でもつれた二個の光子が放射されるところを想像しよう。二つの光子は互いに離れていき、二人の観測者、アリスとボブへと向かう。アリスは、光子の二つの測定値のどちらかを観測する。つまり、彼女は光子がA方向あるいはB方向のどちらに偏光しているのを確認する。量子力学によると、二種類の測定に対して得られる答えはイエスかノーである。同じようにボブも、光子がC方向あるいはD方向のどちらに偏光しているかを確認する。二人は、光源からペアでやって来る光子を無数に測定する。

重要なのは、それぞれの光子のペアに対して、アリスとボブは互いに独立に測定を行うことである。つまり、両者はともに、相手がどちらの方向を測定することにしたかを知らない。

もし、光源を離れる光子がもつれていなければ、アリスによって測定された結果は、ボブによって測定された結果と相関関係はなく、偶然の域を出ない。

しかし、今検討している実験では光子はもつれており、量子力学によれば、ペアの光子が（偏光に関するかぎり）同じ波動関数で記述される。ということは、一対のもつれた光子に対して、アリスがある方向に偏光した光子を測定し、イエスという結果を得たとすれば、ボブがアリスと同じ方向に光子を測定するとノーという結果が得られると確実に予測できる。その逆でも、同じことが言える。

ここで、ベルの定理が登場する。アリスとボブが互いに異なる偏光方向で行った測定に対して、ベルは相関関係の強さを計算した。これによって、量子力学を補強し、局所性のルールにも従う、隠れた変数理論が存在するというアインシュタインの主張が正しかったかどうかを予測できる。ここでの相関関係は、アリスとボブが互いに反対の答えを何回得るかを尺度としている。

ベルが証明したのは、アインシュタインが正しければ、相関関係がある値以下になるということだ（そのため、これはベルの不等式の検証と呼ばれる）。より詳しくいうと、もし量子力学が正しく、アリスが行った光子の偏光の測定がボブの光子の状態に瞬時に影響を及ぼすとすれば（その反対でも同じ）、相関関係の強さは閾値《しきいち》を上回り、不等式を破るというのである。もしそうなら、量子の世界は明らかに非局所的である。

ベルの定理が発表されるとすぐ、実験研究者たちは不等式を検証し始めた。彼らが行ったのは二重スリット実験と関係なかったが、そこで得られた発見は二重スリット実験の中心にある謎を理解する上で、きわめて重要である。そのようなベルの実験を行った先駆者のなかでも特に有名な研究者は、カリフォルニア大学バークレー校のスチュアート・フリードマンやジョン・クラウザー、ハーバード大学のリチャード・ホールトやフランシス・ピプキン、それにテキサスA&M大学のエドワード・フライとランドール・トンプソンらである。一九七六年までに、合計七件の実験が行われ、そのうち二件は量子力学を否定していた（ベルの不等式を破らなかった）が、全体としては量子力学が正しいことが示された。世界は、そのもっとも基本的なところで非局所的

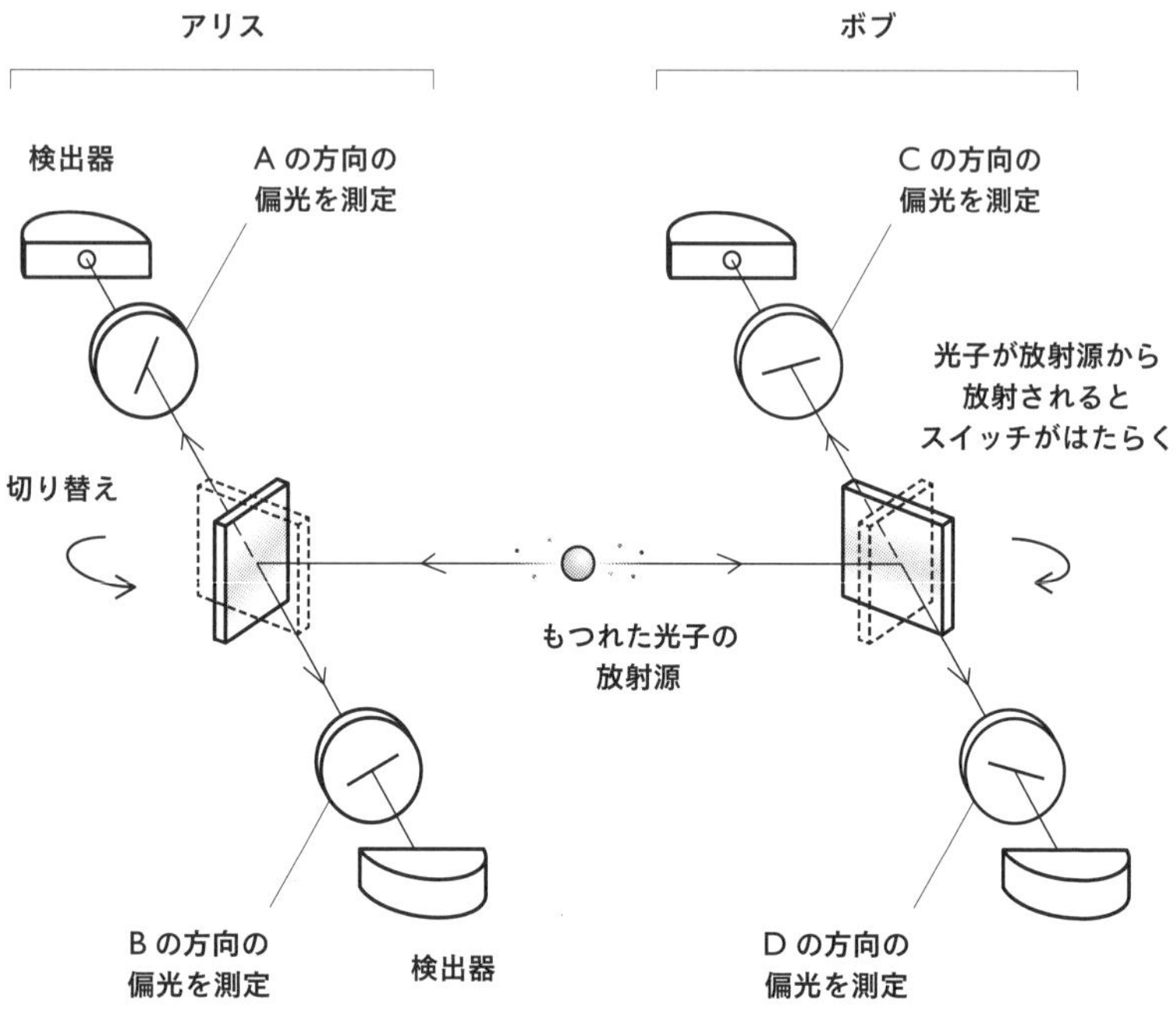

であるようだ。

そこへ、若き日のアスペが登場する。アスペは、ベルが思い描いていた理想的な実験が、単一のもつれた光子ペアを用いては行われていないことに気がついた。つまり、各光子ペアを空間的に隔てた状態で、実験されていなかった（その状態でやれば、未知のメカニズムを通しても、アリスとボブに互いの測定方向を光速より速く知らせるすべはない）。要するにこの実験でやっているのは、光子が両端へ向かっているときに、測定装置の設定――測定する偏光の方向（アリスはAかB、ボブはCかD）を選択することである。光子が放射源から検出器まで移動する間に、実験の設定は文字どおり選択されなければならない。課題はあった。「もつれた光子の放射源を製作することです。それも、一秒あたりに十分な数のもつれた光子ペアを放射できるような」。アスペは話す。「結局、どんな実験も、最後は信号とノイズの比の問題になります」

先に述べたとおり、アスペはそのような放射源の製作に成功した（のちに単一光子の二重スリット実験に用いた技術）。「それには五年かかりました。一九八〇年までには、もつれた光子のすばらしい放射源ができましたよ。世界でも類のない優れた、もつれた光子の放射源です」と彼は言った。「クラウザーが一日かけて行った実験、フライが一時間かけて行った実験を、私は一分でできたのです」

大量の統計と、アリスとボブによる空間的に隔てられた測定によって、アスペは量子力学によってベルの不等式が破られることを、疑問を挟む余地なく証明してみせた。アリスの測定がボブの装置に、ボブの測定がアリスの装置に影響を及ぼし得る、重箱の隅をつつくような些細な方法は残っていたが、それを気にするのはうるさ型くらいだった。ほとんどの物理学者にとっては、アスペの実験で結論が出た。この実験によって、アスペは講演活動に引っ張りだことなった（そしてファインマンと親密になった）。「実験によって、ベルの理論が本当に重要なものだということを伝えることができました。そして、そう、ベルの不等式は破られ、世界の仕組みに対する私たちの理解の範疇《はんちゅう》を超える、もつれた何かが存在する、ということもです」とアスペは言う。

その何かとは非局所性である。局所的で実在的な隠れた変数理論に賭けた、アインシュタインの望みは打ち砕かれた。アインシュタインはこれらの実験の結果を知ることのないまま亡くなった。実在は非局所的であるという認識が、標準的な量子力学を支持する大勢の人々の間に広がっていることについて、アインシュタインはどう反応しただろうか？　それは想像するしかない。アインシュタインは、マックス・ボルンに宛てた一九四七年三月三日付けの手紙にこう書いた。「私はそれ［量子理論］を心から信じることができない。なぜなら、不気味な遠隔作用なしに、物理学は時間と空間にある実在を記述すべきである、という考え方と、量子力学は相容れないからです(19)」。一九五五年、アインシュタインは生涯を終えた。

背の高いニャムウェジ人の像が目を光らせる、ティム・モードリンの部屋。ニューヨークの緑豊かな一角を見渡す眺望のなか、モードリンは、単なる波動‐粒子の二重性以上に、もつれと非局所性によって、なぜ二重スリット実験が興味深いものになるのか、その理由を説明してくれた。波動関数が二つに分かれていくのを手振りで示す。一つは一方のスリットを通り、もう一つはもう一方のスリットを通る。分かれた二つの部分は、各スリットから広がっていく際、それぞれ独立して進展し、最終的に干渉する。二本のスリットから離れた任意の地点で粒子を発見する確率を計算するには、これらの二つの波動関数の線形の重ね合わせを考慮する必要がある。合成された波動関数が、写真乾板に当たると考えよう。粒子は写真乾板のどこかに出現する。つまり局在する。しかし、写真乾板のほかのあらゆる場所では、存在確率がゼロではなかったのに、何も起こらない。この現象は同時に起こり、非局所的である。

「まったく不可解ですよ」とモードリンは言う。

粒子が次から次へとこれを繰り返せば、写真乾板に干渉縞が出現する。二重スリット実験の標準的な解析では、このパターンの出現が、量子力学の謎の象徴として強調されることが多い。ある意味で、それは間違っていない。粒子が写真乾板につくるそれぞれの点は、次の二つを物語っている。一つは、両方のスリットを通過する非局所的な何か（波動関数？）で、もう一つは、非局所的な現象によって、写真乾板のある場所に粒子が出現したように見え、それ以外のあらゆる場所から粒子が同時に消えるように見えることである。

しかしモードリンいわく、粒子がどちらのスリットを通過するか検出しようとすると、二重スリットの謎はよりいっそう深まる。干渉縞が出現しなくなる。しかし、なぜだろうか？　それは、粒子が二重スリットを通るときに、その通過を検出する装置が粒子ともつれるようになるためだ。モードリンは言う。「シュレーディンガーは、量子力学について本当に新しいことはもつれであると述べました。そしてその観点で言えば、真に「驚くべき」量子力学の影響とは、干渉縞の消失です」

二重スリット実験は、単に波動－粒子の二重性、ファインマンの「中心的な謎」を具現化するだけではない。そこには、もつれも組み込まれている。物理学者たちがこの事実を認めるとすぐに、新しい二重スリット実験が次々に行われるようになり、量子世界の謎をどんどん掘り下げていった。そして、あの遅延選択量子消去実験も実行に移されたのである。

第5章　消すべきか、消さざるべきか

山頂での実験が導く

これらの実験は、空間と時間の通念を踏みにじるものだ。遠い未来にはるか遠くで起こる出来事が、今ここで起こっていることをどう記述するかに関係するというのだから。古典物理学的に──つまり常識的に──考えれば、そんなことはまったく馬鹿げている。もちろん、まさにそこが重要な点なのだ。古典物理学的な判断は、量子物理学的な宇宙においては、間違った判断なのである。(1)

──ブライアン・グリーン〔『宇宙を織りなすもの』草思社、青木薫訳〕

実験量子物理学者は、実験室と厳密に管理された環境を好むものだ。そのため、非常に興味深いいくつかの量子力学実験がカナリア諸島（アフリカ北西部の沖合の群島）に聳《そび》える山の頂上で行われたのはきわめて異例だ。晴れた日には、ロケ・デ・ロス・ムチャーチョス（小さなラパルマ島にある二四〇〇メートルの高山）の山頂から、大西洋の青い海で一四四キロメートルほど隔てられている、同諸島最大のテネリフェ島の火山の山頂を見ることができる。しかし、実験は太陽が沈み、月がまだ地平線の下にあり、天の川のみが夜空に見えるときに行われた。暗闇は欠かせなかった。単一光子をラ・パルマ島に置いた光源から、テネリフェ島のテイデ山のふもとに設置されている望遠鏡へ送らなければならないからだ。

この実験を実施したのは、オーストリアの物理学者アントン・ツァイリンガーである。彼とアラン・アスペは同僚だ。二人はともに、聡明な実験物理学者として同時期に注目されるようになった（また、彼らは二〇一〇年の功績に対して、ジョン・クラウザーとともにウルフ賞物理学部門を受賞した）[2]。しかし、ツァイリンガーとアスペは、量子物理学の解釈では正反対の立場だ。前章で見たとおり、アスペはアインシュタインさながらの実在主義者。ツァイリンガーは、どちらかといえばボーアに似た考え方である。

「量子力学からわかることは、可能性のある結果に対する確率分布だけです」。ツァイリンガーは私に言った。彼らが行ったベルの不等式の検証（ツァイリンガーの研究チームは、アスペの先駆的な実験の改良版を行った）は、量子力学が捉えきれないような局所的な隠れた実在が存在しないことを示した。コペンハーゲン解釈の見解では、観測の確率は情報が不完全であることの結果ではないらしい。古典物理学で結果が確率となるのが情報の不完全さに起因する（サイコロ投げの結果が確率となるのは、情報が不完全なためである）のとはわけが違うというのだ。コペンハーゲン解釈を支持する人々は、確率を量子力学の本質と考える。

「それは驚くべきことです」。パリでアスペに会った数日後、オーストリア・ウィーンのボルツマンガッセにあるツァイリンガーのオフィスを訪ねたとき、彼は話した。ツァイリンガーのオフィスは、ドナウ運河（ドナウ川の水路）から歩いてすぐのところにある。この辺りには歴史的な風情がある。そう、ボルツマンガッセという通りの名前は、一九世紀後半の物理学界の重鎮ルートヴィッヒ・ボルツマンに因《ちな》む。ボルツマンは、確率論をふんだんに活用している気体力学や統計力学の先駆者でもあった。ツァイリンガーのオフィスの入っているビルから数軒先には、エルヴィン・シュレーディンガー数学・物理学国際研究所がある。同研究所は一九九六年にボルツマンガッセに移ってくるまで、数百メートル離れたパスツールガッセにあったシュレーディンガーの自宅に設置されていた。(3) パスツールガッセは、ルイ・パスツールに因んだ通りである。科学、特に物理学と数学の著名人ばかりだなと思われた御仁のためにいうと、一〇分ほど歩けば、ジークムント・フロイト博物館とシュトラウス博物館がある。

古典物理学に確率を持ち込んだ研究者に因んだ通りに面したビルの中で、ツァイリンガーは量子力学における確率の役割に戸惑いを示した。「どうしたら、そんなことがあり得ます？　ただ確率分布だけが存在し、背後に何もないなんてことが？」

一呼吸置いて、「確率は私たちがもつ実在です。その背後には何もない。確率は、隠れた実在についてのものではない……以上」。彼は、自分はおそらく「非実在派」だが、そんなラベル貼りは嫌だと付け加えた。「馬鹿馬鹿しい分類です」

しかし、アインシュタインとは見解を異にするにもかかわらず、ツァイリンガーはアインシュタインが量子物理学に与えた影響に深い敬意を抱いている。「アインシュタインの貢献を過小評価する人が時々いますが、それは間違っている」とツァイリンガーは述べる。アインシュタインは、古典物理学の理解に合わない量子力学の特徴に懸念を表明したことで、よく取り上げられるが、その貢献はもっとほかのところにある。「アインシュタインがこうした指摘をしたのを、一部の人は、彼が量子力学を理解していなかったから、そうしたのだ。アインシュタインは量子力学をよく理解していたから、そうしたのだ。アインシュタインなら自分たちが行った実験についてどう考えるだろうかと、ツァイリンガーは思いをめぐらせた。「この状況について、彼のコメントを聞いてみたい」。明るく笑いながら、ツァイリンガーはアインシュタインにこう尋ねたいと言う。「私たちの結果を知って、あなたはどう思いますか?」

アインシュタインはスイスアルプス登山が気に入っていた(一九一三年、彼はマリー・キュリーとその娘とともに、標高約一八〇〇メートルのマロヤ・パスを踏破した)[4]くらいだから、山頂で行われた実験に、少なくとも興味はひかれたことだろう。とりわけ、ツァイリンガーの研究チームが行った、二重スリット実験の変形版を含んだ複雑な山頂の実験はそうだったろう。アインシュタインが理論の不完全性を主張した量子力学の二つの要素、波と粒子の二重性と、非局所性とを結びつけたものだったのだ。この一連の研究は、ある思考実験から派生した。実在の本質と肉牛生産の研究の先駆者だったことから、「量子のカウボーイ」と呼ばれるようになる物理学者が夢見た思考実験だ[5]。

南北戦争の間、ロバート・P・ソルターという連合国将校が、ヒューストンとダラスの中間地点にある農場で綿を栽培していた。彼は生産した綿で銃を買った。現在、マーラン・スカリーは、その歴史的な農場の一部で持続可能な農業を研究する。「謎なのは、私が農業に興味がなく、量子物理学に興味があることです[6]」。量子物理学者がなぜ農業を始めたのか、という問いに、スカリーはそう答えた。スカリーはワイオミングの田舎で育ち、農家の女性と結婚した。

スカリーはイェール大学の大学院で研究を行っていたころ、ほぼ毎日、偉大な実験物理学者ウィリス・ラムにつきまとった。「ワイオミングから来た田舎者の私は、イェール大学のノーベル賞物理学者が自分を教えてくれないかもしれないなんて、これっぽっちも思わなかった[7]」。ラムはいつも時間をつくってくれた。スカリーは博士号取得後、イェール大学の専任講師となった。二年でMIT（マサチューセッツ工科大学）に移り、その後すぐにアリゾナ大学へと移った。さらに一〇年後、ニューメキシコ州立大学へ移り、そこで、量子物理学の有名な思考実験を発案したドイツ・ミュンヘンのポスドク、カイ・ドリュールと共同研究を行った。量子消去実験である。「量子消去は、ヤングの［二重スリット］実験より、質的にも概念的にも知的にも、奥深いものです」と、スカリーは電話で言った。とはいえ、その核心部は、非常に洗練された変形版二重スリット実験である。

スカリーとドリュールは、アインシュタインとボーアの議論の重要な側面に注目した。それは実験それ自体が、相補性を強制するかたちで量子系を乱すかどうか、ということだ。ボーアは、議論を始めたばかりのころ、不確定性原理のせいで実在の波の特性と粒子の特性を同時に観測することはできないと主張した。波と粒子の特性は相補的で、私たちの古典的な測定では永遠に切り離されており、それは不確定性原理によって強制されているという。しかし、アスペがホイーラーの遅延選択実験で示したように、測定装置による擾乱、つまり不確定性原理を認識できないときでさえ、相補性は存在する〔一〇八頁〕。相補性は、誰もが考えていたよりも、さらに深い原理であった。この議論をさらに推し進めたのがスカリーとドリュールだ。

二人は、粒子を擾乱することなく、粒子がどちらのスリットを通過したかについて情報を集めることを想像した。この粒子は通常の振る舞いを続ける一方で、二重スリットを通過したときの経路について、情報をどうにかして残す。量子力学によると、そんな情報がただ存在するだけで、干渉縞は破壊されるはずである。まるでそれでは不十分とばかりに、スカリーとドリュールはさらに深い問いを立てた。もし、この情報が消去されたら、どうなるだろうか？　干渉縞は元に戻るだろうか？

彼らは思考実験によって、量子物理学における測定の概念をより精密なものにしようとしていた。一九三〇年代、ジョン・フォン・ノイマンは、量子力学に対する厳密な数学的形式を生み出した（これは、隠れた変数理論があり得ないことを証明したとされた、あの本のことだ）。この形式は、測定を中心に据えた公理から生じたもので、測定は波動関数を収束させるものとした。

しかし、何をもって測定とするのか、詳細な定義は存在しなかった。たとえばボーアは、世界を単に大小さまざまなものに分け、測定装置は「大きなもの」、測定の対象は「小さなもの」とした。古典的なものと量子との境界は完全に不明確だった。どこに境界があるか、数学は何の手がかりも示さなかった。

それでも、理論の実際的な応用からは、そのような境界がほのめかされた。波動関数で記述される量子系は、シュレーディンガー方程式によって進化し、測定と同時に突然、波動関数が収束する。収束の過程は、波動関数の進化を支配する法則には従わない。実際、収束を支配する法則は存在しない。それはその場しのぎの何かであり、測定に起因している。それで、測定されるまで複数の状態の重ね合わせにあった粒子は、多くの可能な状態がたった一つにまで減少する。この収束がいつ、どのように起こるかを、何が決定するのだろうか?

この疑問を論理的結論にまで推し進めたのは、ユージン・ウィグナーだと言われる。ウィグナーはノーベル賞物理学者で、一九三〇年代の初頭から半ばにかけて、プリンストン大学でフォン・ノイマンと同僚だった。ウィグナーは、フォン・ノイマンの定式化を慎重に解析したのち、量子力学の法則は量子と古典的なものとの間に境界をつくらないと結論づけた。量子系も測定装置も、すべてのものは、同じ法則に従って進化するに違いない。波動関数の収束の原因となり得る、彼の結論した唯一のものは、意識であった。ウィグナーの主張では、意識をもった観測者が認知することが波動関数にとどめを刺す。一九六一年、ウィグナーはこう記した。「物理理論の領域が微視的な現象にまで及んだとき、量子力学の出現という形で、意識の概念が再び前面に現れた。なにしろ、意識への言及をまったく考慮せずに、量子力学をいっさい矛盾なく定式化することは不可能だったのだ」[8]。しかし一九七〇年には、ウィグナーは考えを変え、収束に意識が何らかの役割をもつという自分の主張を疑うようになる[9]。

現在、ウィグナーの考え方を信じている物理学者はきわめて少数だ。スカリーとドリュールも、意識とその役割に関心はなく、測定と収束の性質をより精密に理解しようとした。彼らは、測定それ自体が量子力学的な何かであることがあり得るか考えた。もしそうであれば、測定装置もシュレーディンガー方程式に従って進化する。その波動関数は収束せず、測定をなかったことにするような、波動関数の逆の進化も可能である。「私たちは、観測者に理解できる情報が存在し、この情報をあとから『消去』することが、実験結果を質的に変化させるような実験を提案し、解析しました[10]」

彼らが考案した思考実験は、もつれた光子の片割れを用いて、二重スリットを通過した光子がどちらの経路をとったかを原理的に知ることができるというものだ。この、どちらを通過したかという情報に観測者がアクセスできるかぎりは、二重スリットを通過する光子がつくるパターンは干渉縞にならない。しかし、スカリーとドリュールは、この情報が消去されると、干渉縞が観測されることを示した。量子消去に関する二人の論文は、一九八二年に発表された。

一九九五年までに、ツァイリンガーの研究グループはある種の量子消去実験を行い、ほかに少

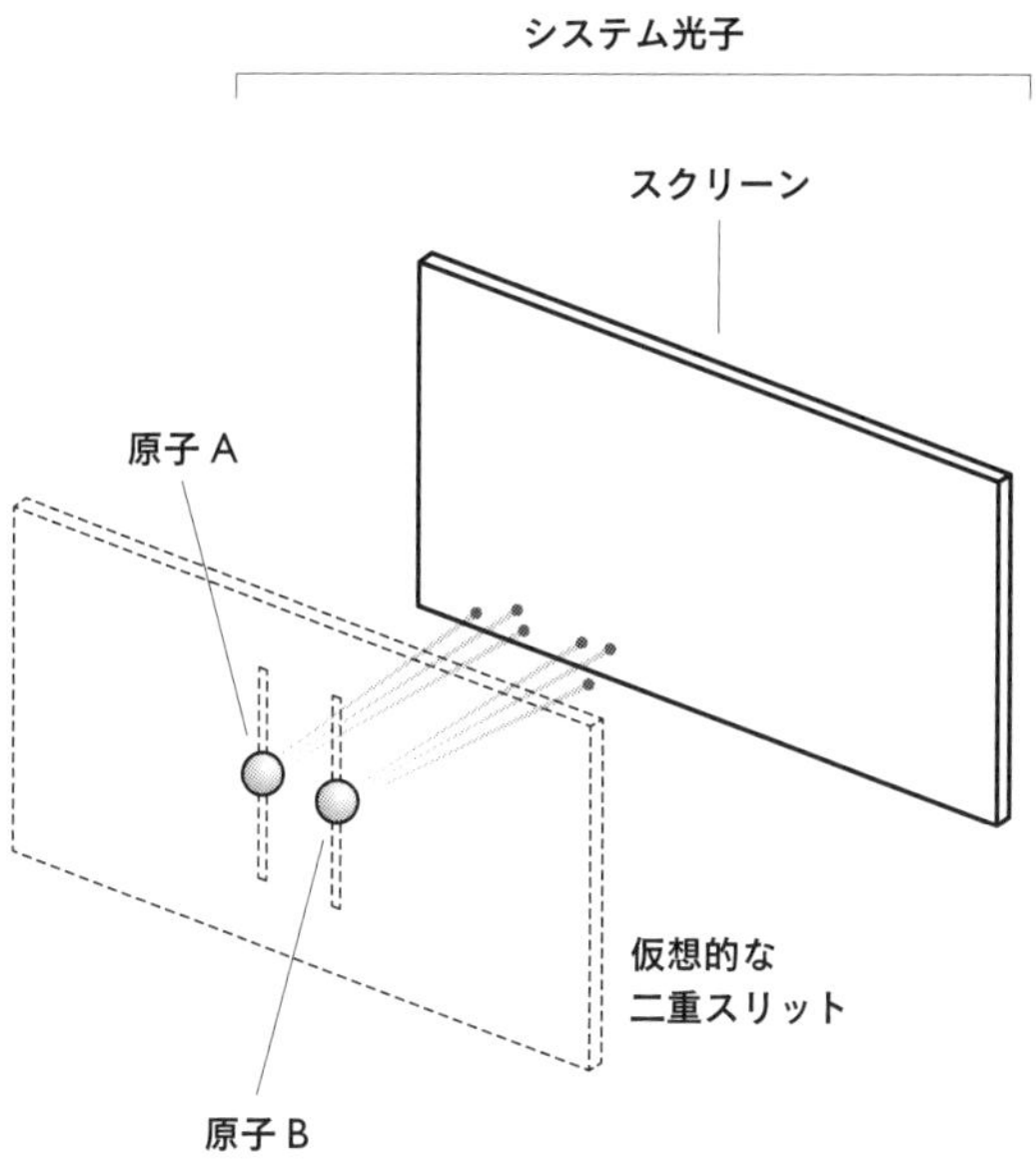

数のグループも続いた。しかし、そのどれも、スカリーとドリュールが求めた理想的な思考実験には程遠かった。[11] ボルチモアのメリーランド大学のキム・ユンホ率いる研究グループと協力したスカリーは、ようやく二〇〇〇年一月、オリジナルのアイデアと本質的にきわめて近い実験の結果を発表した。[12]

実験では光源として、レーザーパルスが当たると、もつれた光子を放射する原子を用いる。そのような二つの原子AとBを想像しよう。それぞれの原子は一対の光子を発する。二つの原子には下準備をし、もつれた一対の光子のうちの一個がスクリーンに進むようにする。これを「システム」光子と呼ぼう。AとBは、ともに一個のシステム光子を発することができる。二つの原子を横並びに置く。すると、システム光子が二重スリットを通過しているように見える。つまり、このシナリオでは、二重スリットは仮想的なもので、登場するものは、システム光子を放射する二つの原子である。もし、私たちにあるのがシステム光子のみで、ほかにいかなる情報も持ち合わせていないとすれば（とりあえず、もつれた片割れの光子は無視する）、システム光子はスクリーンに干渉縞をつくり出すだろう。なぜなら、スクリーンに到達するシステム光子は、原子Aか原子Bのどちらかから来たもの、言い換えると、二つのスリットのどちらかから到達したものだからだ（つまり、光子がどちらの原子から来たのかを知る方法はないのである）。

しかし、それですべてではない。それぞれのシステム光子に対応して、原子からは、反対の方向にもう一つの光子が放射される。その光子を「環境」光子と呼ぶことにしよう。環境光子はシステム光子ともつれていて、システム光子がどちらの原子から（アナロジーでは、どちらのスリットから）やって来たかについての情報をもっている。ここで重要なのは、この情報を保存するか、あるいは壊すかすると、スクリーンに到達したシステム光子に何が起こるかを見ることである。システム光子は、波として振る舞うだろうか、それとも粒子として振る舞うだろうか。

原子Aから放射される一対の光子について考えよう。システム光子は右側のスクリーンへ向かい、そこで写真乾板に記録される。環境光子は左側のビームスプリッター群へ向かう。これらは、環境光子がどちらから届いたかの情報を保存するか、あるいは消去するように設計されている。

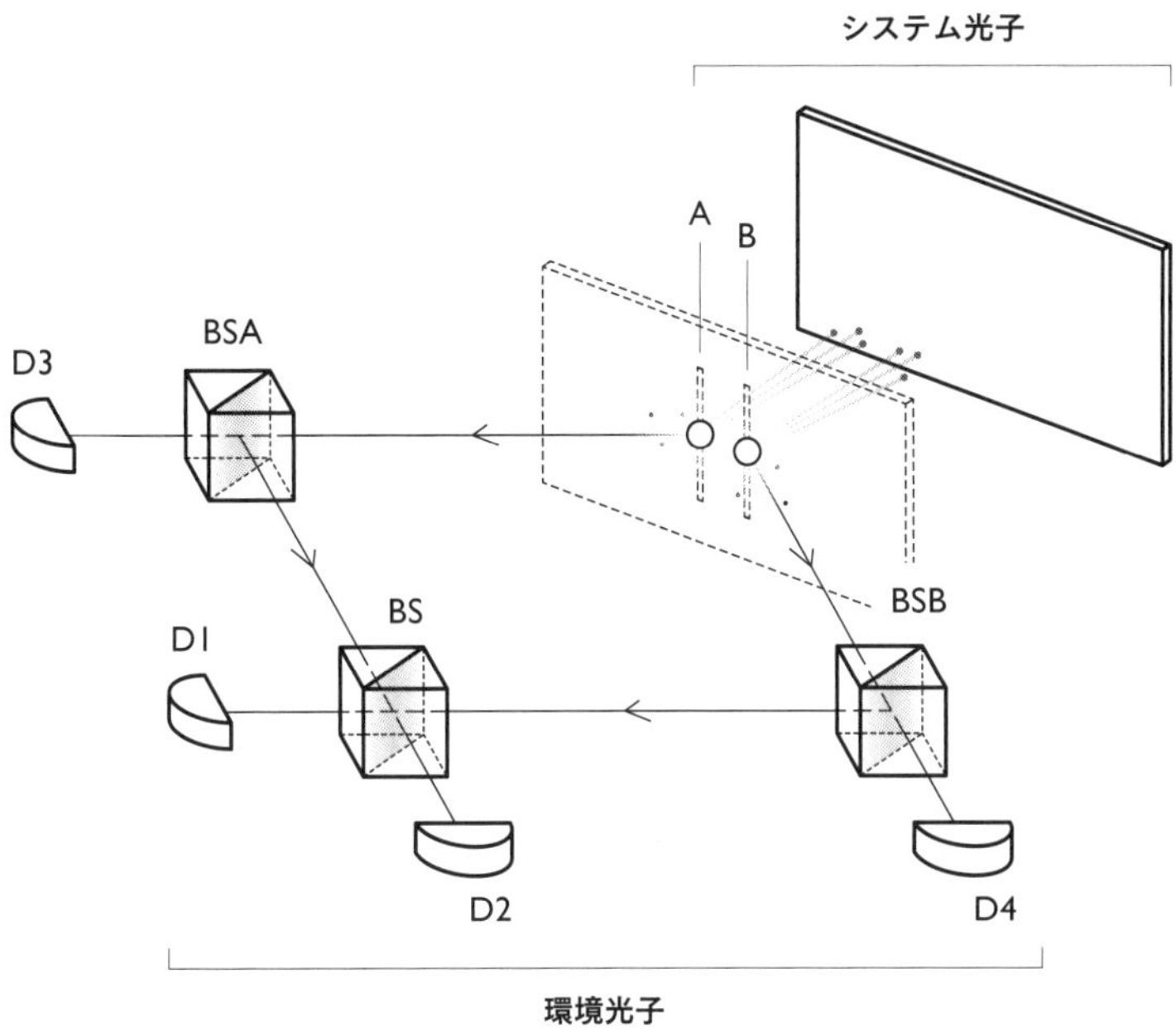

環境光子は最初にビームスプリッターBSAに到達する。BSAでは、透過して検出器D3に行くか、あるいは別のビームスプリッターBSに向かって反射されるかのどちらかであり、BSではD1へ反射されるか、透過してD2に行くかのどちらかである。同様に、原子Bから放射された環境光子は、D1、D2、あるいはD4で検出される。

もし、D3が反応すると、環境光子が原子A（あるいはスリットA）からやって来たのは明らかだ。そのため、D3の反応は、その対になっているシステム光子について、どちらからスクリーンに来たかという情報そのものである（この情報は、システム光子を物理的に乱すことなく得られることに注意)。同様に、D4が反応すれば、対応するシステム光子が原子B(スリットB)からやって来たものであることがわかる。

しかし、環境光子がBSAあるいはBSBで反射され、中心のビームスプリッターBSに向かい、検出器D1あるいはD2が反応したら、それが原子A(スリットA)あるいは原子B(スリットB)のどちらから放射されたものかを知ることはできない。なぜなら、両方の原子(あるいはスリット)から放射された環境光子はどちらも、D1あるいはD2の反応を引き起こすからだ。つまり、対応するシステム光子がどちらから来たかという情報は消去されてしまう。

今、大量のシステム光子がスクリーンに残したスポットと、環境光子による反応の記録を集めたとしよう。環境光子がD3とD4で検出された試行だけを考えると、対応するシステム光子によって写真乾板にできたパターンは干渉縞になっていない。なぜなら、これらのシステム光子のそれぞれについて、どちらから来たものかがわかるからである。このとき、システム光子は粒子として振る舞う。

しかし、環境光子がD1で検出された試行だけを考えると、奇妙なことが起こる。対応するシステム光子で作られたパターンは干渉縞になっているのだ。環境光子がD2で検出された試行についても同じことが起こる。D1あるいはD2で環境光子が検出された場合、どちらの経路をとったかという情報は消去される。スクリーンでは、対応するシステム光子が左の原子(スリット)から来たのか、右の原子(スリット)から来たのかを知る方法はない。経路は識別できなくなり、重ね合わせと干渉の状態になる。

量子消去実験のすごいところは、どちらの経路をとったかの情報を消去するタイミングを、任意の長さの時間、遅らせられることである。システム光子は、放射されるとほぼ瞬時に、スクリーンで検出され、位置が記録される。しかし、環境光子は、ビームスプリッターを経て検出器に当たるまでに、何キロメートルも移動するように調整できる。すべての環境光子が移動している間に、すべてのシステム光子がスクリーンに当たる場合を考えてみよう。パターンはどうなるか？　どんな干渉もできないと思われる（なぜなら、原理的には、どちらの経路をとったかという情報にまだアクセスできるから）。

しかし、環境光子がビームスプリッターを経て検出器に到達したのち、システム光子の測定結果を選択的に解析すれば、まったく別のものが見えてくる。環境光子がD3またはD4で検出された試行のみを選ぶと、対応するシステム光子のパターンは決して干渉縞にならない。しかし、環境光子がD1かD2のどちらかで検出された試行を選ぶと（つまり、どちらから来たかという情報を消去すると）、対応するシステム光子のパターンは干渉縞になる。このパターンはもとから存在していたのだろうか？　それとも、あらためて出現したのだろうか？

環境光子の選択をものすごく遅らせるというアイデアが理論の空想にしか思えなかったら、誰もわざわざオーストリアの物理学者たちに伝えたりしない。スカリーとキム・ユンホが実験を行ってから十数年後、ツァイリンガーの研究グループはラパルマ島とテネリフェ島の山頂の間で、この空想を検証することになった。

ツァイリンガーの研究グループが行った遅延選択実験は、二重スリット実験のすべての変形版のなかで、もっとも洗練されたものである。かつてのツァイリンガーの学生で、現在研究チームの上級メンバーであるルパート・ウルシンは、ウィーンからカナリア諸島まで七時間の飛行機の旅を思い出した。彼らは、およそ三分の二トンの機材を運んでいた。国境のない旅行に慣れているヨーロッパ人にとって、ラパルマ島で機材を通関させることは容易ではなかった。「信じがたいかもしれないが、カナリア諸島はEUの外なのです」。ウルシンの声はいくぶん不機嫌に聞こえた。実は、島はスペインの自治州だが、税制面では、まだ通関手続きが必要なのだ。

輸送会社に機材をロケ・デ・ロス・ムチャーチョスの山頂に運ばせ、そこで研究者たちは超高感度実験の準備を始めた。密になって、仕事にとりかかった。「[このような]実験を始める前に、よい友人を見つけておくべきだ。なぜなら、実験を終えたとき、仲間を大嫌いになっているからね」とウルシンは言う。

実験は原理的には、これまで述べてきたものと同じだ。しかし実施するとなると、細かいところで大きく異なっている。実験は二つの地点にまたがって行われた。一つはラパルマ島の山頂、そしてもう一つはテネリフェ島のテイデ山付近で、直線距離で一四四キロメートル離れている。

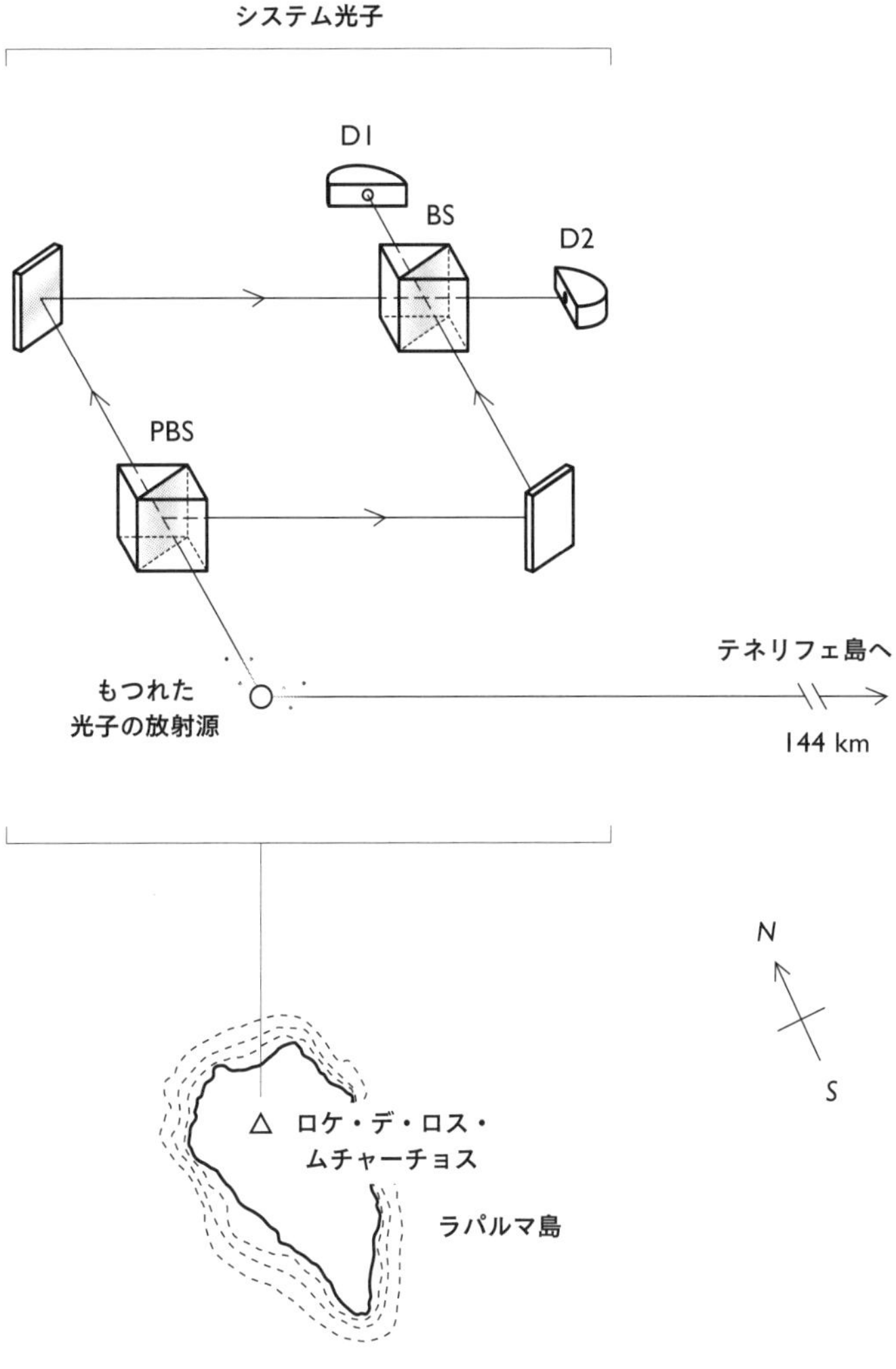
システム光子
D1
BS
D2
PBS
テネリフェ島へ
もつれた
光子の放射源
144 km
N
S
ロケ・デ・ロス・
ムチャーチョス
ラパルマ島

もつれた光子の放射源を含む、ほとんどの機材はラパルマ島に設置された。

これまでの実験は二つの原子を用いて行い、そのうちの一つが一対のもつれた光子を放射すると、システム光子は二重スリットを通ってきたかのように振る舞い、環境光子はシステム光子がどちらの（仮想）スリットから到達したかという情報を運んでいた。カナリア諸島の実験では、一台のもつれた光子源を使い、この光子源は一個のシステム光子と一個の環境光子を発する。システム光子はラパルマ島に設置されたマッハ＝ツェンダー干渉計へ入り、ただちに検出器Ｄ１あるいは検出器Ｄ２のどちらかで検出される。干渉計内の最初のビームスプリッターは、これまで見たビームスプリッターとはいくぶん異なる。これは偏光ビームスプリッター（ＰＢＳ）で、光子を二方向のうちの一方へランダムに送るのではなく、光子が水平に偏光しているときには一方へ、光子が垂直に偏光しているときにはもう一方へと送る（ＰＢＳを通過した光子に起こることは、実験上の微妙な点に関係しているが、このことは脇に置いておく）。つまり、光子の偏光がわかれば、光子が干渉計のどちらの経路を通ったかがわかるのである。

一方で、もつれた環境光子は、テネリフェ島に設置された望遠鏡へ向かう。光子は偏光の状態に関してもつれており、環境光子の偏光によって、システム光子がラパルマ島の干渉計のどちらの経路を通ったかを知ることができる。つまり、環境光子の偏光をわからなくしてしまえば、ペアのシステム光子がどちらの経路をとったかの情報を消去することになる。これが実験の量子消去のパートである。

ここで、遅延選択のパートに入る。なぜなら、情報を消去するかしないかの決定は、環境光子がテネリフェ島に到達してはじめて行われるためである。それは、ペアのシステム光子がラパルマ島で検出されてからかなり後のことであり、したがって、システム光子が見かけ上は波として、あるいは粒子として振る舞ってから、かなり時間が過ぎている。

ラパルマ島で干渉計の二本の経路の長さを正確に調整するのに、研究チームは小さな圧電性結晶の振動を使った。そのような精密な調整は、大学の地下室の温度が制御された実験室でもかなり困難である。ロケ・デ・ロス・ムチャーチョスでは、驚異的な偉業と言える。実験室は、風が吹きつけるスチール製の輸送コンテナで、昼夜の温度変化の影響をたえず受けた。「高度二五〇〇メートルの山小屋で、精密な調整を必要とする干渉計を安定させるのは簡単なことではありません」とウルシンは言った。「恵まれた環境とはとても言えない」

彼の同僚で、やはりツァイリンガーの学生だったシャオソン・マは、誰かが輸送コンテナの扉を開けただけで、その音波のせいで干渉パターンが変化することを思い出した。それで、彼らは実験装置を安定にし、ノイズのない状態に保つために、どんなことをするはめになっただろうか？　「すべて、文字どおり、すべてですよ」と、マは私に話した。「人の呼吸音や実験室内の足音でさえも……干渉パターンを壊してしまうのです」

島にたくさんあったビーチは、山頂での激務によるストレスを、いくらか和らげてくれた。研究チームは夜通し働き、日の出とともに寝て、数時間眠り、午後にはビーチに向かった。ウルシンに、どこのビーチによく出かけたのか聞いてみた。「すべてのビーチさ」と、冗談交じりの答えが返ってきた。実際には、テネリフェの二つのビーチを贔屓《ひいき》にしていた。風にたなびくヤシと防波堤がつくる穏やかな海、サハラ砂漠から持ち込まれた砂でつくられた人工ビーチのラス・テレシタスと、対照的に島でもっとも自然豊かなビーチのエル・ボリュリョだ。

それでも彼らは日暮れ前には山頂に戻り、再び最初から実験を繰り返すのである。

ラパルマ島から環境光子を送り、テネリフェ島でそれを検出することは、とてつもない難題だった。受信する望遠鏡を放射源に向ける作業は、ほぼ完璧な暗闇で行われなければならなかった。システム光子と環境光子の間のもつれは、光学機器（レンズ、鏡など）では壊れないが、日光はもちろん、月光でも破壊されてしまう。月からの光子は、テネリフェ島へ向かっている環境光子と相互作用する可能性があり、そうなると、システム光子とのもつれが破壊されてしまう。そのため、研究者はわずかな星のもとか、曇りの夜に働いた。

テネリフェ島のテイデ天文台で光子を受信するのには、欧州宇宙機関が設置した、口径一メートルの光学望遠鏡を備える光地上局を利用した。通常は衛星と通信するための施設である。完璧に近い暗闇が不可欠だった。あるとき、ウルシンの同僚が放射源の近くに立ってタバコを吸っていた。ラパルマ島のタバコの火から来る赤外線の光子で、テネリフェ島の受光装置は完全に飽和して、一個の環境光子の信号を検出するどころではなくなってしまった。

そんな高い感度での実験は、壮大な自然現象の一つ、サハラ砂漠の砂嵐によっても台無しにされ得る。サハラ砂漠で舞い上がった細かい砂の大嵐がカナリア諸島に吹き込むことがあるが、こうなると通常の視界さえ悪くなるわけで、完璧な闇夜で行う必要のある単一光子の実験は言わずもがなだ。

しかし、空気が澄んで暗闇に包まれていると、テネリフェ島の望遠鏡は光子を受信した。このときが、どちらの経路を通ったかという情報を保持するか、消去するかの段階だ。消去するかしないかの決定は、量子乱数発生器にゆだねる。

もし量子乱数発生器が「0」を出力すれば、環境光子の偏光はそのまま残され、ラパルマ島で対応するシステム光子がどちらの経路をとったかの情報は保存される。環境光子は偏光ビームスプリッター（PBS）を通過した後、水平方向に偏光していればD3に到達し、垂直方向に偏光していればD4に到達する。対応するシステム光子は、もつれによって環境光子とは逆に偏光していることがわかっているため、ラパルマ島でとった経路もわかる。

しかし、乱数発生器が「1」を出力すれば、環境光子の偏光方向は不明になり、環境光子が運んでいた、システム光子の経路に関する情報は消去される。すると、環境光子は五〇パーセントの確率でD3に到達し、五〇パーセントの確率でD4に到達する。環境光子が水平と垂直のどちらに偏光していたかを知る方法はなく、そのためラパルマ島でペアのシステム光子がどちらの経路をとったかを知る方法もない。

この実験の非常に混乱する側面は、テネリフェ島での測定（通った経路に関する情報を消去す

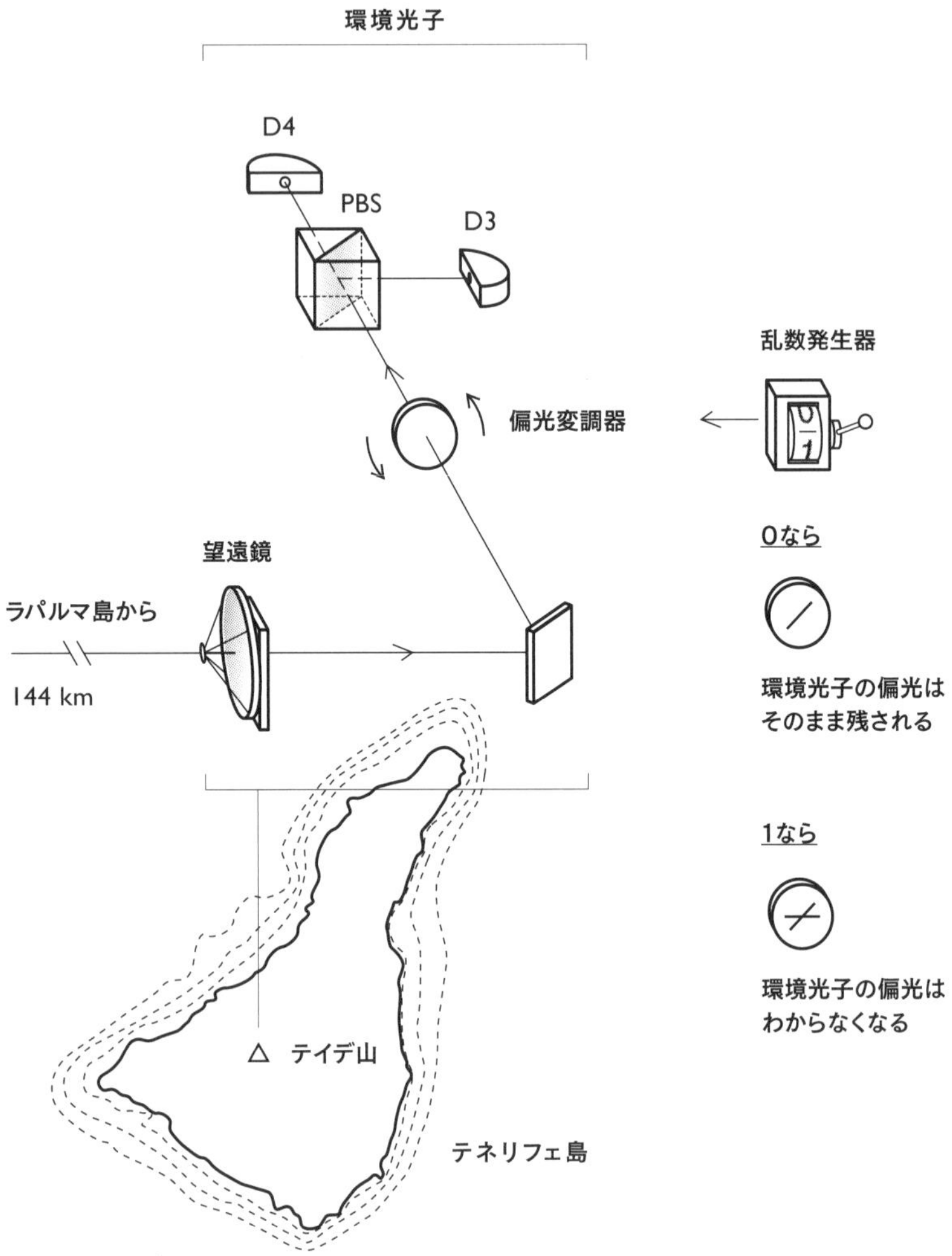
環境光子
D4
PBS
D3
乱数発生器
偏光変調器
0なら
環境光子の偏光は
そのまま残される
1なら
環境光子の偏光は
わからなくなる
望遠鏡
ラパルマ島から
144 km
テイデ山
テネリフェ島

るか、しないか）が、ラパルマ島のシステム光子がマッハ＝ツェンダー干渉計を通って検出器Ｄ１かＤ２に到達した〇・五ミリ秒（光にとっては永遠とも言える時間）後に行われることである。特殊相対性理論によると、テネリフェ島での出来事とラパルマ島での出来事は互いに因果的影響を及ぼさない。伝統的な時間と空間の概念に頼っていると、量子力学は遺憾ながら首を縦にふらない。

私たちは今、実験の核心に迫っている。二重スリット実験のこの複雑なバージョンは、ランダムさ、波と粒子の二面性、もつれという、量子力学のすべての不可解な面を結びつける。

もつれたままの環境光子について、対応するシステム光子のＤ１とＤ２での検出結果をすべて取り出すと、干渉は起こらない。干渉計の二つの経路の長さが等しく、かつ、テネリフェ島でＤ３が反応するとき、ラパルマ島の光子の半分がＤ１に到達し、残り半分はＤ２に到達する。同様にテネリフェ島でＤ４が反応するとき、ラパルマ島の光子の半分がＤ１に到達し、残り半分はＤ２に到達する。システム光子は粒子として振る舞うのだ。

ところが、システム光子のとった経路の情報が消去された環境光子に対しては、対応するシステム光子は波のような振る舞いを示す。つまり、ラパルマ島の干渉計の二つの経路の長さが等しいとき、テネリフェ島のＤ３が反応すると、すべてのシステム光子がＤ１に到達し、テネリフェ島のＤ４が反応すると、すべてのシステム光子がＤ２に到達する。ラパルマ島では、干渉が見られるのだ。

次の点は何度強調しても損はない。ラパルマ島で各システム光子が測定されるのは、テネリフェ島で対になった環境光子に操作が行われる〇・五秒前である。システム光子のデータは、いわば確定している。あとになって、ある光子群は干渉計の二つの経路を五分五分で通り、粒子のように振る舞い、残りの光子群は干渉計の両方の経路をとった重ね合わせとなり、波のように振る舞っていることがはじめてわかる。そして、どの光子の経路情報が消去されるのかは、テネリフェ島の乱数発生器が決めるので、実験を何度も繰り返したとしたら、そのたびに、異なる光子群が干渉を示す。

量子力学の標準的な解釈に困惑している人にしてみたら、この実験によって、それはさらに深まる。まず、相補性が破れることはない。さらに、もつれ＝不気味な遠隔作用、つまり非局所性は、現実の現象であるように見える。そして、ベルの不等式の検証がすでに明らかにしたように、もし量子力学が完全なものであれば、この実験からは超光速の信号の存在がうかがえる。そうでなければ、テネリフェ島で環境光子に行った操作は、ラパルマ島での結果に影響を及ぼせない。

しかし、さらに深い原則も危機にさらされる。量子力学は、私たちに三次元空間の局所性の概念だけでなく、時間の概念も手放すように求めているのだ。時間的にあとに起こっているテネリフェ島での測定が、ラパルマ島での測定結果に影響する。たとえ、環境光子がテネリフェ島に到達する前に、ラパルマ島でのシステム光子の測定はとっくに終わっていてもだ。

言葉はこの点で、私たちを裏切る。「ここ」や「あそこ」、「過去」や「未来」はまったく意味をなさない。

私はウルシンに、このことで量子力学の解釈について考えさせられることがあったか尋ねてみた。ここでいう量子力学の解釈とは、コペンハーゲン解釈よりもはるかに実在の根本的なところで起こっているであろうことを理解しようとすることだ。しかし、ウルシンは量子力学の奇妙さを技術的に応用することに関心がある。解釈の問題は時代遅れだ。「私は、若い世代で、次世代の量子物理学者なのです」と彼は言った。「このことに興味をもつのは、白髪頭の研究者くらいですけれど、私はそれほど白髪がないのでね」

これは、決して今の時代の反応というわけではない。ニールス・ボーアの時代でさえ、ボーアが実在の特性についての研究に固執していたとき、周囲の若い物理学者たちは、もちろんハイゼンベルクとパウリを除けば、無関心だった。ある時期にニールス・ボーアの助手を務めていたデンマークの物理学者クリスチャン・メラーは、次のように述べた。「私たちは、こうした話を耳にたこができるほど聞いて、関心もありましたけれど……誰もこの問題にそれほど時間を費やしていないと思います。若者には、具体的な問題に取り組むことのほうが魅力的です。つまり、これらはかなり普遍的で、ほとんど哲学でした[13]」

ウルシンの話を聞いて、ジョン・ホイーラーが論文に書いていたことを思い出した。彼は、モダンアートについてガートルード・スタイン（もしかすると間違っているかもしれない）を引用した。「それは奇妙に見える。とても奇妙に見える。ところが、急にまったく奇妙に見えなくなる。そもそも何で奇妙に見えていたのかもわからなくなる」[14]。量子力学の奇妙さを吸収して育った若い世代にとって、奇妙さは時代遅れなのかもしれない。

とはいえ、ウルシンと同世代のシャオソン・マは、哲学的な懸念を抱く。彼はコペンハーゲン解釈を否定するわけではないが、実験によってより優れたものになることを望んでいる。「もっと直感的な量子物理学の解釈があってほしいです。コペンハーゲン解釈よりもさらに忠実なものです」とマは話す。彼は中国に戻り、量子世界の奇妙さをさらにはっきりと引き出せる、より洗練された実験を行おうとしている。

マや同僚にとって慰めなのは、ホイーラーの言葉だ。「量子と宇宙の関係の物語はまだ完成していない。宇宙のシンプルさを理解してはじめて、その奇妙さを認識できる。それは請け合える」[15]

コペンハーゲン解釈の重要な教義の一つは波動関数の収束である。波動関数の収束は、古典的な機器を使って測定を行ったときに表面上起こることである。この測定は不可逆であると考えられ、そこからは、量子と古典的なものとの間の境界の存在がうかがえる。量子消去実験は、測定（したがって収束）とは何か、量子と古典的なものとの境界とはどのようなものかについて再検討を迫る。

カナリア諸島の実験における環境光子を考えよう。環境光子には、システム光子が干渉計のどちらの経路をとったかという情報が含まれている。テネリフェ島での環境光子の測定にはシリコンアバランシェフォトダイオードが使われており、光子を数十億個の電子からなる電気信号に変換することによって光子を検出する。システム光子と環境光子のペアの波動関数は、このときに収束すると考えられている。

しかし、この収束の過程に関する、何らかの物理学的な証拠を示した実験が存在しないことを考えれば、収束が実際に意味することは不明確である。実験で行っていることは、測定と、結果の予測である。そうした統計が多数の独立した実験によって裏付けられれば、量子力学では実験の各試行ごとに収束が起こるとされる。しかし、本当に起こったのだろうか?

環境光子が移動しているとき、量子力学は収束を要求しない。しかし理論的には、収束が起こると主張することもできる。なぜなら、環境光子からシステム光子が通った経路の情報を引き出すことができるかぎり、システム光子は粒子として振る舞い得るためである。ここでの唯一の違いは、環境光子がそれ自体で量子的であるため、収束が可逆的であるということだ。システム光子のとった経路の情報は消去することができ、したがって波動関数の収束とおぼしきものを取り消すことができる。

そして、環境光子とフォトダイオードとの相互作用である。フォトダイオードでは、情報が数十億個の電子ともつれている状況になっており、そのすべての電子の量子状態を元に戻すことは不可能である。つまり、実際に収束が起こっている気配が確かにある。

一方で、環境光子が単一の原子と相互作用して、原子のエネルギー状態にその情報を付加するシナリオを考えよう。そのような原子は、孤立状態を保つとすれば、量子的な物質であり、その状態は原理上、可逆的であり、情報は消去できるし、初期に起こった収束はすべて元通りになる可能性がある。なぜ、環境光子とこの原子の相互作用を、波動関数が収束する境界として扱うことができないのか？　それは、一個の原子を用いたこの測定が可逆的であるせいだ。

「もし、巨視的な検出器を微視的な検出器に置き換えたら、検出器自体の進化を物理学的に元通りにできるものに換えたら、『ほら、収束はぜったいに起こらないよ』と証明できるでしょう」。トロント大学で会ったエフレイム・スタインバーグは言う。スタインバーグは高名な実験研究者だが、量子力学の理論的、哲学的な面にも精通している。「それが量子消去実験をする動機です」。環境光子の情報が、システム光子の波動関数を実際に収束させているのなら、干渉を元に戻すことはできない。しかし、量子消去はそれを可能にする。

実際の収束が起こる（したがって、系の状態を元に戻せなくなる）かどうかを検証する唯一の方法は、量子力学の観点から収束が起こったと言える実験を行うことである。たとえば、光子がフォトダイオードに衝突し、電子が雪崩をうって移動するような実験だ。そうして、そのプロセスを逆転させ、それら雪崩のごとき電子すべてに保持された経路情報を消去し、再び干渉縞が現れるかどうかを確認するのである。

干渉縞が再現されないなら、当然、波動関数は収束したということになる。しかし、そのような実験はこれまで行われておらず、この先も行われそうにない。なぜなら、巨視的な系の進化を逆行させ、干渉を探すという、ほぼ不可能な課題を含むからだ。それは、かき混ぜた玉子を元に戻そうとするようなものだ。

ということは、次のうちのどちらかである。収束がときどき起こるが、私たちの技術では収束が干渉を永久に破壊するかどうかを検証できない。あるいは、波動関数（ここでの波動関数はシステム光子と環境光子のペアだけでなく、もつれている数十億個の電子の状態も含む）はシュレーディンガー方程式に従って進化を続け、したがって実際の収束はない。

これらは、コペンハーゲン解釈、実際には量子力学の標準的な定式化に対する重大な障害である。何をもって測定とするのか？　古典と量子の境界線はどこにあるのだろうか？　波動関数が収束すると言うとき、それは何を意味するのだろうか？　そして、定式化の内側には、さらに基本的な疑問がある。波動関数は実在するのだろうか？　哲学者ふうに言えば、波動関数は「存在論的な」実在をもつのだろうか？

レフ・ヴァイドマンは、アブシャロム・エリツァーとの一九九一年の会合をいまだに覚えている。ヴァイドマンは、テルアビブ大学で五年に及ぶ「先のない」研究の最中であり、研究のかたわら、高校で教鞭をとっていた。エリツァーは、ヴァイドマンと同様に三〇代だった。しかし、エリツァーは高校を卒業しておらず、量子力学をはじめ、さまざまな科目を独学し始めたところだった（彼の履歴書の学歴欄には、わずか二行の記載があるだけで、そのうちの一つは「独学」だ）。高校も大学も卒業せず、修士号も取得していないエリツァーは、科学哲学について学んでいたころ、ヴァイドマンに質問しにやって来た。量子力学を利用すれば、物体と相互作用することなく物体を見つけることができるか、という質問だった。

エリツァーとヴァイドマンが明らかにしたとおり、その答えは「イエス」である。その背後にある原理が特定されたのは、一九六〇年、ドイツの物理学者マウリチウス・レンニンガーによってである。(16)

単一光子の放射源をビームスプリッターに向けているところを考えよう。光子は、検出器D1またはD2へ向かう。マッハ＝ツェンダー干渉計の仕組みのところで見たのとは異なり、ビームスプリッターと検出器までの経路の距離を変え、D2までの距離をD1までの距離よりかなり長くして、たとえばD1までは一秒で到達するが、D2までは五秒かかるようにする。量子力学からは、D1かD2で測定されるまで、光子の波動関数は両方の経路をとるという重ね合わせの状態にあると言える。一秒後に光子がD1で検出されれば、波動関数は収束し、光子はD2でなく、D1にある。次に、光子がD2で検出される場合を考えよう。検出器は五秒後に反応する。ここがこの実験の興味深い点で、開始から一秒後にD1が反応しなければ、光子が別の経路をとって

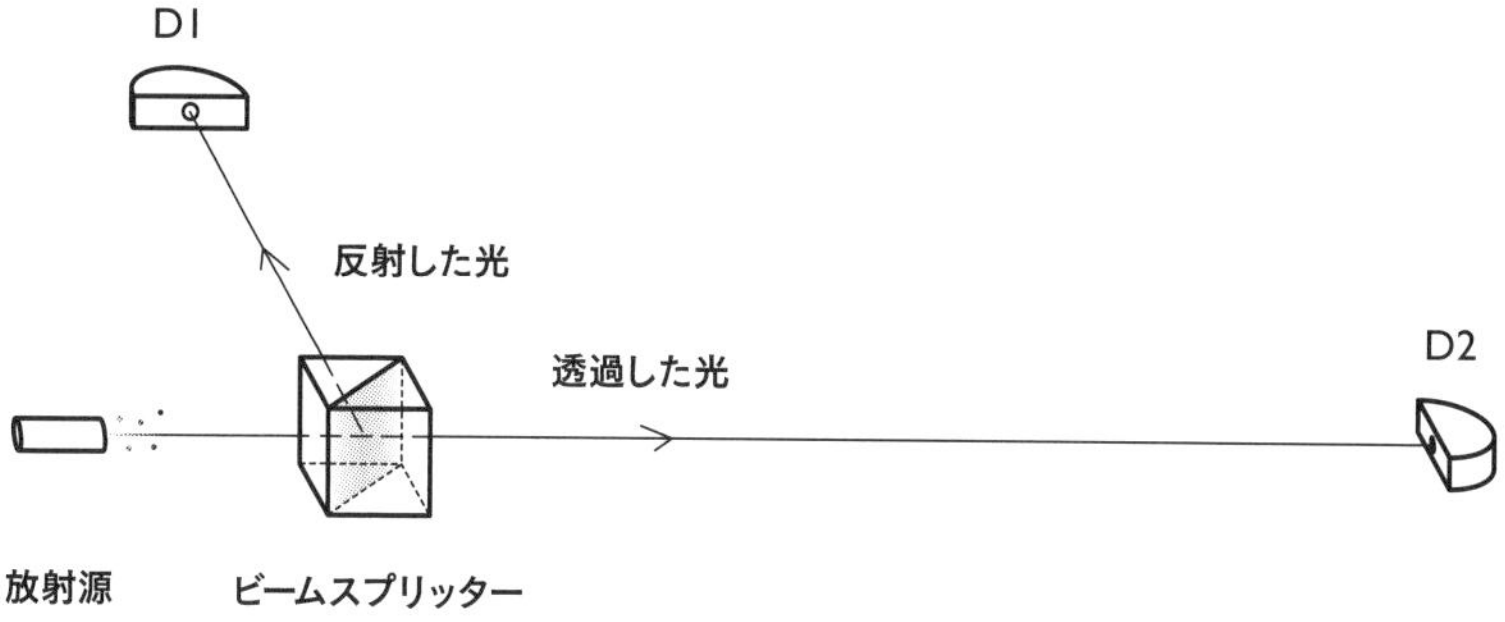

D2に向かっていることがわかる。(開始一秒後にD1で検出されないという)否定的な結果から、光子がD2に到達するという情報が得られる。ということは、D2の測定が行われていなくても、波動関数は収束してしまっている可能性がある。これは、相互作用のない測定のもっとも単純な例である。

エリツァーとヴァイドマンは、この原理を用いて、エリツァー＝ヴァイドマン爆弾検査問題と呼ばれるものを解こうとした。プロローグで簡単に見たが、いよいよそれを掘り下げよう。ある工場では、トリガーの付いた爆弾を製造している。このトリガーは、光子が一個当たっただけでも爆発を引き起こすほど感度が高い。しかし、工場ではトリガーのない不発弾もできる。目下の問題は、正常な爆弾と不発弾とを分けることである。その過程でいくつかの爆弾を爆発させても構わない。しかし、トリガーが付いているかどうか、爆弾を見るのは論外だ。なぜなら、見るためには光を当てることになり、それで爆発させてしまう。二重スリット実験や、その特別な形式であるマッハ＝ツェンダー干渉計は、この検査にうってつけだ。

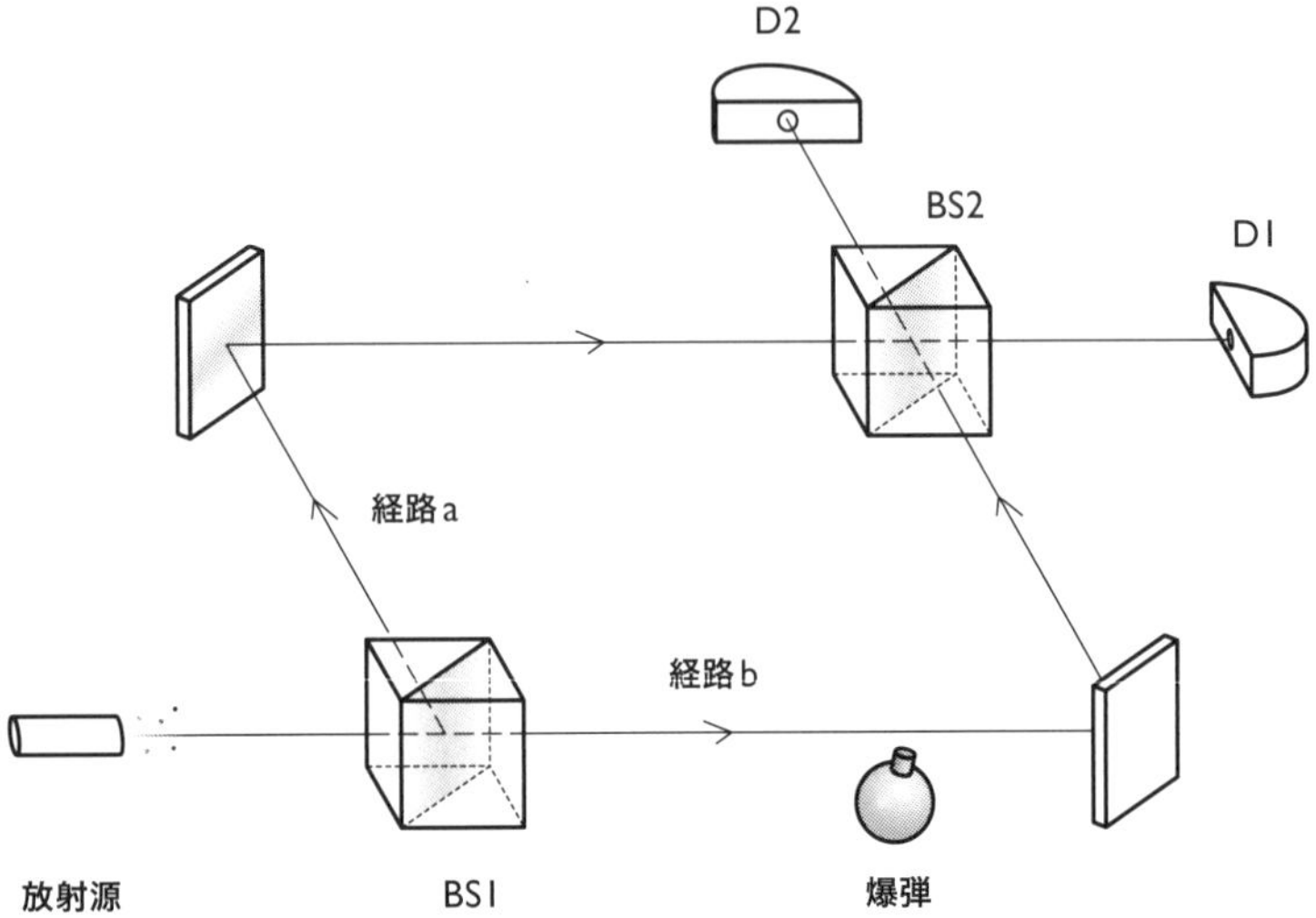

干渉計の二つの経路の一方のそばに爆弾（良品か不良品か）を置いたところを想像しよう。正常な爆弾にはトリガーが付いていて、それを光子の経路をふさぐように置く。不発弾にはトリガーがなく、経路はふさがれない。議論のために、私たちはこれらの爆弾を爆発させることなく物理的に持ち上げて、移動できるとしよう。爆弾を爆発させるのは、光子だけだ（爆弾は真っ暗な部屋で移動させている）。

不発弾は容易に見つけられる。干渉計は、経路に障害が何もないかのように作動する。そのため、光子はとり得る両方の経路の重ね合わせとなり、干渉を示す。一〇〇万個の光子を一個ずつ干渉計に通していけば（現在の技術では、簡単に実行できる）、すべての光子は検出器D1で検出され、検出器D2には何ひとつ到達しないのだ。

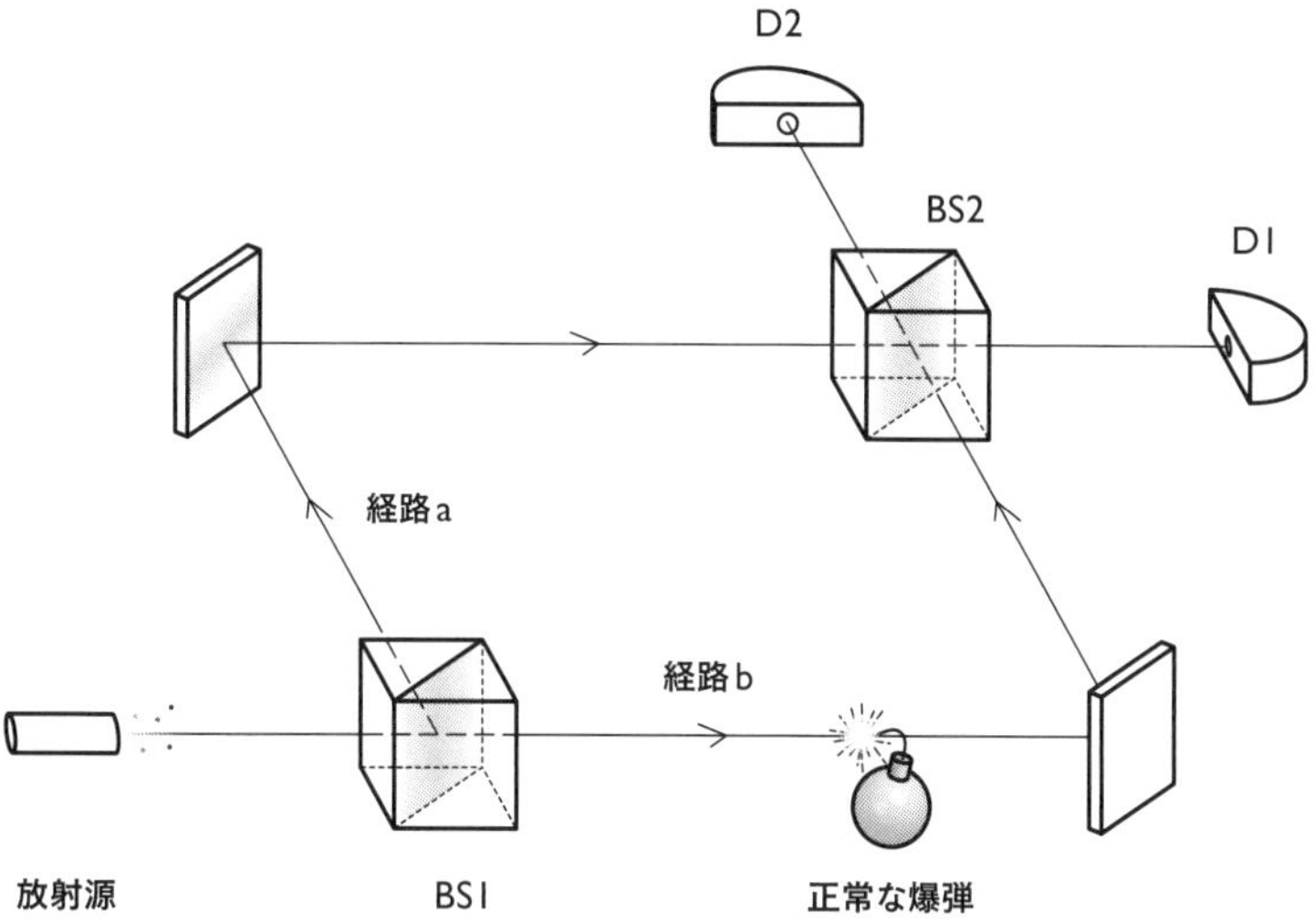

ところが、正常な爆弾が一方の経路上に置かれると、話は違ってくる。このとき爆弾は、通過経路の検出器、つまり光子が干渉計のどちらの経路をとったかを教えてくれるセンサーとしてはたらく。すると、光子は粒子のように振舞う。それぞれの光子は経路aあるいは経路b（どちらかに爆弾がある）のどちらかを進むはずだ。その結果は、次の三つである。

一つは、光子が経路bを通り、トリガーに当たって爆弾を爆発させる。すると、爆弾も干渉計もともに失われる。とはいえ、すぐに同じものを作って何度も検査を繰り返せるということにしよう。

次は、光子が経路aを通り、二番目のビームスプリッターに当たるとしよう。光子は今、粒子として振る舞っているので、二番目のビームスプリッターのどちらの検出器へ向かうか、その確率は五分と五分だ。半分の確率で光子はＤ１へ進むだろう。これが、二つ目の結果である。残念ながら、不発弾の場合でもＤ１は反応するため、結果は確定的ではない。確定するには、さらに多くの光子を用いて、別の結果が出るまで検査を繰り返す必要がある。

三つ目の結果は重要である。光子は経路ａを進み、二番目のビームスプリッターへ向かったのちＤ２に到達する。これは、干渉計経路の一本をふさいでいる爆弾があるという明らかなしるしである。もし、両方の経路がふさがれていなければ、干渉が見られる、つまりすべての光子がＤ１に到達し、Ｄ２には何も到達しないことは、すでにわかっている。しかし、もし三つ目のシナリオのように、Ｄ２が反応するなら、干渉は起こっていない。光子はどちらか一方の経路をとる。なぜなら、どちらの経路をとっているかという測定に似た行為が行われている（この場合、有効な爆弾がある）ためである。要するに、私たちは爆弾を爆発させることなく、正常な爆弾を識別できるのだ。

正常な爆弾が検出される確率は、容易に計算できる。行った検査の半分で、正常な爆弾が干渉計を爆破させる。検査の四分の一では、光子がＤ１に到達する。しかしその情報は役に立たない。さらに検査の四分の一では、光子はＤ２に到達し、経路ｂに正常な爆弾があることがわかる。古典物理学では不可能なことを、量子力学は可能にした。私たちは、爆弾を調べる（見る）ことなく、正常な爆弾と不発弾とを見分けたのである。

現在では、相互作用のない測定はかなり知られるようになった。しかし一九九一年には、その重要性は認識されていなかった。エリツァーとヴァイドマンは、この話題に関する論文（「爆発させずに爆弾を検査する方法」という節が設けられている）のプレプリントを公開し、フィジカル・レビュー・レターズ誌にも送付した。ところが彼らは、論文を興味深いとしつつも、同誌が扱うような内容ではないという査読者のレポートを受け取った。フィジカル・レターA誌も、彼らの論文の掲載を拒否した（当時の編集者がヴァイドマンにのちに話したことによると、掲載を拒否した匿名の査読者は「大変な大物」だったという）。

論文は一九九三年に、それほど有名でない学術誌に掲載されたが、そのアイデアが大いに注目されるようになったのは、一九九四年に出版されたロジャー・ペンローズの『心の影』[17]（林一訳、みすず書房）がきっかけだった。エリツァーとヴァイドマンがイスラエルで職を得たとき、ペンローズはお節介にも、彼が「安息日のスイッチ」と呼んだものにこの実験を取り入れてはどうかと提案した。ユダヤ教徒の二人が、金曜の日没直前から土曜の日没までの安息日を遵守するのを、これで手助けできるというのである。安息日の間、厳格な信者は火をつけてはいけないし、機器にスイッチを入れてもいけない。ペンローズの安息日のスイッチは、スイッチを操作することなく、機器に電源を入れられる。エリツァー＝ヴァイドマン実験の爆弾を、あなたの指に置き換えてみよう。実験の半分では、干渉計に入った光子はあなたの指に当たり、何も起こらない。しかし、四分の一では、光子は別の経路をとり、あなたの指と相互作用せずに検出器D2に到達し、スイッチを入れて機器を作動させることができる。「確かに……スイッチを入れる光子を受けることができないのであれば、罪にはならない！」[18]とペンローズは記した。

冗談はさておき、相互作用のない実験によって、収束をめぐる憂慮すべき概念上の問題が明確になる。干渉計の一つの経路に正常な爆弾が置かれているとき、標準的な量子力学から言えるのは、光子の波動関数が収束するということ――そして、光子は粒子のように振る舞い、どちらか一方の経路を通る。実験の半数の試行で、光子は爆弾に当たり、すべてを吹き飛ばす。もう半数の試行では、光子は爆弾のない経路を通り、その結果、私たちはもう一方の経路に正常な爆弾があると推測できる。しかし、何も爆弾と相互作用しなかった。この文脈で、収束とは何を意味するのか？

波動関数の収束は、アインシュタインを悩ませた二つの要素を波動関数に組み込む。二つの要素とは、ランダムさと遠隔作用である（後者は決定論の欠如をはるかに超えてアインシュタインを大いに困惑させた）。標準的な定式化において、波動関数が収束するとき、私たちには収束のあり得る結果に確率を割り当てることしかできない。そして結果は、本質的にランダムである。また、波動関数にある点で相互作用した二つ以上の粒子が含まれるとき、つまりそれらがもつれているとき、一個の粒子を測定することによって起こる波動関数の収束が、もつれたパートナーに瞬間的に（非局所的に）影響を及ぼす。「収束は非局所性とランダムさをもつのです」とヴァイドマンは話した。「これは、量子力学にのみ見られる現象で、量子力学はこの二つの性質をもつのです」。アインシュタインと同様に、ヴァイドマンはそんな理論に悩まされている。彼は別の理論が形になるのを見たいと思っている。「遠隔作用がなく、またランダムさもない理論が、より優れた理論だと考えています」

ヴァイドマンにしてみれば、相互作用のない測定とは、測定に起因する波動関数の収束を伴なう理論がすべて正しくないことを示す、この上なく明確な指標である。そう考えているのは、彼一人ではない。実験による観測を説明するためにほかの解釈や理論を考案することに、少数の量子理論学者たちが夢中になっている。そういう傾向は、アインシュタインから、そして局所実在性を備えた理論があるに違いないというアインシュタインの固執した考えから始まった。局所実在性理論、あるいは局所的な隠れた変数理論に対する、アインシュタインの願望は、クラウザー、アスペ、ツァイリンガーらの行った実験によって否定されている。その一方で、競合する別の理論が存在し、人によっては、それは地歩を固めつつあるという。単純なマッハ゠ツェンダー干渉計や、その延長線上にある二重スリット実験がまぎれもないパラドックスを生んでいるためである。

プロローグで紹介したルシアン・ハーディがエリツァー゠ヴァイドマンの爆弾についての論文のプレプリントを目にした一九九〇年代の初め、彼は博士課程の学生だった。arXivインターネット・サーバ（多くの人に論文を読んでもらうために著者がプレプリントをアップロードする場所）が登場する前の時代で、プレプリントは送ってもらってはじめて読むことができた。「幸運にも、彼らは私の指導教員のユアン・スクワイアズにプレプリントを送っており、ユアンがそれを読ませてくれました。私たちは二人とも、とても興奮しました」と、ハーディは私に話した。

エリツァー＝ヴァイドマンの思考実験において、爆弾はそれ自体が古典的な装置である。ハーディは考えた。もし爆弾が量子的だったら、どうなるだろう？ 量子的な爆発とはどんなものだろうか？ その考えが彼の頭に浮かんでから、二つのマッハ＝ツェンダー干渉計を用いた実験にたどり着くのにそれほど時間はかからなかった。その実験では、マイナスの電荷をもった電子が、その反物質であるプラスの電荷をもった陽電子に出合うときに爆発が起こる。

装置は簡単に言うと、二つの干渉計を並べて置いたものである。最初の干渉計は電子用のものだ。その放射源は干渉計に一個ずつ電子を放射し、電子は経路a−または経路b−のどちらかに進む（「−」は電子のマイナスの電荷を示す）。次の干渉計は陽電子用で、陽電子は経路a+または経路b+を進む。干渉計は、電子の経路b−と陽電子の経路b+が、それぞれの反射鏡に当たる直前で交差するように配置される。原理的に装置全体はきわめて厳密に作られていて、電子と陽電子はそれぞれの放射源からきっかり同時に飛び出て、電子が経路b−を、陽電子が経路b+をとったら、二つの粒子がそれらの経路の交点となるところでぶつかるようになっている。これが、つまり爆発である。粒子と反粒子が互いに衝突すると、純粋なエネルギーとなって対消滅するのだ。

電子の干渉計の解析から始めて、とりあえず陽電子のほうは無視しておこう。すでに見たよう

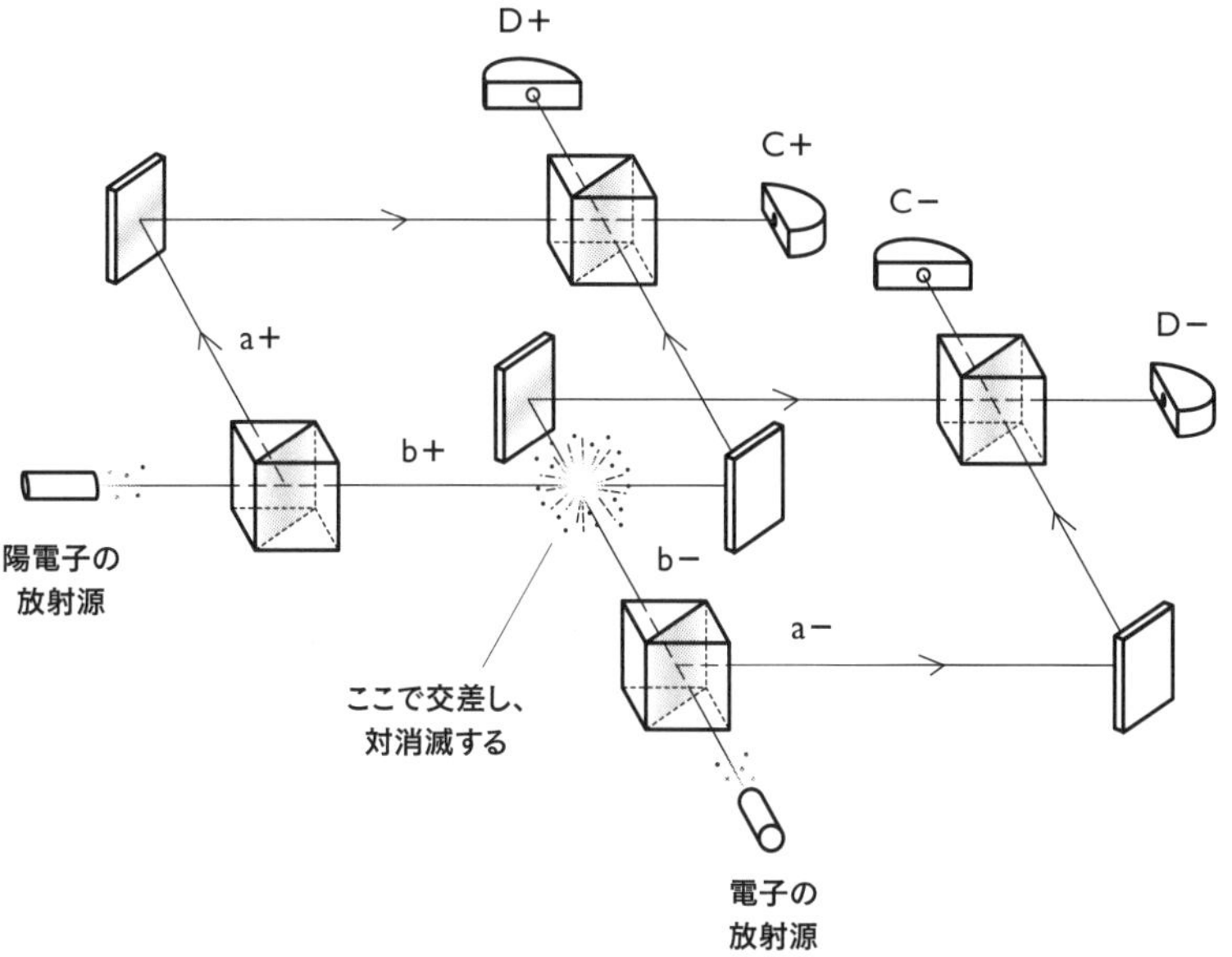

に電子は波のように振る舞うので、電子はすべて検出器C−（Cは「建設的〔constructive〕」の略で、「−」は電子のマイナスの電荷）に到達し、D−（Dは「破壊的〔destructive〕」の略）には何も到達しない。同様に陽電子の干渉計では、電子とは無関係にすべての陽電子がC+に到達し、D+には何も到達しない。

　しかし、図のように並べて配置すれば、電子と陽電子の波の特性はときどき消失する。なぜなら、二つの干渉計の配置に通過経路の検出器が組み込まれているためで、これは各干渉計の一方の経路に爆弾を置いたことと同じである。

　まず、電子と陽電子が波として振る舞う場合を考えよう。電子は、陽電子が経路a+を通ったときに、波として振る舞う。このとき、電子の干渉計内部の進行を妨げるものはないので、電子は経路a−と経路b−をとる重ね合わせの状態にあり、結果的に検出器C−に到達する。同様に、電子が経路a−をとるときに、陽電子はC+に到達する。

しかし、電子と陽電子が粒子として振る舞うときもある。陽電子が経路b+を通っている場合を考えよう。電子の干渉計にしてみると、経路b+に陽電子が存在することは、経路b−に検出器が置かれていることと同じであり、そのため電子は粒子として振る舞い、五分五分の確率で経路a−か経路b−をとる。もし経路b−をとるなら、電子は陽電子に衝突して対消滅する。しかし、経路a−をとるなら、二番目のビームスプリッターでC−かD−へ向かうことになる。波として振る舞っていたら、電子は決してD−へは到達しない。そのため、電子がD−に到達するとしたら、それは経路b+に陽電子が存在するという合図だ。電子は実際に陽電子に出合うことなく、つまり相互作用のない測定によって、陽電子の存在を「感じる」ことができる。

二つの干渉計は対称的なため、陽電子から見ても結果は同じだ。もし電子が経路b−をとれば、陽電子はC+あるいはD+のどちらかに到達することになり、陽電子がD+に到達すれば、経路b−に電子が存在したことを示している。

しかし、ハーディはそう考えなかった。彼が示した数学的な定式化は、平均して一六分の一の確率で、D+とD−が同時に反応するだろうと予測した。一〇〇万回実験を行えば、およそ六万二五〇〇回は起こることになる。そしてこれはパラドックスを示す。

なぜか。電子の側から見て、もしD−が反応すれば、それは陽電子が経路b+に存在したことを意味する。陽電子の側から見て、もしD+が反応すれば、それは電子が経路b−に存在したことを意味する。そのため、D+とD−が同時に反応するとき、少なくとも古典的な理屈では、それは電子がb−に、陽電子がb+に存在したことを意味する。その場合は対消滅を生じることを思い出そう。しかし、この確率一六分の一のケースでは、対消滅は起こっていない。つまり爆発が起こることなく、電子はD−に到達し、陽電子はD+に到達しているのだ。

このようなことは思考実験の戯言《ざれごと》で、「まさか、こんなことが実際の実験室では起こるはずはない」と言うかもしれないが、それは違う。この実験のかなり正確な再現が、光子と偏光器を用いて、カリフォルニア大学サンタバーバラ校のディルク・バウミースターと彼の同僚によって行われた[19]。電子と陽電子を用いる実験は技術的に不可能なので、光子を用いる。

ハーディのパラドックスは現実のものである。しかし、そのパラドックスが生じるのは、私たちが古典的に考え、話しているためだ——空間や時間について、粒子がこの経路をとるか、あの経路をとるかについて、この検出器に到達するか、あの検出器に到達するかについて。自然界は、それ独自のやり方をするのである。

量子力学の定式化によれば、D+とD−がときどき同時に反応するのは、粒子がそれぞれの二番目のビームスプリッターに当たる直前まで、いくらかもつれているためだ。さらに驚くのは、もつれが別々の放射源から生じた電子と陽電子の間に存在することである。これまでの実験では、二個の光子がもつれているとき、それらは同じ原子から放射されたか、もしくは何らかの形で相互作用してもつれていた。この実験の場合は、そのどちらでもない。

つまり、もし古典物理学の基盤である局所的な実在性にしがみつき、粒子が実際の経路をとるというような観点から局所的な記述をしてしまえば、行きつく先はハーディのパラドックスである。しかし、局所的な実在性を手放せば、私たちは避けられない結論に直面する。「量子論は非局所的なのです」とハーディは言った。彼の論文は、一九九二年、物理学でもっとも著名な学術誌であるフィジカル・レビュー・レターズ（一九九一年にエリツァーとヴァイドマンの論文が掲載拒否された雑誌）で発表された。皮肉なことに、ハーディの研究は、まだ査読雑誌で日の目を見ていなかったエリツァーとヴァイドマンの論文に影響を受けたものだった。論文でハーディは、イスラエルの二人の論文を「Tel Aviv Report, 1991」として謝意を示した。一九九四年に物理学者ディヴィッド・マーミンは、非局所性を示すハーディの思考実験がベルの理論の検証実験よりも「単純で魅力的」だと書いた。「量子力学という途方もない土の中で未発掘の、とりわけ奇妙で美しい宝石の一つとして、それは純粋な単純さをたたえている[22]」

この章の実験からは、以前の章で見た波と粒子の二重性よりも、さらに直感に反した量子世界の性質が浮き彫りになった。しかし、次の章で明確にしていくのは、波と粒子の二重性や非局所性、不気味な遠隔作用、あちらとこちらに存在するという重ね合わせ、自然のランダムさ、非決定論といった言葉だ。コペンハーゲン解釈にしたがって数学的な定式化を解釈するとき、これらの言葉は、量子の世界で起こることを考える手段になる。そして、違う解釈（別の定式化であったり、同じ定式化を再解釈しただけであったりする）からは、量子の裏世界というまったく異なる見方がもたらされる。

定式化の中心にあるのは波動関数だ。私たちはそれをどう解釈するか？　波動関数は量子の世界に関する私たちの知識を単に表すだけで、それは認識論の範疇になるのだろうか？　あるいは、波動関数は実在する何かなのか（たとえば、爆弾を「感じる」波動関数を示唆する、相互作用のない測定によって証明され得るような何か）？　すると、波動関数は実在の重要な成分であり、世界の存在論の一部をなすのだろうか？　そして、存在論的であるか認識論的であるかにかかわらず、波動関数の収束はどう理解できるのだろうか？

量子力学は理論として成功しているが（これまででもっとも成功した物理学理論であるが）、その分、そうした疑問は実在のまさに本質を真剣に考える人々を悩ませ続ける。彼ら白髪になった研究者は、量子力学を応用して優れたテクノロジーを生み出すだけでは満足できない。昔から言う「黙って計算しろ」ではだめなのだ。実在のより深い記述を探った最初期の学者は、もちろんアインシュタインとド・ブロイだ。その後、隠れた変数理論の定式化によってコペンハーゲン解釈の概念上の難題に初めて真剣に取り組んだのは、マッカーシズムに染まったアメリカを追われる前、プリンストンでアインシュタインと短期間研究したアメリカの物理学者だった。

第6章　ボーミアン・ラプソディー

明確な形で進化していく明確な実在論

こうしたことには、まったく違った理解の仕方がある（それについて正統から逸脱するというやり方、標準的な考え方に対抗してさまざまな形で異端的でいるというやり方、量子力学をぶっ壊して、ほかのものにすげ替えるというやり方）[1]。

――デイヴィッド・アルバート

コペンハーゲン解釈へのとりわけ強い反論が、ロバート・オッペンハイマーの学生によって出されたことは、かなりの皮肉である。原子爆弾の製造を推し進める米マンハッタン計画の科学責任者として世界的に有名なオッペンハイマーは、ニールス・ボーアの量子力学の考え方の強力な支持者だった。彼は、米国で最初の理論物理学の専門科を創設し、カリフォルニア大学バークレー校で量子力学を教えた[2]。そこでは「ボーアは神、オッペンハイマーは預言者[3]」だった。若いデイヴィッド・ボームはオッペンハイマーに博士号取得のための指導を求めて訪れており、ボーアの考え方を唱導するオッペンハイマーから強烈な影響を受けたのはまず間違いない。しかし、ボームの振る舞いのなかに、反抗の兆候がすでに存在していた。

第二次世界大戦が国々を荒廃させるなか、アメリカでは原爆製造が進んでいた。ボームは共産党のメンバーになり、組合活動に関わった。おかげでボームは、博士論文の審査を受けるのに必要な人物調査をクリアできなかった。研究テーマが、機密情報に相当するセンシティブな内容と考えられたからだ。最終的には博士号を取得できるが、それはオッペンハイマーがボームの論文は通常の審査を経ずとも学位授与に値することを大学に保証したあとのことであった[4]。

ボームは博士号を取得してすぐ、プリンストン大学で職を得た（なんといっても、彼はアメリカの若手理論家のなかで突出した存在であり「おそらく、バークレー校のオッペンハイマー門下で最優秀学生[5]」であった）。ボームは量子物理学を教え始めた。しかし、ほどなく過去に足をすくわれるようになる。一九四九年、ボームは下院非米活動委員会によって議会へ召喚され、共産主義者の同僚との関係について証言を求められた。ボームは拒否し、米国憲法修正第五条に従って黙秘を主張。これが議会侮辱罪となり、ボームは起訴され逮捕されたのち、保釈金を支払い保釈された。その後、裁判で放免されるが、すでに痛手をこうむっていた。プリンストン大学から停職処分を受け、大学施設の利用を禁じられたうえ、一九五一年の契約更新時には、更新されなかった[6]。

しかし、ボームは手をこまねいてはいなかった。一九五一年、量子力学についてもっとも明快な教科書『量子論』(高林武彦他訳、みすず書房)を出版したのだ(これはプリンストン大学での教育活動の成果だった)。コペンハーゲン解釈を見事に説明した同書で、ボームは、アインシュタイン＝ポドルスキー＝ローゼン(EPR)の思考実験を定式化しなおし、その本質をアインシュタイン以上に明確にしてみせた。出版後、ボームはアインシュタインと会って量子力学について議論するが、それは、ボームが実在の本質に対する考えを進化させる重要な出来事となった。

しかし、そうなるまで、ボームのキャリアは下り坂だった。プリンストン大学が契約を更新しなかったとき、米国での研究生活がほとんどついえたことを悟る。一九五一年一〇月にブラジルに移り、プリンストンの同僚のつてと、アインシュタインやオッペンハイマーの推薦を頼りに、サンパウロ大学で研究職に就いた。欧州の物理学者たちと共同研究をしたいと考えていたが、米国国務省にパスポートを没収されていたため、そうした望みも叶わない。いまやボームは公式に亡命者としてブラジルで足止めをくらっていて、イスラエルへ移る一九五五年までそこで過ごした。

しかし、その間にボームは、コペンハーゲン学派の非実在主義の立場に疑問を投げかける論文を発表した。それは突然のことのように見えたが、あとで振り返ってみると、一九五一年の著書に、過激な考えの片鱗がうかがえる。そのなかで、隠れた変数という考え方をあからさまに論じているのだ。熱力学の法則を用いて話を展開し、熱力学の結果を確率で扱うのは、私たちが物事の特性を完全に理解していないため、ここでは、根本にある気体分子の特性を完全に理解していないためだと主張した。これらの特性を捉える変数が、隠れた変数なのだろう、と。では、量子論に現れる確率――たとえば、ここあるいはそこに電子を発見する確率――も、隠れた実在の層の特性を捉える変数について知識が不十分であることの結果なのだろうか?

ボームは、たとえ著書でこうした問題を持ち出しても、コペンハーゲン解釈に再考の必要があると確信するには至らなかった。「[量子論の] 破綻を示す、本当の証拠を見つけるまで……したがって、隠れた変数を探すことはほぼ間違いなく無益と言える。むしろ確率の法則は、物質のまさしくその構造に根本的に根ざしていると考えるべきである[7]」と彼は述べた。異説に思いをめぐらせながらも、ボームは著書ではまだボーアの考え方を支持していた(ツァイリンガーは現在もそれに似たスタンスをとっている)。実際、ボームの著書は「コペンハーゲン解釈から見て正統であるだけでなく、きわめて明快かつ完全で、そのうえ、従来の本とは比べ物にならないほど鋭くコペンハーゲン解釈を批評している[8]」。さらにボームは「量子論の一般的な概念上の枠組みは、隠れた変数を想定することとは整合し得ない[9]」とさえ言っている。彼はEPRの結果をもとにして、論理的に主張した。アインシュタイン、ポドルスキーとローゼンが指摘したとおり、彼らの思考実験からは、局所性を想定すると二つのもつれた粒子は明確に定義された運動量と位置をもつことがうかがえる。しかし、これはボームが「量子論のもっとも基本的な結論のひとつ[10]」と呼んだ、不確定性原理と相容れない。

したがって、ボームは「隠れた変数……の理論によって、量子力学のすべての結果を導くことはできない」[11]と結論づけた。

しかし一年後、すべてが変わる。一九五二年、ボームはフィジカル・レビュー誌に『隠れた変数』の観点から示唆される量子論の解釈」というタイトルの論文を発表する（謝辞にはただ一人だけ名前が記された――「興味深く、かつ刺激的な議論をもたらされたアインシュタイン博士に感謝する」）。これは、ボーム自身が思いつけないと語った理論の、最初にしてもっとも明確な例であった。この論文では、ジョン・フォン・ノイマンが間違っていたことも暗に示された。つまり、量子力学における実験の観測を説明し、かつ実在主義と決定論を復活させる、隠れた変数を備えた理論を構築できる可能性があった。

量子論をめぐる議論の常として、コペンハーゲン解釈の支持者たちはことさら声高に発言しない。彼らにその必要はないのだ。歴史が味方している。ニールス・ボーア、ヴェルナー・ハイゼンベルク、ヴォルフガング・パウリなど多くの理論物理学の巨人がコペンハーゲン解釈についてすでに議論を重ねていた。しかし、量子力学の根本を考えている一部の理論家にとっては、その議論は終わったというには程遠い。彼らは主張を聞いてもらうためには声を上げなければならないうえ、多くは定説の支持者よりもはるかに情熱的である。シェルドン・ゴールドスタインもそういう理論家の一人だ。

ボームと同様に、ゴールドスタインもボーアの意見を支持してキャリアを始めた。ゴールドスタインは、一九六〇年代終わりから七〇年代初めに、ニューヨークのイェシーバー大学で学んでいた。「自分の理解するかぎりでは、私はコペンハーゲン解釈のかなり強力な擁護者でした」と、小雨の降る日、ニュージャージー州にあるラトガーズ大学でゴールドスタインは私に話した。壁一面にしつらえられた本棚に量子力学に関する本がずらりと並ぶ、細長い研究室でのことだ。奥の大きな窓から見えるグレーの空を時折、雁《がん》の群れが通り過ぎていく。本棚には、ニューヨーク大学教授のアラン・ソーカルに関する新聞記事の切り抜きが貼りつけられている。一九九六年に、社会科学の学術誌を欺き、のちにデタラメとわかる論文を掲載させ、そのたぐいの雑誌がいかにいいかげんであるかを証明した人物だ。さらに、白いTシャツも棚から吊り下げられている。Tシャツには、デイヴィッド・ボームの写真とともに、「Keepin' it real（自分に正直に）」〔実在(real)に掛けていると思われる〕の文字。ゴールドスタインは回転椅子に座り、背もたれによりかかり、テーブルの上に足を上げ、頭の後ろで手を組んで、およそ二時間にわたって話し続けた。ときどき立ち上がると、黒板に方程式を走り書きし、表紙がぼろぼろになったジョン・ベルの『量子力学で口にできることとできないこと（*Speakable and Unspeakable in Quantum Mechanics*）』をめくって、引用部分を示す。

「私は、ボーアとハイゼンベルク、それに正統的な量子理論が正しく、アインシュタインが間違っていてほしかった」とゴールドスタインは言う。

「そうなんですか？」と私。

「そう、アインシュタインに間違っていてほしかったのです」。彼は続ける。「別に、自慢してるわけじゃないですよ。私は量子革命に興奮していたし、アインシュタインは古めかしい古典的な考え方に後戻りしようとしている人物の代表でした。アインシュタインは、もう新しいタイプの考え方に追いつくことができなかった。年を取りすぎていたのです」

アインシュタインについてそんなふうに考えたことを、ゴールドスタインは後悔していると言う。「それはとても不公平なことでしたが、とにかく、あのとき私はそう考えたのです」と彼は言った。「私はさほど賢くもなかったので、それがどれほど馬鹿げたことかがわからなかった。そう言う向きもあるでしょうね。それで、鵜呑みにした、と。数学をもっと学んで、もっと注意深く見れば、いつか本当にすべてを理解できるようになると考えていました。［しかし］学べば学ぶほど、みんな担がれてたってことがどんどん明らかになっていったのです」

強い言葉だが、定説に対して嫌悪を抱いた人には珍しくはない。

ゴールドスタインは、標準的な量子論の数学を深く研究するにつれ、それが何なのかを理解できなくなっていった。実在とは究極的に何なのか？　それは粒子についての理論なのだろうか？　波についての理論なのだろうか？　測定と観測の理論なのだろうか？　波動関数の理論なのだろうか？　波動関数は実在論的なものか（つまり、それは何かなのか）、あるいは認識論的なものなのか（波動関数は何かについての知識を示しているのか）、つまり、波動関数は客観的なものなのか、主観的なものなのか？

ゴールドスタインの正統的な量子力学に対する懸念はまだ終わらない。「あなたが見る前から、粒子は存在するか？　あなたが見る前から、粒子は特定の位置にあるか？　量子力学の教科書によれば、答えはおそらく『ノー』。では、見る前には何があるのだろうか？　あるいは、見ることが実在をつくり出すのだろうか？　それは、教科書に書かれている一般的な理論から明白なのだろうか？　いや、違う」

ゴールドスタインは、波動関数の「実在」についての主張をさらに推し進めるため、二重スリット実験を用いた。「あなたが干渉をどのように理解しているかわからないので、次のことを真剣に考えてください。一つの波動関数、つまりこの世界に一つの客観的なものがあります。そして、それは次のような二つの要素をもつ。上のスリットを通るものと、下のスリットを通るもので、それらは互いに干渉し合っています」

ゴールドスタインはコペンハーゲン解釈に幻滅し、プリンストン大学の数理物理学者のエドワード・ネルソンのもとで研究に取り掛かった。ネルソンは量子領域の実在的な理論を構築しようと、確率力学と呼ばれる理論を提唱した人物である。その理論では、位置と運動量をもつ本当の粒子が存在し、これらの粒子は波動関数によってランダムに衝撃を受けており、結果として一種のブラウン運動になっている。それは数学的な紆余曲折を経たにもかかわらず、決定論的ではなく、標準的な量子論と同じ結果を生んだ。ゴールドスタインは確率力学に魅力を感じたが、ほどなく、それは複雑すぎだと思うようになり、ネルソンの理論にはより単純な何かが隠れていることに気がついた。

より単純な考え方を理解し始めたころ、彼の心に「デイヴィッド・ボームという人物がいたな」というぼんやりした考えが浮かんだ。ボームは、隠れた変数をもつ、量子論の決定論的な定式化を提唱した物理学者だ。そしてゴールドスタインは発見する。自分が取り組んでいたアイデア――ネルソンの確率力学を単純化し決定論的にすること――は、すでにボームが解明していたことだった。コペンハーゲン解釈に代わるものは、これだったのだ。それは、波動関数との相互作用によって動き回る粒子の決定論的な理論であり、波動関数は「実在の」もので、シュレーディンガー方程式の規則に従って進化するというのだ。

ボームの理論には明確な存在論がある。世界は粒子と波動関数でできており、たとえ波動関数が、粒子が物理的であるのと同じ意味で「物理的」ではないにしても、自然界の実在する客観的な側面であるとする。粒子はいつでも確かな位置を占め、それはつまり、粒子が軌道をもつことを意味する（これは、実在についてのコペンハーゲン解釈に真っ向から対立する）。粒子は波動関数に「導かれ」、したがって、通常の（電磁気などの）力だけではなく、「量子ポテンシャル」からも影響を受ける。量子ポテンシャルとは、粒子がその波動関数と相互作用するために感じる新しい力である。さらにこの理論は決定論的であり、粒子の位置と波動関数が与えられれば、あとの時刻における粒子の位置を予測できる。そして、さらに重要なことに、粒子の軌道は客観的な実在であり、観測者に関係なく存在する。

では、隠れた変数はどうなったか？　ボームの理論のなかで厳しく批判された隠れた変数は、粒子の位置以外の何ものでもない。ボームが正しいと思う人々にとって、このむしろ明らかな特性が「隠れている」と言われることは皮肉である。量子力学の標準的な定式化では「観測される」まで現れないため、そのように呼ばれるからだ。

ゴールドスタインが、生まれたばかりの自分のアイデアがボームによってすでに明らかになっていたことを発見したのとちょうど同じように、ボームも自身の理論がまったく新しいというわけではないということに気づく。すでに本書に出てきたフランスの若い公爵ルイ・ド・ブロイが、一九二〇年代に初めて明確に、実在論と決定論の両方を取り入れる試みを行っていた。一九二四年に、ド・ブロイが電子のような物質の粒子は波の特性をもつという理論を考え出したことを思い出そう。その後一九二七年、ド・ブロイはブリュッセルの第五回ソルベー会議で、別の斬新な考え方を発表した。実在は粒子で成り立っており、粒子は「パイロット波」によって導かれるというのだ。そして、「パイロット波」は波動関数のように振る舞い、シュレーディンガー方程式の形式に従って進化する。実在はボーアが議論していたような波か粒子ではなく、むしろ波と粒子であると提唱したのである。ソルベー会議では、ボーア派のヴォルフガング・パウリから激しく攻撃され、ド・ブロイの理論では説明できない実験的な状況を指摘された。落胆したド・ブロイは、パイロット波理論をあきらめ、コペンハーゲン解釈の支持者になった。

しかし、それもボームが登場するまでのこと。ボームはド・ブロイの研究について知らなかったが、概念的にも数学的な明確さでもはるかに進んだ形で、同じ理論を再発明した。アインシュタインとパウリはともに、ボームにド・ブロイの研究を知らせた。特にパウリは、ブリュッセルでド・ブロイの発表後に持ち出したのと同じ問題をいくつか示した。しかし、ド・ブロイとは違ってボームは引き下がらなかった。ボームはパウリの懸念に対処するために草稿を改訂し、パウリに送ったが、あまりに長文だったためにどうやら読まれなかったらしい[12]。ボームは不快に感じ、厳しい手紙をパウリに送った。「私の書いた論文を『短ければ』読むというなら、あなたの異議にすべて答えることはできません。私があなたの異議のすべてに答えるとすれば、論文はあまりに『長く』なり、あなたには読めないことでしょう。しかし、この論文を注意深く読むことが、あなたの義務ではないでしょうか[13]」

ド・ブロイに対しては、ボームは渋々ながら評価した。一九五二年の論文の謝辞でボームは、論文が完成したあとで
ド・ブロイの研究について知らされたこと、ド・ブロイはパウリからの批判を受けてそのアプローチを放棄してしまったこと、その後、ド・ブロイは理論の欠点のいくつかについて彼自身が納得していたことについて書いた。「もしド・ブロイが自分のアイデアを論理的に突き詰めてさえいれば、ド・ブロイとパウリの相互の異議はすべて解決できていただろ

う」[14]とボームは書いている。

パウリへの手紙で、ド・ブロイは色をなして主張した。「ある人がダイヤモンドを発見し、価値のない石だと誤って判断したために捨ててしまった。その後、この石は別の人によって発見され、その人物は真の価値を見出した。その石が後者のものではないと言えますか？　量子理論の解釈も同じことだと考えます[15]」

ボームの研究の意義は、アイデアを突き詰め、最初の決定論かつ実在論的な隠れた変数の量子理論にしたことだ。その後にベルが述べたとおり、ボームは不可能をやってのけた。

現在、パイロット波理論はしばしばド・ブロイ゠ボーム理論と呼ばれる。ド・ブロイは、ボームの研究を知ってからコペンハーゲン学派の拠点を去り、自身のアイデアの変形版について研究を始めた。それは二重波動解といい、一九二六年に着手していたが、あまりに難しいためにあきらめていたものだ。

亡命の身になって数十年後、ド・ブロイ゠ボームのパイロット波理論（これはゴールドスタインが好んだ）とド・ブロイの二重波動解は注目を集め始め、支持されるようにもなった。二重波動解を支持したのは、予想外の研究グループだった。彼らは、シリコーンオイルの液滴が、同じオイルの振動する表面上でどのように跳ね返るかを研究していた。そんなことが量子物理学と何の関係があるのだろう？　あなたは、そう思ったのではないだろうか。

ジョン・ブッシュは、カナダのオンタリオ州ロンドンで日曜学校に通っていたときにもよおしたのと同じ不快感を、大学院生のとき量子力学にも感じた。宗教のことになると触れてはならないたぐいの質問があった。ブッシュにとって残念なことに、量子力学とコペンハーゲン解釈を学んだとき、彼は似たような状況に遭遇したのである。「あなたが粒子を観測するまで粒子は存在しない、と言っているんですか？」と、彼は尋ねた。教師は「その質問はしてはいけない」と応じた。ブッシュは日曜学校に戻ったような気がした。

人間の観測者がどういうわけか、量子的な実在をつくり出す原因であるということに、ブッシュはいら立った。それには、いまだに腹立たしくなる。「これは、人類が自分たちを宇宙の中心に置いたことに端を発する、叙事詩的な人類の愚行の最前線にあるものだ」と、MITにある研究室で彼は言った。「それは馬鹿げたことだと思う」

量子力学に幻滅を感じたブッシュは結局、流体力学を研究することにする。自分の選んだ分野が、彼を量子力学に引き戻すことになるとはまったく気づかずに。事の起こりは、イヴ・クデとエマニュエル・フォールの二人のフランス人の研究者による二〇〇六年の研究だった。[16]彼らは奇妙な装置を思いついた。シリコーンオイルで満たされたペトリ皿が、上下に振動しているところを想像しよう。オイルの層の上下振動は、流体のファラデー閾値と呼ばれるものより小さく保たれている。この閾値より大きくなると表面に波が生じるが、閾値より小さければ流体に振動エネルギーが存在しても表面は滑らかなままである。研究者たちは、同じシリコーンオイルのミリメートルサイズの滴を、この振動しているオイルだまりの表面に落したとき、滴が跳ね返って表面をさまようことを発見した。

理由は次のとおりだ。滴とオイルだまりの表面の間には薄い空気のクッション層があり、皿のオイルに滴が融合するのを妨げる。最初の衝突で、振動しているオイルだまりの表面は滴に垂直方向の刺激を与え、これが原因で滴が跳ね返る。この衝突によって、オイルだまりの表面には小さな波が起こる。滴が表面へ戻ってくると、この波に衝突する。今度は、滴は水平方向と垂直方向へ衝撃を受ける。この過程が繰り返され、滴はオイルだまりの表面を「歩き」始め、跳ね返るたびに自らつくり出し続ける波によって導かれる。波が滴の移動する速度と方向を決める。

この現象と、ド・ブロイ＝ボーム理論との類似性は無視できない。滴は、そのパイロット波に導かれている粒子である。こうなると、新しいバージョンの二重スリット実験を行う以外に、何ができるだろうか？

クデとフォールは、まさにそれを行った。彼らは二つの開口部をもつ障壁を作り、それを油面の下、数分の一ミリに沈めた。そうして、オイルだまり表面を移動するあらゆるものに影響を与えられるようにした。この障壁は、要するに二重スリットである。動き回っている滴が障壁に接近すると、滴はどちらか一方の開口部へ向かう（粒子が一方のスリットあるいは別のスリットへ進むように）。しかし、付随するパイロット波は両方の開口部にまたがり、両方から向こう側へ行く。障壁の反対側には、パイロット波が広がるが、それは各スリットで生じた二つの回折波の間の相互作用の結果である。この複合波が、障壁から離れていく滴を導く。実験を行うごとに、滴は障壁の反対側の異なる場所に到達した。研究者たちがその七五の軌道を記録し、分析すると、滴が到達する場所と、到達しない場所があることがわかった。それは干渉パターンを思わせた。いずれの時点でも、装置内には粒子状の滴が一つしかないにもかかわらず、付随するパイロット波によって滴は波のように振る舞ったのだ。このパイロット波の存在を知らなかったなら、滴が両方のスリットを通り、それ自身で干渉したと考えるのではないか。

クデとフォールがシリコーンオイルの跳ね返る滴を使って行ったのは、本当に二重スリット実験だったのだろうか？　彼らは量子の世界で起こることの古典的なアナロジーを見つけたのだろうか？　ほかの研究チームがそれを再現しようと先を争ったが、どれも失敗した。そのなかには、コペンハーゲン近郊のデンマーク技術大学でニールス・ボーアの孫トマス・ボーアが率いるチームや、ＭＩＴでジョン・ブッシュたちのチームがあった。彼らの結果からわかったのは、クデとフォールの実験に不適切な点があったことだ。ボーアのチームは、クデらの行った統計処理が不適切であったことを示した。七五の軌道では、油滴の振る舞いについて明確な主張を示すには少なすぎるという。また、ブッシュのチームは、クデらの実験が周囲の環境の影響から十分に隔離されておらず、表面の滴のパターンはたとえば周辺の気流から影響を受けた可能性が否定できないと指摘した。

ブッシュらがより厳密な実験を行ったが、二重スリットの干渉縞は観測されなかった。一個の粒子が一つのスリットを通過するときの回折パターンを見ることもなかった。彼らはこれを「境界条件」によるものと考える。たとえば、油滴や波とペトリ皿の壁との相互作用のせいで、二重スリットを通過する光子が経験するような条件を再現するのは難しいが、それは二重スリット実験には境界による影響がないからだ。おそらく、将来の実験物理学者は、物理的な境界条件の影響を打ち消す、跳ね回る油滴の実験装置を製作することができるかもしれない。「われわれの結果は、跳ね回る油滴の回折と干渉の探求のドアを閉ざすものではない[17]」と、ブッシュの研究チームは論文で結論した。

しかし、ブッシュは、リチャード・ファインマンが二重スリット実験を分析することで強調した謎を確かに見たと話した。量子力学の二重スリット実験では、両方のスリットが開いているとき、粒子は反対側の特定の場所へ行くが、それ以外には行かない。スリットの一方を閉じると、まるで粒子が一つのスリットが閉ったことを感じたかのように、粒子の振る舞いは変化する。古典的な動き回る滴がやっていることも、それとまったく同じだ。たとえ、ある場所には到達するが別の場所には到達しないという、干渉パターンを厳密に再現しなくても。それでも、油滴は二つのスリットのうちどちらか一方にしか行かないのに、両方のスリットが開いているか、いないかを「感じる」ことができる、と言ってもいいだろう。「それが謎であるとすれば、私たちの実験系はその特徴を示している」とブッシュは話した。

ブッシュは、動き回る油滴の実験が量子力学的な系の重要な古典的なアナロジーであると考えている。まだ二重スリット実験を再現していないかもしれないが、無視できないほど示唆に富んだ現象を観測している。たとえば、彼らが確認した円形の容器での油滴のカオス的な運動は、その全時間における統計が、原子という量子力学的な囲いのなかを動く電子の運動に似ている。

ブッシュは、ド・ブロイの二重波動解を用いて、この結果を説明する。ド・ブロイは、そのアイデアを一九二七年のソルベー会議で捨てたが、ボームが一九五二年に単一パイロット波理論を蘇らせると、再検討したのである。二重波動解とは、粒子を導くことに関与する波が二つ存在するというものだ。一つは局所的な波で、粒子はその波の中心に存在し、その波によって導かれる。この粒子と波の組み合わせは、正統な量子力学の波動関数のように振る舞う、もう一つの波を引き起こす。

ブッシュによると、振動するオイルの表面と動き回る油滴は、この二つの波の系を物理的に再現している。跳ね返る油滴は、パイロット波をつくり出し、維持する。この波は局所化され、その波の中心に油滴がある。この油滴・パイロット波と振動するオイルだまり表面の幾何の相互作用は、もう一つの波のパターンを生む。その特性は時間の経過にともなって出現し、波動関数のそれに似ている。「つまり、私たちはド・ブロイが示唆した物理的な描像を巨視的に認識しているんです。それは、不可解と言われる量子力学の特性の多くを示している」とブッシュは言う。

「なんという一致でしょう」

それがただの偶然の一致という可能性もある。しかし明らかに、ブッシュはその心配をしていない。彼がこの議論を推し進めるのは、物理学者はコペンハーゲン解釈に挑戦しなければならず、そのためにできることは何であれ価値がある、という思いからだ。「私がこの挑戦に入れ込んでいるのは、そういうわけです。たとえその唯一の結果によって、若い人々が量子力学に対する自分の見方に疑いをもつようになったとしてもです」とブッシュは言った。

反コペンハーゲン学派の人はもちろん、ほかの量子物理学者にとっても、古典的な系が量子力学のすべての特性を再現できるという考え方は、なかなか受け入れがたい。そのうちの一人であるゴールドスタインは、動き回る油滴は量子的な世界と古典的な世界を区別する、重要な特性を決して再現できないという。それは非局所性だ。非局所性が依存する波動関数は、物理的な物体というなじみ深い三次元空間とは相容れないのだ。

ゴールドスタインは、ボーム的な量子の世界観という意味のOOEOWという言葉を作った（「ひどい省略語」であると、本人は認めている）。OOEOWとは「明確な形で進化する、明確な存在論（obvious ontology evolving the obvious way）」の略である。ボームが一九五二年に量子論の定式化を独自に行って以来、それには多くの微調整がなされてきた。なかでももっとも大きなものは、ボーム自身がバジル・ハイリーとの共同研究によって行なった調整である。ハイリーはボームが研究人生の最後を過ごしたロンドンにあるバークベック大学で一緒に働いた人物だ（ボームはイスラエルから英国に移り、終生をそこで過ごした）。ボームの考え方に対する理解を深めたのはほかに、英国の物理学者ピーター・ホランドや、ゴールドスタインとデトレフ・デュールとニーノ・ザンギの研究チームなどがいる。細かいところが異なっている（そして議論を呼ぶものだった）が、ゴールドスタインの略語は本質を捉えている。一方で、デュールは、「ボーム力学」という言葉を作り出した。ハイリーはこの言葉を好まなかったが、観点の細かな違いに巻き込まれるのを避けるため、この章ではボーム力学という言葉を使おう。さて、ボーム力学によると、量子の世界は明確な位置をもつ粒子と、これらの粒子を導く波動関数からなる。N個の粒子の系があれば、それぞれの粒子はある特定の位置を占める。しかし、波動関数は一つしか存在せず、それぞれの粒子はその波動関数の影響を受ける。粒子は三次元空間の座標をもつが、波動関数は同じ三次元空間でははたらかない。波動関数は物理学者が配位空間と呼ぶもののなかではたらく。二つの粒子を考えよう。粒子1は（x1, y1, z1）、粒子2は（x2, y2, z2）と記述される三次元空間に位置する。しかし、二つの粒子に対する波動関数は、系の状態を記述するのに六個の数（x1, x2, y1, y2, z1, z2）を必要とし、したがって六次元の数学に取り組まなければならない。三次元空間における二個の粒子の実際の位置は、六次元の配位空間における一点に対応するのである。

可視化することはできないが、粒子の数の増加につれて配位空間の次元数が急増するのは容易にわかる。系に粒子が何個存在しようとも、三次元空間でのそれらの個々の位置は、結局のところ、3N次元の配位空間における一点に対応する（Nは粒子の数）。

数学的な抽象概念であるにもかかわらず、波動関数はボーム力学の世界で実在的なものとなる。波動関数は配位空間を伝播し、シュレーディンガー方程式に従って進化する。そして同時に、波動関数はありとあらゆる粒子に影響を及ぼす。波動関数はすべての粒子の軌道を決める。そして、波動関数と粒子との相互作用は三次元空間で起こっておらず、配位空間に閉じ込められているため、相互作用は瞬時に起こる。このようにして、ボーム力学の基礎構造に非局所性が組み込まれるのである。多くの人々は、この重大な非局所性（遠くの銀河にある一個の粒子が、原理的に地球にある粒子に瞬時に影響を及ぼす）のために、ボームの考え方を支持できないと主張した。ボームは自分の理論にある非局所性に気がついていたが、それを最初に真剣に考えたのはジョン・ベルであった。ベルは非局所性をなんとか排除できないか考えた。「ベルはそれができないことを証明したのです」と、ゴールドスタインは言う。

クラウザー、アスペ、ツァイリンガーなどによって実行されたベルの不等式の検証は、局所的な隠れた変数理論を除外した。二つのもつれた粒子などの測定結果に見られる相関は、局所的な隠れた変数を仮定する理論では説明できない。ここの隠れた変数とは、標準的な量子理論に存在せず、局所的に進化し、遠方の出来事に影響されないものだ。しかし、これらの検証によって、ボーム力学をはじめとする非局所的な隠れた変数理論が除外されるわけではない。ボーム力学の隠れた変数である粒子の位置は、ほかのすべての粒子の位置によって、波動関数を介在し、非局所的に影響を受ける。ベルは自分の定理が、ボームの理論などの非局所的な理論を扱っていないことに、はっきりと気づいていた。「実際にベルは、量子力学のいかなる重要な理論も、そして正統な量子力学も非局所的であるに違いない、と繰り返し強調したのです」。ゴールドスタインは、そう話す。

そのため、たとえ正統な量子力学が局所的な変数理論に対抗して勝利を収めたとしても、正統な量子力学とボーム力学との間の争いは決して解決しない。ボームの理論は、正統な量子論と厳密に同じ予測をするため、実験的に覆すことが不可能なのだ。

ボーム力学は、別の方法で自らを論証する。標準的な量子力学では自明である、いくつかの量子論の側面を、ボーム力学から引き出すことができる。たとえば不確定性原理は、系の初期条件が十分にわかっていないことの表れであると考えられる。ボーム力学が決定論であっても、知識が十分でなければ、正確な予測は不可能になる。これは古典力学のカオス理論と似ていなくもない。初期状態のわずかな擾乱によって、カオス系（たとえば気象など）の進化では、最後には非常に異なる結果が生じるというもので、それによって、系は非決定論的に見える。実際、天気を正確に予測するのには困難が多々あるにもかかわらず、気象は決定論的な系である。

波動関数の収束は、標準的な量子論の悩みの種である。収束が何を意味するのか、物理的な収束が実際に起こるのかどうかも、それからはわからない。その波動関数の収束でさえ、ボーム力学では推測できる。シュレーディンガーの猫を考えてみよう。それは、猫をつくり上げているN個の粒子の位置とその波動関数で記述される。シュレーディンガーの思考実験で、猫が死んでいる状態と生きている状態の重ね合わせのとき、正統な量子力学では、重ね合わせの状態から、猫が生きているか死んでいるかのどちらかの状態へと収束するには、測定（あるいは観測）が必要になる。ボーム力学では、測定に関係なく、系全体は死んでいる猫の状態か生きている猫の状態のどちらかになる。猫をつくり上げるN個の粒子は、ある配位をとるか、別の配位をとるかだ。観測者は、単に状態を発見するだけであり、波動関数の収束はない。猫の死んでいる状態を捉える波動関数の部分と、猫の生きている状態を捉える波動関数の部分は配位空間のなかで分かれており、もはや互いに影響を及ぼさない。実質的な収束はあるが、何も奇妙なことはない。その物理的な過程は、猫を構成する粒子に起こることとして緻密に計画されているのである。なお、実験のあとから、猫の波動関数と考えられるものに注目すれば、ただ実質的な収束ではなく、実際の収束を目にする。

「そのため、ボーム力学は量子力学の原則を拒絶したものではないのです」とゴールドスタインは言う。「それはただ、量子力学を明確にしているのです。量子力学がどこから来たのかがわかるし、それが語ることをより明確に理解できます」

そのような主張にもかかわらず、ボームの理論はなかなか支持を得られなかった。それどころか正統的な解釈を支持する人々は、まさにボーム力学の強みが——明確な実在論と、粒子が軌道を描くという事実が——問題になるとさえ指摘した。これらの問題は、ほかでもない二重スリット実験を用いることであらわになった。理論研究者たちは、二重スリット実験の装置を通る粒子を記述するボーム力学で予測される軌道に意味はない、と主張した。彼らはそれを超現実的《スーリアル》と言い、ボーム力学を嘲笑する言葉として用いた。

実験研究者たちにとって、そのような超現実的な軌道の存在を証明することは困難であった。彼らは、超現実的な事柄に集中する前に、まず一般的な軌道を決定する方法を見つける必要があった。軌道の測定について、まったく新しい考え方が必要だった。何しろ、伝統的な量子力学では、軌道の概念そのものを避けていたのだ。

しかしボーム力学によると、粒子は明確な軌道をもつ。クリス・デュードニーは、二重スリットを通り抜ける粒子の軌道を初めて見たときのことを覚えている。一九七〇年代後半のことであった。彼はバークベック大学のデイヴィッド・ボームのもとで博士号を取得したいと申し出たところだった。バジル・ハイリーが代わりに返信し、ボームはデュードニーを学生として迎え入れるつもりであると伝えた。「よしよし、上出来」。そう思ったと、デュードニーは回想した。

デュードニーは博士論文のテーマを探していたとき、街角の本屋で、ボームの隠れた変数理論に一章を割いた、フレデリック・ベリンファンテによる量子力学の本を見かけた。ベリンファン

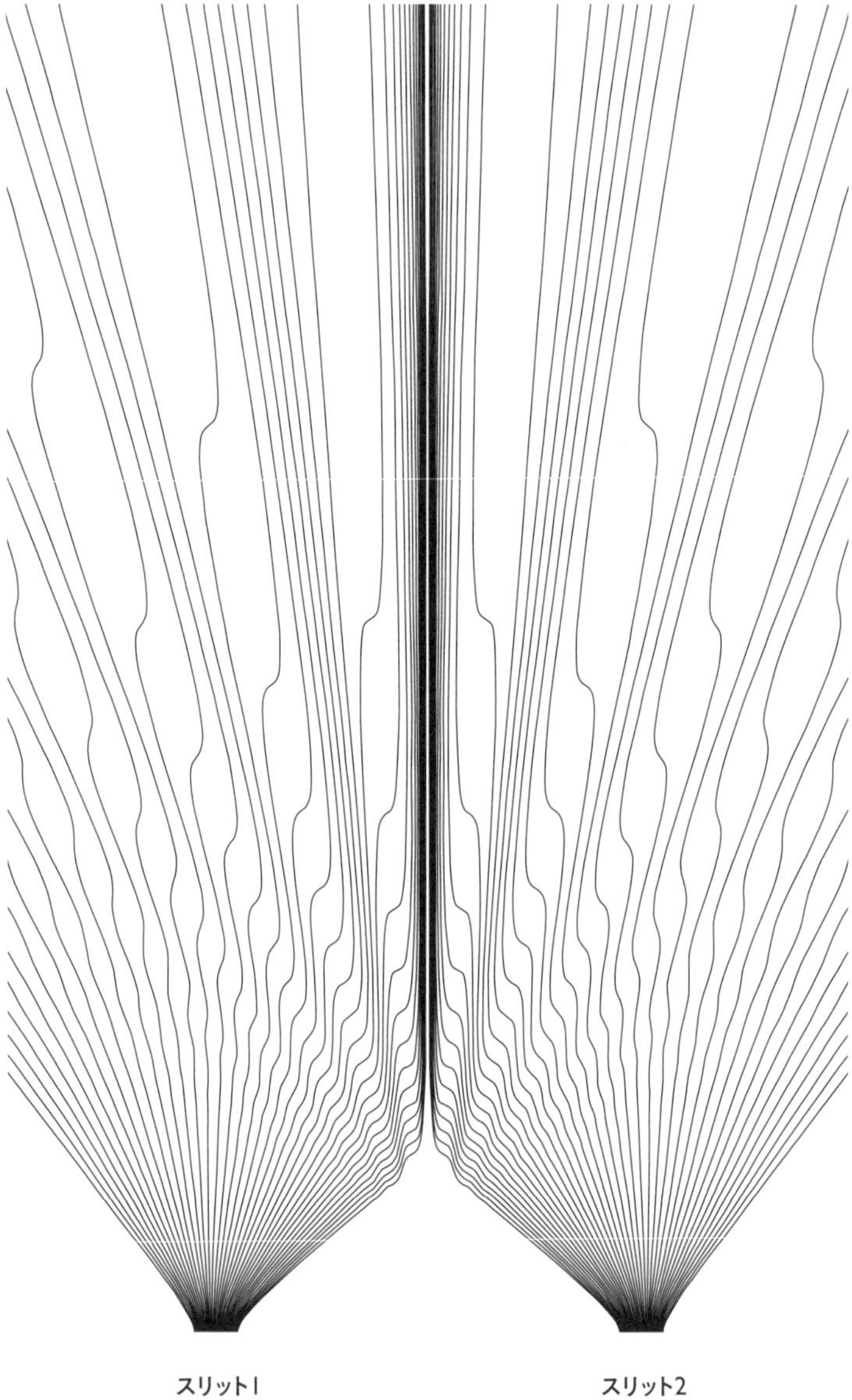
スリット1
スリット2

テは、二重スリット実験における粒子のボーム力学的な軌道を計算できる可能性を示唆していた。デュードニーは、これに困惑したという。「『ずいぶん奇妙だな』と思いました。バークベック大学では、誰もこんな話をしていなかったんです」と彼は話した。ボームその人もバークベック大学に在籍していたのに、である。デュードニーは、このことについて、バークベック大のカフェテリアでハイリーとクリス・フィリピディスと議論し、その軌道を描くことに決めた。今ならスマートフォンで、その程度の計算はさっさと片付けられるだろう。しかし四〇年前、特にグラフィックスを描くとなると、スーパーコンピューターが必要だった。プログラムは、パンチカードで入力する。しかも、カードを提出してから待たなければならない。結果は小さなフィルムのケースで戻ってきた。「それを印刷してもらうか、光に透かして見なければならなかったのです」と現在は英国ポーツマス大学に在籍するデュードニーは話す。フィルムを見ると、粒子の軌道がはっきりと見えた。「本当に素晴らしかった。本当にね」とデュードニーは言う。粒子は一方のスリットか、もう一方のスリットを通り、反対側のスクリーンへとジグザグに進んだ。軌道をまとめると、それらは寄り合って干渉パターンのようなものが見られた。

一九七九年、三人はその軌道についての論文を発表したが、それを測定するのは幻想だった[18]。「この分野のほとんど誰もが、これらの軌道は直接測定できないと考えていたのです」とトロント大学の実験物理学者エフレイム・スタインバーグは話す。

なぜなら、伝統的な「強い」測定は、測定によって波動関数を見かけ上収束させ、コヒーレントな粒子の重ね合わせを破壊するためである。強い測定によって粒子は取り返しのつかないほど擾乱を受け、破壊されさえもする。

そのため、強い測定によって、粒子のとり得る軌道を調べることは不可能なのだ。これが、高速道路を走る車の経路を調べることとどう違うのかを考えよう。一〇〇メートルごとにカメラを設置し、車の通過を記録すれば、カメラで得た情報を使って通過した車の軌道を再構成することができる。しかし、これを光子や電子で行おうとしても、決してうまくいかない。粒子の位置を明らかにしようとする強い測定は、そのたびに粒子に擾乱を与えてしまい、測定しなければ向かったであろう場所へは粒子は行かなくなる。粒子の軌道を変えることなく、強い測定を用いてその軌道を測定する方法はまったく存在しない。

一九八八年、ボームの学生の一人であるヤキール・アハラノフは、デイヴィッド・アルバートとレフ・ヴァイドマンらとともに、彼らが「弱い測定[19]」と呼ぶアイデアを思いついた。量子系の特性について正確な値を見出そうとするのではなく、代わりに、非常に穏やかに調べて、粒子に擾乱を与えずに、まるで何もなかったかのように粒子がその軌道を継続できるようにしたら、どうなるだろう？　そうして得た個々の測定値の結果は、たいして役に立たないだろう。測定に不確実性があるということはすなわち、その結果がかなり不正確であるということである。しかし、アハラノフたちは、完全に同じように調整した粒子の大集団にそのような測定を行えば、個々の測定からはたいしたことはわからないが、集団としては意味があることを示した。彼らは、すべての測定結果（この場合は粒子の位置）の平均値が平均的な位置を表していると主張した。

この値が本当に粒子の特性に関する重要な情報をもたらしているかどうかについては、議論がかまびすしい。しかし、物理学者のなかには、粒子の軌道を測定する方法を弱い測定に見出した者がいる。二〇〇七年、オーストラリア・ブリズベーンにあるグリフィス大学のハワード・ワイズマンは、二重スリット装置を通り過ぎる粒子の位置と運動量を弱い測定によって測定できるらしいことを示した。考え方はシンプルだ。まったく同じように調整した数十万個あるいは数百万個の粒子を使い、それらを一個ずつ二重スリットに送る。そして、二重スリットと、干渉縞が観測されるスクリーンとの間のさまざまな位置で弱い測定を行う。こうして弱い測定で得た結果を用いて、装置を通り過ぎる粒子の軌道を再現できるのである。「強調せねばならないのは、弱い測定の値を得る技法では、実験者は個々の粒子の経路を追いかけることができないということである」[20]とワイズマンは書いた。それは量子力学のルールに違反するのである。とはいえ、原理的には平均的な軌道を再構築することが可能になった。

ワイズマンの論文が出るまで、軌道を測定するという考えはひどく嫌われていたが、彼の研究はその風潮を変えた。そして、エフレイム・スタインバーグの研究チームが、それを実行に移した。このような実験ではいつもそうだが、非常に精巧な光学系がいくつも必要になった。それでも、この実験の要点は理解しやすい。まず、スタインバーグの研究チームは、光子を一つずつビームスプリッターに送り込んだ。ビームスプリッターで、光子は等しい確率で、二つの光ファイ

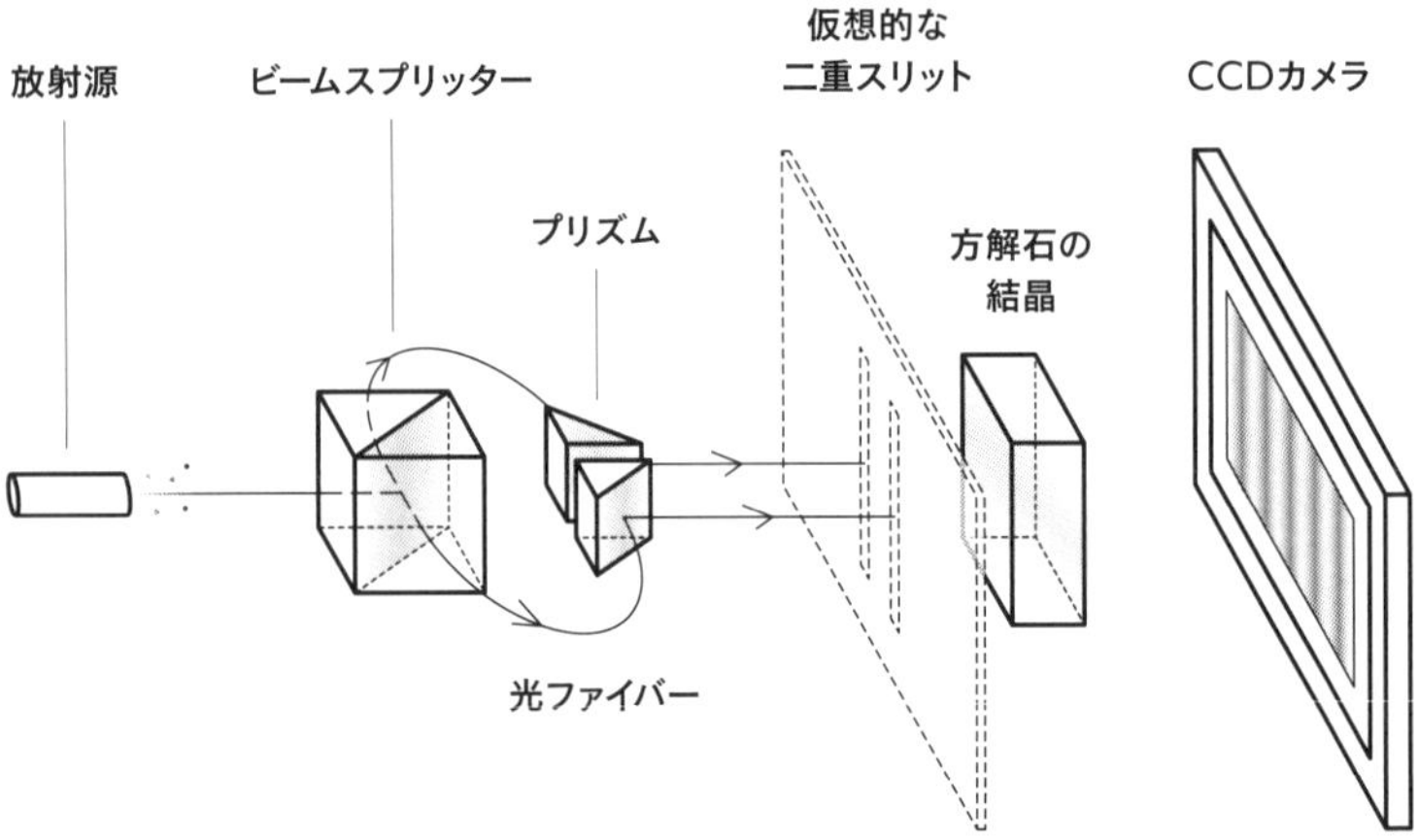

バーのどちらか一方に送られる。光ファイバーを通った光子は、左右対称に置かれたプリズムのどちらか一方に当たって直角に反射する（左側の光ファイバーを通った光子は左のプリズムに、右側の光ファイバーを通った光子は右のプリズムに当たる）。この装置の二つのプリズムは実質的に二つのスリットと同じようにはたらく。最後は、プリズムの向こう側に置かれたCCDカメラによって、光子が記録される。カメラに到達する個々の光子について、どちらのプリズム（つまりスリット）から来たかを知る方法はない。この識別不可能性は干渉を導き、これはカメラで捉えられる。

革新的なのは、二重スリットとCCDカメラの間に置かれた方解石の結晶のブロックである。光子は方解石の結晶を通過しなければならないが、それには内部を通過する光子の偏光角を回転させる特性がある。結晶の向きを注意深く調整すると、この光子の偏光角の変化を用いて、光子が正中線〔装置の中心を貫く仮想的な線〕に比べてどちらの方向に動いているかを知ることができる。これは弱い測定である。というのも、偏光の変化を知ることは、光子を壊すことなく伝播方向のかすかな形跡を捉えることに等しいからだ。これは光子が移動する角度の測定であり、したがって運動量の代わりになる。もちろん、実際に偏光の変化を測定するのには、光子を壊す強い測定が必要である。

そして、全体の軌道を再構築するべく、スタインバーグの研究チームは、集団の光子一つひとつに対して、光子が二重スリットからカメラに到達する際、そのような測定を実行した。これは弱い測定であり、得られる値は大量の光子について算出した平均値であった。測定は二重スリットとカメラの間のさまざまな位置で繰り返した。つまり、方解石を二重スリットから異なる距離に置き、その際、スリット面と平行の面で測定を行った。これによって、それぞれの平面における粒子の平均の運動量が得られる。

関連する測定がもう一つある。それは方解石の結晶の平面を横切ったときの光子の位置である。光子が結晶を通過するとき、CCDカメラでそれぞれの光子の像を捉え、それを用いて光子の位置を算出した。「重要なことは、平面から平面へと、任意の光子を追跡することはできませんが、それぞれの平面で位置と方向を関係させられるということです」とスタインバーグは話す。したがって「それぞれの平面で運動量と位置のマップを構築し、『矢印』でつなぐことで軌道を描くというわけです」。

要するに、光子の平均的な軌道を描くことができるのだ。一見、不可能だったことが実現した。

再構築された軌道は、シミュレーションされたボームによる軌道に非常によく似ていた。とはいえ、標準的な量子力学を用いても、同様の予測に到達することは指摘しておかねばなるまい。したがって、この実験によって、どちらの解釈が正しいかを判断することはできない。しかし、似たような予測にもかかわらず、二つの解釈は実在の性質について以下のようなまったく異なる主張をしている。ボーム力学では、粒子とそれらの軌道は観測と独立して存在するが、標準的な量子力学では観測という行為が実在をつくるとする。

二〇一一年、フィジックス・ワールド誌はスタインバーグの実験をブレークスルー・オブ・ザ・イヤーにあげ、こう記した。「この研究チームは、ヤングの二重スリットを通り抜ける単一光子の平均的な経路を初めて追跡した――スタインバーグいわく、これは物理学者が不可能だと『洗脳されていた』ことである[21]」

誰もが、スタインバーグの研究チームが実際にボームの軌道を再現したと確信しているわけではない。その一人がバジル・ハイリーで、名誉教授となった今も現役の研究者だ。ハイリーは、デュードニーとフィリピディスとの一九七九年の共著論文で、ボーム力学の軌道が光速よりもはるかに遅く移動する非相対論的粒子のものであると主張する。光子は、光速で移動する質量のない粒子で、したがって相対論的である。一方、原子などの物質の粒子は非相対論的である。ハイリーは、スタインバーグの実験に感銘を受けはしたが、彼の光子を使った実験が粒子の軌道を再構築するものとしては正しくないと主張する。

非相対論的粒子の軌道を検証するため、ハイリーはユニバーシティ・カレッジ・ロンドン（UCL）のロバート・フラックたちと協力し、独自の二重スリット実験に取り組んでいる。ハイリーとフラックは、アルゴン原子を用いる研究を選んだ。その実験のアイデアは数年前、スウェーデンでの会議の朝食で二人が偶然に出会ったときに浮かんだ。彼らはボームの理論を検証できないかと議論し始め、（実験物理学者の）フラックは「一丁やってみたらどうかと思うんだが」と言ったのだが、それは辛い道のりであった。

私がUCLの物理学科の地下にある研究室でフラックとハイリーに会ったとき、フラックは「ときどき、あんなこと言わなければよかったと思っている」と冗談めかして話した。

ハイリーはふざけて返す。「よしてくれ、ロブ。知ってるとは思うけど、それが君の生きがいになってるんだから」

実験では、まず、励起した準安定（この状態でおよそ一〇〇秒の間、安定している）状態のアルゴン原子の雲をつくり、この原子群を二重スリットに向けて発射する。二本のスリットを通過した原子は、検出器に到達する前に磁場を通過する。スタインバーグの実験で、方解石の結晶を通った光子の経路の角度が光子の偏光角の変化に反映されるように、磁場を通過するアルゴン原子の経路も原子内部の性質に反映される。これは弱い測定である。そのような一連の弱い測定を利用して、原子の軌道を再現できる。理論上は。

研究チームは、今も実験を続けている。これらの量子物理学の実験の職人的な側面について、ぜひとも触れておきたい。そこには、光学ベンチ、真空ポンプ、レーザー、鏡などがいたるところに散らばっている（実験研究者に言わせると、すべては正確な位置に置かれているのだという）。まるで修理工場のようだが、油はまったくなく清潔そのもの。そこからは、実在の本質という深淵なものを検証しているとはまるで想像できない。「理論物理学者として、ボーム理論が実際に検証されているのを、この目で見る日がくるとは思っていなかった」とハイリーは言う。

たとえハイリーのように、スタインバーグの実験について意見を異にする人たちがいても、スタインバーグの研究チームが測定した平均的な軌道は、ある点を明白にした。それは、光子の通り道は、二重スリット装置の正中線を越えなかった、ということだ。左のスリットを通り抜ける光子は奥のスクリーンまたはカメラの左半分に到達し、右のスリットを通り抜ける光子は検出器の右半分に到達した。経路は中央付近に集まるが、決して交差しない。

この軌道はボーム力学から予測されることと一致する一方で、まだ取り組むべき一つの懸念があった。一九九二年、マーラン・スカリーの研究チーム（四人のチームメンバーのイニシャルに因んでＥＳＳＷと呼ばれる）は、ボーム力学がかなり不思議な状況を予測すると主張した。粒子を壊すことなく、どちらのスリットを通過したかを知ることができるように検出器をスリットの近くに置くことができたとする。ＥＳＳＷは、左スリットの検出器が反応しても、奥のスクリーンの右半分に粒子が到達する場合があることを示したのだ。ボーム力学によると、軌道は正中線を横切ることができないので、スクリーンの右半分に到達する粒子は右スリットからのみ来るはずだ。それではなぜ、数学上は、粒子がスクリーンの右半分に当たっても、左スリットの検出器が反応することがあると言えるのだろうか？　ＥＳＳＷはこう皮肉った。「簡潔に言うと、ボーム力学の軌道は現実的ではなく、超現実的である」[22]

「彼らにとって、これはボーム解釈のための一種の背理法だったのです」と、スタインバーグは言う。長年にわたって、多くの研究者（ハイリーを含む）は、ＥＳＳＷの解析に関するさまざまな問題を指摘した。ボーム力学そのものは、そのいろいろなバージョンを開発する物理学者たちによって微調整され続けたが、超現実的な軌道の問題は解決しなかった。「要は、ボーム解釈のあらゆるバージョンで、一方の検出器が反応するという状況が見つかっても、ボームのモデルは別のスリットを通過する軌道があるんです」とスタインバーグは言った。超現実的な軌跡は、ボームの理論の正当性とぶつかった。

スタインバーグの研究チームは、一所懸命に実験の技能に磨きをかけた。彼らは、超現実的な軌道がボームの理論を打ち壊すかどうか、知りたかった。

実験物理学者として、スタインバーグは量子力学の理論的な解釈に対して不可知論者である。

それでも、ESSWが超現実的な軌道に挑戦していることを考え、スタインバーグはボーム力学の妥当性に懸念を抱いた。ボームの理論が次のような一定の利点を備えているという事実にもかかわらずに。まず、それは決定論を復活させる。「多くの人々にとって、量子力学の標準的な解釈は非常に数学的かつ抽象的であるうえ、決定論を放棄している。彼らは、放棄する必要がない場合にそうする理由を理解していない」とスタインバーグは言った。「彼らはこう言います。それはとても重要な哲学的な前提なので、それが現実に反していることを示してくれれば諦めるが、そうでなければ全身全霊で守る、とね」。ボーム力学は、決定論を無傷なままにしておく。

第二に、ボームの理論は非局所性をより明確にする。ベルの不等式の検証は、量子の世界が非局所的であると、はっきりさせている。「標準理論で、非局所性は不可解で、不気味な遠隔作用のように見える。ところが、ボーム力学でそれは運動方程式に正確に現れる」とスタインバーグは言う。あらゆる粒子の運動が、ほかの粒子によってどのように瞬時に影響を受けるかは明らかである。それは数学に組み入れられている。

当然、ボーム力学はシュレーディンガーの理論の優美さとは相容れない。後者では、(波動関数によって与えられる)系の量子状態が存在するだけで、それがシュレーディンガー方程式に従って進化する。スタインバーグは「それは粒子または波であると考えることができます。そういうものなんです」と言う。「ボーム力学では、すべてのものは二つになります。すべては粒子でも波でもあるのです。世の中の実体の数は二倍になったのです。そのことで私はそれほど動揺し

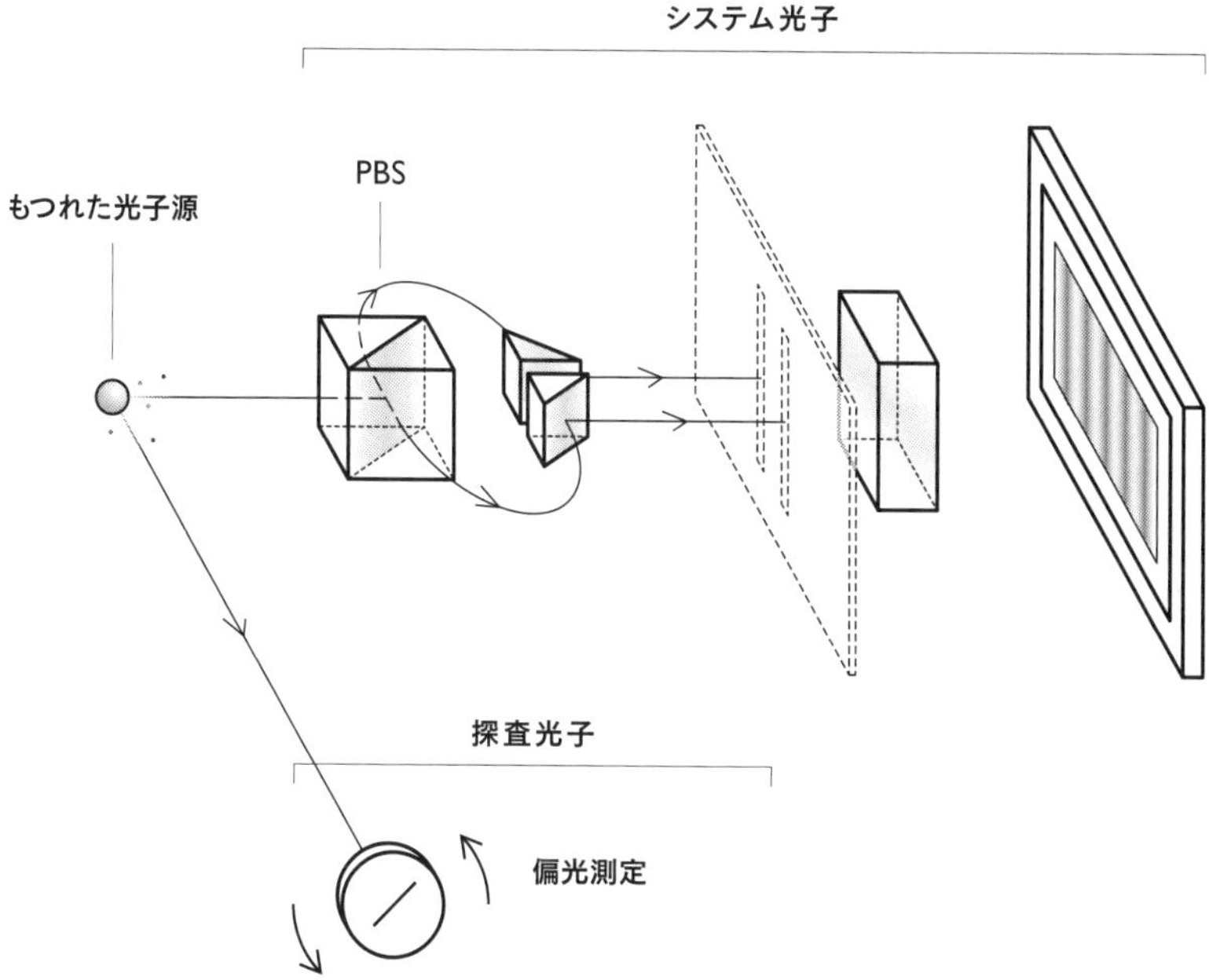

ませんでしたが、ほかの人々にとっては議論の的になりました」

そんなスタインバーグを困惑させたものが、超現実的な軌道であった。「これらの軌道がなんの意味もなさないという点で、ＥＳＳＷと同じ考えです」とスタインバーグは言う。それは「私がボーム力学から興味を失うきっかけの一つだった」。二〇一一年に、二重スリットを通り抜ける光子の平均的な軌道に関する論文が発表されたあと、超現実的な軌道についてのＥＳＳＷの主張を検証するときがきた。

初期の実験には、小さいが重要な微調整を加える必要があった。[23] 単一光子を生成した光子の発生源の代わりに、もつれた一対の光子の発生源を使い始めた。これらの光子は偏光についてもつれている。光子は水平と垂直の成分で偏光しており、もしある光子が観測され、水平方向に偏光していることが確認されれば、対になったもう一つの光子は垂直方向に偏光している。その逆もまた同様である。

もつれた光子の一つをシステム光子と呼ぼう。これを、平均的な軌道を測定するために使われたのと同種の装置へ送る。それには一つだけ違いがあり、標準的なビームスプリッターを使わずに、偏光ビームスプリッター（ＰＢＳ）を使ったことだ。ＰＢＳは、垂直方向に偏光した光子を左側の光ファイバー（つまり、実質的には二重スリットの左側）へ、水平方向に偏光した光子を右側の光ファイバー（スリット）へ送る。前の実験で見たとおり、偏光が経路に変換されるのだ。

もう一方の光子は「探査」光子であり、システム光子を乱すことなく、それがどちらの経路をとったのかを探るのに必要な情報を保持している。

この装置でできることはたくさんある。たとえば、探査光子の偏光を測定するだけで、水平か垂直かどちらの偏光かがわかり、パートナーのシステム光子が二重スリットのどちらを通ったかがすぐにわかる。そのため、水平か垂直の偏光を測定されたすべての探査光子について、二重スリットを通るパートナーのシステム光子はまったく干渉を示さない。なぜなら、システム光子がどちらの経路をとったかがわかり、それは粒子のように振る舞うためだ。

しかし、もしプラス四五度の方向で探査光子の偏光を測定すれば、事態は変わる。それにはまず、プラス四五度の偏光器に探査光子を通す。この偏光器を通すと、光子は出てくる(プラス四五度の角度で偏光している)か、出てこないかである。重要なのは、光子がもともと水平と垂直のどちらに偏光していたかという情報が消去されることだ。数学上は、光子が水平あるいは垂直に偏光している可能性は同程度である。ということは、パートナーのシステム光子は、水平あるいは垂直に偏光されている可能性が同程度であり、左スリットの通過と右スリットの通過の重ね合わせになる。つまり、そのようなシステム光子はCCDカメラに干渉縞を生じる。

これが、マーラン・スカリーの量子消去実験の本質的なところである。

スタインバーグの研究チームには、経路情報の消去のほかにも、やることがたくさんあった。まず彼らは、二重スリットを通るシステム光子の平均的な軌道の測定を始めた。しかし、システム光子に行った弱い測定ごとに、方解石の結晶のおかげで探査光子も測定でき、それが任意の角度に偏光しているかどうかを確認できた。この偏光の測定は、二重スリットを通過するシステム光子にどのような影響を及ぼしただろうか?

研究チームは、探査光子に対する測定の偏光角の選択が、システム光子に即時に影響を及ぼすことを見出した。システム光子の軌道が変化したのだ(非常に多くの粒子の測定を通じてわかった)。「ですから、これが非局所的理論であることを直接確認したのです」とスタインバーグは言う。「〔探査〕光子に注意を払うことなく、これらの軌道がどうなるかを予測することは絶対できない」

ついに、重要な質問をするときがやってきた。超現実的な軌道はあったのか？　その質問に答えるために、彼らはシステム光子の軌道の研究を始めた。そして、システム光子の各軌道ごとに、そのさまざまな地点で、探査光子の偏光を確認した。偏光は軌道で変化しただろうか？

その答えは明確なイエスであった。システム光子の軌道が左のスリットから出たと考えよう。すると、その探査光子の偏光は垂直方向である。しかし、システム光子は装置内を移動するので、探査光子の偏光は変わり続ける。これは二つの光子の間に非局所的な相互作用があることを示す例の一つである。そして、左のスリットから移動を始めたシステム光子がＣＣＤカメラのスクリーンの左半分に到達する状況はいくつもあり、探査光子の偏光は垂直方向と水平方向の半々の重ね合わせになる。つまり、探査光子の偏光は、同じ確率で垂直方向か水平方向になる。さらに重要なのは、探査光子の偏光はシステム光子がどちらのスリットを通ったかを示すので、探査光子はシステム光子が左スリットを通ったことを示したり、右スリットを通ったことを示したりすることだ。しかし、ボームの軌道では、左スリットから出たシステム光子は、装置の左半分に留まり、正中線を絶対に越えないことがはっきりしている。

これは、ＥＳＳＷが理論的に突き止めた超現実的な軌道だった。なぜなら、ＥＳＳＷにしてみれば、それが理にかなっていなかったことは別にして、ボーム理論の軌道は経路検出器の情報と相容れなかったからだ。しかし、スタインバーグの実験は、システム光子がスリットからスクリーンへ移動するとき、それが探査光子の偏光状態に非局所的に影響を与えていることを示した。

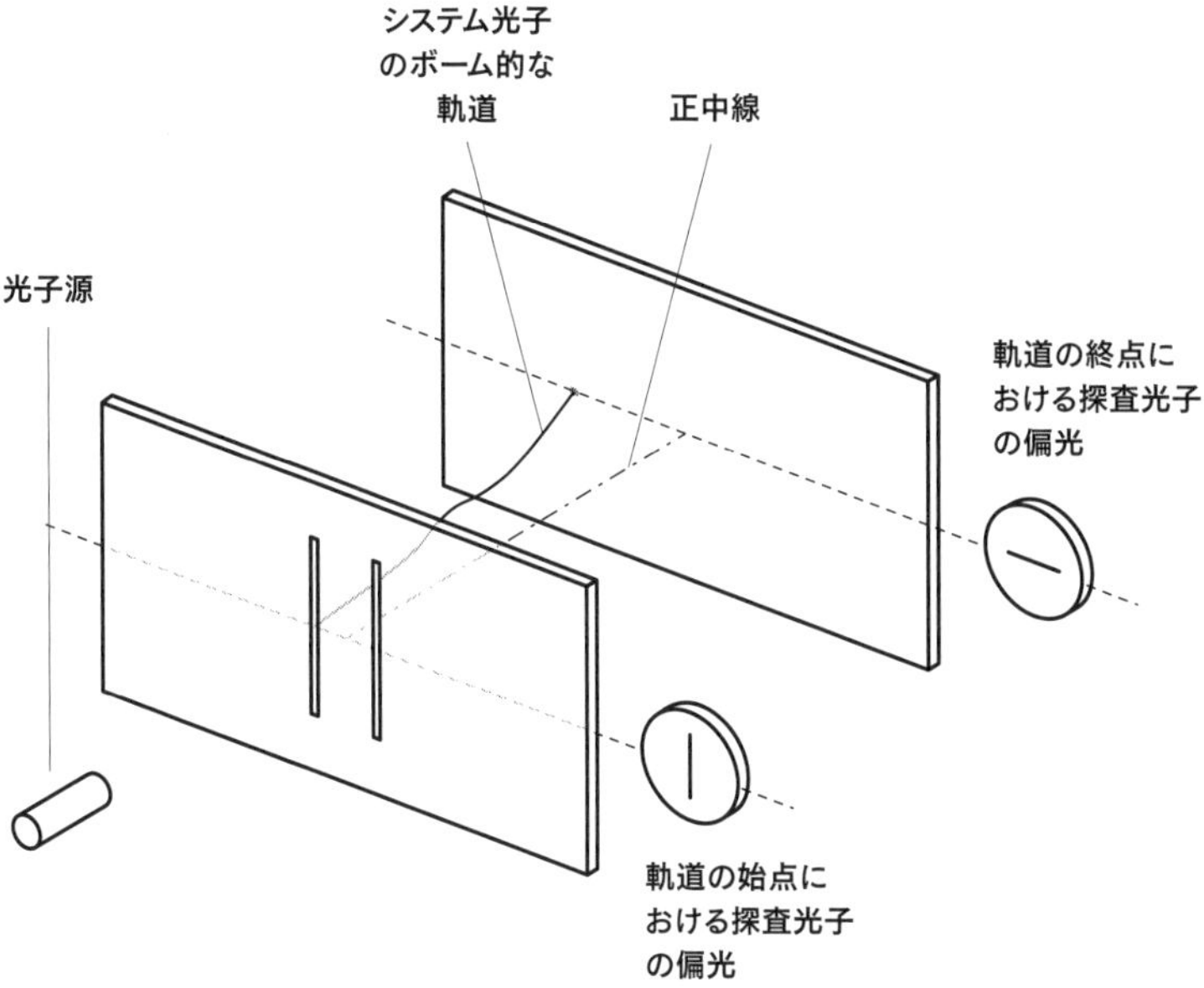

システム光子は、非局所的に経路検出器に影響しているのだ。そのため、ときどきシステム光子の軌道の最後で、探査光子の偏光が変化したかもしれず（たとえば、水平方向から垂直方向に）、するとシステム光子が左スリットではなく、右スリットから来たと誤って解釈することになる。もし、光子間の非局所的な相互作用を知らなかったら、あなたはESSWと同じように、その結果をボーム力学への打撃だと考えるだろう。スタインバーグの研究チームは、ボーム力学は矛盾がなく、正当化でき、ESSWの主張をもとに除外されることはないと主張している。

探査光子は、システム光子がスリットの近くにあるとき正しい偏光の値を示すが、ときどき、システム光子がＣＣＤカメラに到達した瞬間、探査光子の偏光が非局所性によって変化してしまう。つまり、「経路検出器」の最終的な値が常に同じ値であると考える場合にのみ、ボームの軌道は超現実的で、納得できないものである。それは、明らかに事実と異なる。

この見解はいまだ議論の的である（ボーム理論に異なるバージョンがいくつか存在するといった理由や、弱い測定について議論があるといった理由のため）。その一方で、スタインバーグのような人たちは、超現実的な軌道に完璧に理にかなった説明がつくという事実をもって、ボーム力学がコペンハーゲン解釈の有用な代案だと考えている。しかし先ほどの実験では、コペンハーゲン解釈を排除することはできない。

もちろん、同じ実験結果は標準的な量子論を使って予測可能である。「確実にどちらかを支持するようなものではない」とスタインバーグは言う。「このような実験のよいところは、人々にボーム解釈を思い出させることです。それを忘れてしまった人や、そもそも知らなかった人にね。その解釈に述べられていることを初めて聞いたときは奇妙に思えるけれども、これらの隠れた軌道は、実験室での測定が容易に想像できるものと、直接的なかたちで結びついています」

ボームが亡命の地であるブラジルから英国に渡るまでに何年もかかったが、彼のアイデアが先ほどのような実験の有効性や意味をもつものとして認識されるようになるには、さらに長い時間を必要とした。「ボームの解釈は十分に注目されなかったし、人々はそのことに気づいていません。私たちは……ほかのいろいろな解釈のなかの正しい位置に、ボーム解釈を戻したいと考えています」とスタインバーグは言う。

哲学者デイヴィッド・アルバートは、ボームの理論の受けた冷遇が当時の政権とは無関係ではないと考えている。「ボーム理論の評判にまつわる事情には、彼がそれを提案している真っ最中に、非米活動委員会の前で証言することを拒否し、米国から追放されたという事実が深く関係しています。ボーム理論に対する多くの評判は、そういう事情に結びついているのです」とアルバートは言った。「科学とは、まさしく人間の大事業であり、とりわけ量子力学の創成の歴史はその鮮烈な事例です」

コペンハーゲン解釈の興隆も、一八〇〇年代終わりから一九〇〇年代初頭にかけて文壇を巻き込んだ「表象の危機」に照らしてみることができるとアルバートは主張する。言語は、客観的実在を捉えることができるか？　これに、モダニズム文学はノーと答えた。視点をもてあそび、一つの世界観に内在する不確実性や曖昧さを浮き彫りにしたのだ。それは「知覚の世界をつくりもし、奪いもするという、観察者の役割に対する現代的な認識に触発された」ものであり、極端に言えば、「真の世界は存在しないという見解」につながった。「なぜなら、すべては『私たちに由来する視点依存的な外観』にすぎないのだからだ[24]」

「文学のモダニズムは、文学における表現の危機への反応と考えられます。物理学もまた、表象の危機を求めていたのです」とアルバートは言う。そして、危機が訪れる。量子物理学がこう主張するのだ。「この測定とあの測定の間に、粒子に起こったことについて、ゆるぎない客観的な真実を教えてくれるようなものなどない」

ボームの理論は、この見解とは確かに異なる。ゴールドスタインは、ボームの考えに関する不平不満が増大していることを十二分に感じている。「何十年も経てば、人々はもう少しまじめにボーム力学を捉えるでしょう」と、彼は言う。「それを口にすることさえできなかった時代がありました。異端の考えで、コペンハーゲン解釈と相容れなかったから。物理学にはある種の政治的な正しさがあったんです。ボーム力学に取り組んでいる物理学者のキャリアにとって、おそらくそれは、いまなお災いの種です。しかし、そういうことも変わるでしょう」

だが、ボーム派の実在主義者と同じくらい、非局所性理論に魅力を感じる者もいるし、それをまったく意に介さない者もいる。ボーム力学に光を当てる格好になった実験物理学者のスタインバーグでさえ、ボームの考え方には懐疑的だ。スタインバーグにとって問題なのは、ボーム力学が粒子のほかの特性よりも、その位置を特別扱いしていることだ。なにしろ、隠れた変数と関係する栄誉に浴するのは、位置だけなのだ。しかし、粒子のスピンや偏光はどうだろうか？　ボームの理論では、それらの扱いは異なり、位置と隠れた変数の間にあるような関係が許されていない。スタインバーグは「私は常にそれを不愉快に思っていると、認めざるを得ませんね」と言った。「量子力学を学ぶまで、私は位置が特別だなどと考えてはいなかったものでね。すべての種類の測定値において、一貫した取り扱いが存在するはずです。あなたの測定器が偏光を利用するなら、偏光に対応した別の隠れた変数が存在するはずなのです」

そうでないなら、ゴールドスタインは隠れた変数という最高位を位置に与えることを考える。「量子の測定で何が起こっているのかを完全に理解するために、具体化された観測値を追加する必要がないことは、大きな長所であると考えています」と彼は述べる。「位置は最高位に値するのです。いろいろな人が、ボーム理論の観測値をほかにも加えようと提案してきました。しかし、結果は散々。徒労に終わりました」

ゴールドスタインはボーム力学を強く支持する一方で、スタインバーグは正統な量子力学あるいはボーム力学のどちらかを越えるものを待っている。スタインバーグは言う。「量子力学を越える何かが発見されるという可能性に、とても惹かれます。量子力学は初めから完璧じゃなかったと言って、こうした問題を解決してくれるようなものを待っています」

英国オックスフォード大学の理論物理学者、ロジャー・ペンローズは、量子力学が不完全かもしれないと言うスタインバーグに同意する。「量子力学は暫定的な理論です」と、自宅で彼はそう話した。オックスフォード郊外の田園風の庭に腰を下ろして、ペンローズは重力（量子の世界を理解しようとする本書でこれまで無視してきたもの）には量子力学を修正することに関係する何かが（少なくとも修正が必要だと考える人々の心のなかには）あるとする理由を説明し始めた。そして、いつものように、二重スリットに関する議論から始まった。しかし、今度は、二本のスリットを通過する粒子の代わりに、ペンローズは同時に二つのドアを通りすぎる猫について話した。

第7章　重力は量子の猫を殺すか？

時空を系に追加した場合

ある学生が、午前中に一般相対性理論の、午後に量子力学の講義を受けたあと、こんなふうに結論しても、誰も彼を責められまい。この教授たちはまぬけだ、と。そうでなければ、二人の教授は、少なくとも一世紀は言葉を交したことがなかったのだ。[1]

——カルロ・ロヴェッリ

ロジャー・ペンローズにオックスフォード大学で面会することになっていたその日、彼は自宅にいなければならなかったそうだ。そのため、家に来るようにとの案内がきた。それには、二〇年近く前の新築祝いパーティーのゲストへ送った彼の手描きの地図が添えられていた。近所の様子が変わるたびに加筆修正された地図だ。オックスフォード近郊の彼が住んでいるところは精度が高く、縮尺はまちまちだが、十分に情報が盛り込まれていて、自宅の数百メートル以内は、道や家々が（マクロスケールからミクロスケールまでと、心の中で思った）大きく詳細に描いてある。地図には「素晴らしいブロックの玄関（私たちの家ではない！）」、「印象的な古い屋敷、でも私たちの家ではない」、「洗練されたブロックの玄関、でも私たちの家ではない」などの注意書きが示されている。そして彼の家は矢印で示され、「私たちの壊れた玄関」とあった。

話をすれば、手描きの絵が彼の好みであるとすぐにわかる。グラフィックスやアニメーションの洗練されたプレゼンテーションは行わず、いまだにオーバーヘッドプロジェクターを使っている。何枚ものシートを駆使して、一つの図柄を映し出したりする。各シートは慎重に描かれ、異なる色で注釈がついている。それを重ねたり、滑らせたりして、慎重に動かし、複雑な物語を紡ぎだす——生きていて同時に死んでいるという重ね合わせの猫などについて。

数理物理学者ペンローズは、一般相対性理論と宇宙論でよく知られる。特に既知の物理法則が破綻する場所、ブラックホールの内側やビッグバンで発生する、特異点についての研究は有名だ。そうした破綻が起きる理由の一つは、強力な重力場の物理学がミクロスケールの物理学と共存しなければならないからだ。大きな規模の重力理論である一般相対性理論が、量子力学に直面しなければならない。しかし、これまで重力は自然界のほかの三つの基本的な力とは異なり、量子化に頑なに抵抗してきた（電磁気力の量子は光子だが、重力の量子は観測されていない）。しかし、量子重力理論を追求する研究者たちは、相対性理論はこの争いで覇権を譲らなければならず、一方の量子力学はほとんどの部分を変えないままで存続できるとの見解で一致している。

しかし、ペンローズの考えは違っている。彼は「両者とも譲歩しなければならない」と言う。

「一方が勝って他方が負けるというわけでもあるまいし、公平な結婚のようなものでなければならない」。しかもペンローズに言わせると、この統合は量子力学の良くない部分を修復するという意味がある。「量子力学の難点は……まったく理にかなっていないことだ」と彼は言う。

ペンローズは少しためをつくったあと続けた。「私はここで権威に訴えるべきではない。そうでしょ」と彼は言う。「あなたは、両陣営の権威者を知っている」。しかし、アインシュタイン、シュレーディンガー、ド・ブロイ、ディラックたちまでもが、量子力学には何かおかしなところがあると感じていたと、彼は指摘した。シュレーディンガーは、感じていた不安をふくらませて、みずからの名前を冠した猫に仕立てた。私たちの古典的な感覚と明らかにかけ離れた思考実験である。

その馬鹿馬鹿しさを示すために、ペンローズはシュレーディンガーの猫の変形版を考え出した。いわく「より人道的なバージョン」だという。猫がある部屋にいる。そこには、別の部屋に通じるドアが二つある。どちらか一方のドアを開けるメカニズムがあり、それは量子力学的である。ペンローズは、ビームスプリッターを通過する光子を想像した。[2] もし、反射したら左のドアが開き、もし透過したら右のドアが開く、というふうに。すると、この系は「左のドアが開いて、右のドアが閉じている」ことと「右のドアが開いて、左のドアが閉じている」ことの重ね合わせの状態にある。猫はどちらかのドアを通り抜ければ、餌にありつく。しかし、両方のスリットを同時に通り抜ける二重スリット実験と違い、私たちの古典的な感覚では、猫が同時に両方のドアを通り抜けるとは思えない。しかし、「量子力学的には、正しい答えを得るためには、両方の選択肢が共存すると考えなければならない」とペンローズは言う。

この猫を量子力学的に扱うと、猫がある種の運動の重ね合わせで両方のドアを通り抜けるというような波動関数に行きつく。コペンハーゲン解釈によると、CCTVカメラによる猫の入室記録のような、測定行為と考えられる古典的な系との相互作用は、波動関数を収束させ、その結果、猫は二つのドアのどちらか一方を通り抜けることが明らかになる。量子力学に苦心するほとんどの物理学者と同様に、ペンローズも、波動関数を収束させるのに測定が不可欠であるという考え方は信じられないという。

この混乱を鎮める一つの方法は、量子的なものと古典的なものの間を明確に分けることである。つまり、猫は常に古典的な物体であり、量子力学的に扱うことはできないというものだ。ペンローズは数十年間、そうした区分は存在し、それは測定を必要としない波動関数の自発的な収束によって生じるという急進的な考え方をしていた。そうして、猫ほどの大きな物体が重ね合わせの状態にいられる時間が、古典的な状態へと崩壊するまでの一秒にも満たない短い間だけである理由を説明した。シュレーディンガーの猫について言えば、ペンローズの理論では、全体の系の収束が起こり、ほとんど間をおかずに猫は死ぬか、生きるかのどちらかである。

この解には重力が含まれ、古典と量子の境界がどこに見つけられそうかについて大まかに予測することができる。「量子力学が重力に与える影響でなく、重力が量子力学に与える影響を考える必要があるのです」と彼は言った。

かなり肌寒いイギリスの午後、庭のデッキに置かれた木のテーブルについたペンローズは、眼鏡をはずしてテーブルに置いた。眼鏡は質量をもち、一般相対性理論によれば質量をもつものはその周辺の時空を歪める（または湾曲させる）。重力とは時空の湾曲であり、物体の質量が大きいほど、その湾曲は大きくなる（ブラックホールは時空をへこませるが、眼鏡はそれほどではない）。しかし、眼鏡が二つの場所に存在するという、重ね合わせの状態にあるとしたら、とペンローズは眼鏡を前後に動かして説明した。一つの場所の眼鏡はある方向に時空を歪め、二つ目の眼鏡は別の方向へ時空を歪めるだろう。「そうすると、二つのわずかに異なる時空の重ね合わせが生じるわけです」と彼は言った。そしてペンローズが言うには、もしこの質量による位置のずれが大きければ、ただちに重ね合わせを破壊するほど不安定な状況になる。

ペンローズは、異なる二つの場所に存在するという重ね合わせにある、小さな物質の塊を用いる実験を考えなさい、と言った。「この重ね合わせは、計算可能な時間スケールで自発的に一方、あるいはもう一方の状態になりますよ」

ペンローズによると、二つの時空の重ね合わせは、彼が「水ぶくれ《ブリスター》」と呼ぶ四次元の時空の体積を形成する。その「水ぶくれ」が、四次元——空間の三次元（一プランク長さはおよそ10^{-35}メートル）と時間の一次元（一プランク時間はおよそ10^{-43}秒）からなる——で一プランク単位へ成長すると、この重ね合わせは二つの状態のうちの一方へと自発的に収束する。

彼の眼鏡では、時空の「水ぶくれ」は一プランク時間よりはるかに短い時間で形成される。「それは瞬間的なのです」とペンローズは言った。そういうわけで、私たちが状態の重ね合わせにある巨視的な物体を見ることは決してない。しかし亜原子粒子にとって、そのような時空の「水ぶくれ」が一つの状態あるいは別の状態へと収束するには、永遠と言ってもいいほど長い時間がかかるという。「宇宙の年齢ほどの時間、ということもあるでしょう」

ペンローズは、二つの時空構成が重ね合わせにあったときに起こることについて、ほかの考え方も用意している。再び彼の眼鏡を取り上げよう。眼鏡は重力自己エネルギーと呼ばれるものをもっている。これは、ほかの力が存在しなかった場合、この系を眼鏡に似た形状にまとめるために必要となるエネルギーだ。これはもちろん、ペンローズの眼鏡に限らず、すべての物体に当てはまる。今、もし眼鏡が二つの場所に存在するという重ね合わせにあるとすれば、この系の重力自己エネルギーに関して不確実性が存在する。そして、ペンローズはハイゼンベルクの不確定性関係の一つを用いる。この不確定性関係とは、エネルギーと時間の長さの同時測定に関係しており、系のエネルギーを正確に知れば知るほど、時間は不確実になり、その逆も同じである、というものだ。この不確実性関係を、重ね合わせにある系の重力自己エネルギーの不確実性に適用することにより、ペンローズは、重ね合わせが二つの状態のうち、どちらか一方に収束するまでの、安定に存在できる時間を見積もった。大雑把な話であることを認めたうえで、ペンローズは「いつ起こるのか、どちらに収束するのかについては何も言えないが、見積もることはできます」と言う。

重力が波動関数の収束に重要な役割を果たすに違いないという、自分の考えをペンローズが確信すればするほど、量子力学の根本を探索する物理学者や哲学者の反応は冷ややかだ。それはおそらく、ペンローズが量子力学の修正――特に、シュレーディンガー方程式に従って波動関数が進化する様態への修正――を提案しているためであろう。重力が引き起こす波動関数の収束は、美しい描像を台無しにする。しかしその一方で、量子と古典との間の境界が存在するわけを説明する。

ジョン・ベルは、この境界――不明確であるが、確実にコペンハーゲン解釈に内在されている――が非常に問題であると常に思っていた。結局、いわゆる古典的な測定装置も原子と分子から構成されているのだ。それらの粒子は、単体では量子的なものと考えられるが、数えきれない原子や分子の集合体では、あるところから古典的な物体になってしまう。ベルは、二つの世界の境界を「狡猾な分かれ目[3]」と呼び、それに異議を唱えた。ペンローズの研究は、波動関数の進化のエレガントさを台無しにしてしまうが、そもそもこの境界が存在する理由を与える。

ペンローズは、量子力学を修正することに人々から異論が出るのを不可解に思っている。彼は、ニュートン力学は量子力学よりもずっと長く持ちこたえていると指摘する。「かつて人々は、ニュートン力学が永遠に有効であると信じきっていた」とペンローズは言う。しかし、実際はそうではなかった。そしてそれは、どれほど測定のパラドックスに悩まされなかったとしても同じことである。「だから、私は人々がなぜそれほど［量子力学を］確信しきっているのかわからないのです」

重力による波動関数の収束は、観測問題に対する、より一般的な解の一例と考えることができる。一九八六年、ペンローズや、ハンガリーの著名な物理学者ラヨシュ・ディオシ（ペンローズよりほんの少し早く同様のアイデアを思いついた人物）などが重力の役割についての考え方を定式化していたのと同じころ、ジャンカルロ・ギラルディ、アルベルト・リミニ、トゥーリオ・ヴェーベルが、量子力学を修正する別の方法を思いついた。[4] [5]

その理論はＧＲＷと呼ばれ、粒子の波動関数の進化の様態を変えるものだ。ＧＲＷは、シュレーディンガー方程式に完全に支配されるとするのではなく、ランダムに収束を起こす要素を、波動関数のダイナミクスに付け加える。しかしこの場合、収束は、重力（ディオシ＝ペンローズの場合）や、測定（コペンハーゲン解釈の場合）によって誘発されない。そうではなく、それは自発的なもので、自然界の基本的な特徴であるとする。それは、粒子の波動関数を、広がった状態から局所的な状態にする。数学的には、広がった波動関数は――粒子が同時に多くの異なる位置に存在し得るという状態は――ほかの関数と掛け合わされる。この関数は、すべての物理学的な位置でほとんどゼロであるが、ある位置ではっきりとした急峻なピークが立ち上がる、というものとする。この掛け算の最終結果は波動関数を収束させることであり、粒子を時間的また空間的に、ある一点に局所化させる。

量子力学と同じ予測をするためには、GRWは二つのことを満たさなければならない。一つは、そのような自発的な収束がそれぞれの粒子にとって極端にまれであり、そのため、あらゆる測定可能な時間幅で、重ね合わせの状態のままであるということ。二つめは、たとえば猫をつくり上げるような規模の粒子の大集合では、波動関数の収束はほぼ確実であり、そのため、猫は常に巨視的には一つの状態で見出され、重ね合わせの状態にはないということ。GRWの最初期のバージョンで示して見せたのは、一つの粒子がおよそ一億年かけて収束し、一方でおよそ10^{20}個の巨視的な物体がほとんど瞬間的に（数十ナノ秒以下。しかしこの見積もりは変化する）収束するように理論を組み立てる方法だった。

量子力学への変更を行うときの常だが、人々はGRWモデルに欠陥を見つけ、ほかの人々がその欠陥をさらなる微調整で修正した。たとえば、GRWモデルは、同一の特性をもつ粒子の大規模な集合（たとえば、個々を区別できないような電子の集団）の扱いがうまくない。自発的な収束のほかのバージョンは、この問題を解決する。そしてもちろん、GRWモデルのパラメーターは、事後的に自ら微調整して実験結果に合わせられる。これに批判家たちは悩まされる。それにもかかわらず、これらのすべてのモデルの背後にある基本的な考えはやはり同じ――測定なしに自発的に収束する波動関数である。「収束は、単位あたり一定の確率で、ランダムに、あらゆる粒子に発生し、いつでも起こり得る」とGRW理論を好んだ哲学者デイヴィッド・アルバートは述べた。「測定や、そのたぐいのことについて話題にする必要はまったくない。これらの言葉を使う必要もない」

ジョン・ベルでさえ、GRWに初めて出会ったとき、感銘を受けた。「一般的な理論における、あらゆる厄介な巨視的な曖昧さは、GRW理論では束の間のことにすぎない。猫は一瞬以上の時間、死んでいて生きてもいるという状態でいられない(6)」と彼は書いた。

ベルにとってより重要なことは、収束の理論が収束の根拠を示す数学を備えていることだった。ベルはこう言った。この理論には「ある種の長所がある(7)……それは不明瞭な言葉を本物の数式で置き換えようとする、誠実な試みだ。無駄話をする必要のない数式、ただ計算して、その結果を真面目に受け取れる方程式に(8)」。

実験物理学者には、それを厳密に行っている人たちがいる。それがペンローズの理論あるいはGRWのような理論であるかどうかにかかわらず、彼らはみな、量子と古典の間の境界がどこにあるかについて、検証し得る予測を立てられると考える。そして、たとえ予測された境界が今の実験で及ぶ範囲を超えているにしても、ウィーンの実験物理学者マルクス・アーントはそれを探さずにはいられないようだ。彼は(光子や電子、原子なんかより)もっと大きな分子を、二重スリットのいくぶん複雑なバージョンに送り、それらを干渉させる実験を行っている。ある大きさの分子がそのサイズのために干渉しないと決定づけられれば(これは同時に二つの経路をとるコヒーレントな重ね合わせ状態でいられないことを意味する)、自然界の境界線を発見したことになるだろう。今のところ、同時に二つのドアに立ち向かい続ける史上最大の「シュレーディンガーの猫」で研究していると、アーントは満足げに主張する。

シュレーディンガーの猫とは、複数の状態の重ね合わせを維持できる巨視的な物体のコードネームだ。アーントにとって、自身が研究する分子はまさにそれである。アーントの分子は、いちばん小さな猫のサイズにも遠く及ばないが、陽子一万個相当の質量があり、二本のスリットを通る重ね合わせが確認された、もっとも大きな巨視的な物体である。「私は、もっとも大きなシュレーディンガーの猫を見つけたと思ってます」とアーントは冗談半分に話した。シュレーディンガーの猫と見なされるためには、量子系が「本当に巨視的なものでないといけませんし、少なくとも猫ぐらい温かくて、生体分子を含んでいるべきです」。アーントが重ね合わせの状態にした物体は確かに巨視的であり、生体分子を含んでいた。しかし、室温にいる猫とは違い、実験上の理由からアーントの分子は非常に高温だ。「本当の猫なら、とっくに死んでますよ」と彼はふざけた。

こうした実験にアーントが興味をもつようになったのは、パリのエコール・ノルマル・シュペリウール（高等師範学校）でジャン・デリバールにポスドクとして師事したときだった（デリバールは一九八〇年代に学生だったとき、ベルの不等式の検証についてアラン・アスペと研究を行ったが、彼自身も特にレーザーや磁場を用いて原子を一定の場所に閉じ込めるといった重要な研究を行った）。このパリの研究チームは、セシウム原子を用いて、物質と波動の二重性に関するド・ブロイの考え方の妥当性を示した。

アーントは、アントン・ツァイリンガーとポスドク研究を続けた。最初はオーストリアのインスブルックで、その後、ツァイリンガーとともにウィーン大学に移って。そして今はボルツマンガッセで自身の研究室をもっている。アーントのグループは多くの実験を行っているが、とりわけ量子力学の基礎に関する疑問の研究には、分子干渉法が関わっている。それは、大きな分子とナノ粒子を用いる、先端的な変形版二重スリット実験を行うものだ。ツァイリンガーは若い頃、一個の中性子を用いる二重スリット実験を行う研究チームの一員だった。中性子は、一九七〇年代に検証されたなかでは最大質量の粒子だった。そのうち、物理学者たちは、原子が状態の重ね合わせになることができ、干渉を起こすことを示すようになった。一九九一年には、ドイツのコンスタンツでユルゲン・ムリネクの研究チームが、一マイクロメートル幅のスリットを八マイクロメートルの間隔で二本並べたものにヘリウム原子を送り、原子が干渉することを確認した[9]（原子干渉の例はたくさんある。ほかの著名な研究者には、原子が格子で回折されることを一九八三年に示したMITのデイヴィッド・プリチャード[10]や、一九九二年にネオン原子で行った二重スリット実験を報告した東京大学の清水富士夫[11]がいる）。それ以来、分子へと対象が変わり、もっとも大きなシュレーディンガーの猫の首に鈴をつけるのは誰なのか、レースの様相を呈している。

分子を干渉させるうえで重要なことは、実験中に迷い込んできた粒子に分子が当たらないようにすることである。実験対象の分子は、光子や電子、あるいは空気の分子と相互作用すると、環境ともつれてしまう。コヒーレンスの状態でスタートしても、デコヒーレンスを起こしてしまう。「そうなると、私には、どちらの経路をとったかという情報を検出することはできません。環境がそれを検出するわけです」とアーントは話す。原理的には、環境に経路情報が存在するだけでも、十分に重ね合わせを混乱させ得る。したがって、デコヒーレンスを避ける最良の方法は、真空槽の中ですべての実験を行うことである。

一九九九年、ツァイリンガー、アーントの研究チームは、六〇個の炭素原子からなる大きな分子を用いて、マルチスリット実験を初めて行った[12]（この炭素分子は、一九八五年に発見された安定な分子で、バックミンスター・フラーが考案したジオデシック・ドームと同じ三次元構造をもつことから、バックミンスターフラーレン、あるいはバッキーボールと呼ばれる）。バッキーボールは直径およそ一ナノメートルで、毎秒二〇〇メートルの速さの分子ビームとして飛ぶとき、粒子の波長とその運動量を関連づけるド・ブロイ方程式によれば、その大きさのおよそ三五〇分の一の波長をもつ。物体の質量が大きくなればなるほど、ド・ブロイ波長は小さくなる。これが、日常目にするような物体では波の性質が観測されない理由の一つである。しかし量子力学によれば、そんな物質でも、一度に分子一個が二重スリットを通過すれば、波の性質が現れるはずである。ツァイリンガーたちは、バッキーボールが実際に同時に二つの経路をとる重ね合わせになり、干渉することを明らかにした。

アーントはすぐに強調した。こうした実験で観測された干渉は、単一光子の実験と同様で、単一分子のレベルでの量子力学的効果である、と。分子は、その質量中心に対する波動関数で記述することができる。空間の異なる点での波動関数の振幅から、そこで分子を発見する確率を計算できる。時間の経過とともに干渉縞が浮かび上がるようにするには、二重スリットを通過するそれぞれの分子がほかの分子と似た波動関数をもたなければならない。そうでなければ、干渉縞は曖昧になるか、まったく出現しない。

光子や電子や中性子に、似たような波動関数をもたせることは比較的簡単である。しかし、分子となると、そうはいかない。すべての分子を同じ速度で同じ方向に動かさなければならないのだ。これは大変な作業だ。気体の原子とは違い「分子は飛びたがらないですから」とアーントは言う。分子は何らかの表面や互いにくっつくことが多く、放射源から二重スリットやその先へはなかなか行かない。

分子を放射源から放すためには、分子を加熱するか、発射しなければならないが、その内部の熱エネルギーによって干渉が起こらなくなってしまってはいけない。そうしたことを守りながら、実験対象の分子を大きくしていくと、チームは本腰を入れて化学に取り組み、独自に分子を設計しなければならなかった。つまり、各分子を構成する原子同士の結合は安定しているが、分子同士は互いに引き合わない、「粘りけ」のない分子をあつらえたのだ。これまで研究チームが多重スリットを通過させた最大の分子は、とんでもなく巨大だ。二八四個の炭素原子、一九〇個の水素原子、三二〇個のフッ素原子、四個の窒素原子、一二個の硫黄原子からなる特注分子だ。[13] 一個の分子に、八一〇個の原子が含まれ、分子量は一万一二三である。スイスのバーゼル大学のマルセル・マイヨールの率いる研究チームが合成した。フッ素の割合が大きいおかげで、テフロン被膜のような、分子同士がくっつくのを防ぐ効果をもつ。

この分子が放射源を飛び出すとき、猫を殺してしまうほどの高温、摂氏二二〇度近くになる。猫であれ分子であれ、課題は巨視的な物体の波動関数を状態の重ね合わせにすることである。この場合、個々の分子の波動関数をそろえるために、まず、分子ビームを垂直方向と水平方向の両方で絞り込む必要がある。それには、分子が出てくる開口部を狭くし、およそ一〇〇〇万個の分子のうち一つが通るようにすればいい。しかし、分子は細いビームの中を進んでいても、それぞれ速度が非常に異なっているかもしれず、そのため波動関数がそろっていない可能性がある。そこで、分子をさらにフィルターにかける。分子は、異なる距離、異なる高さに置いた三本の細いスリットを通過するようになっていて、これらを通過した分子の軌跡が放物線を描くようになっている。ボールを投げるところを想像しよう。ボールは弧を描いて飛んでいくが、その弧の形はあなたが投げたボールの速さで変化する。逆に言えば、ある形の放物線（弧）を描くボールはすべて同じ速度である。アーントらは、この単純な事実を利用した。三本のスリットを巧みに調整し、そこを通ったすべての分子が同じ放物線を描くようにした。つまり、三本のスリットから出てきた分子が同じ速度になるようにしたのだ。こうして彼らは、近似した速度（誤差約一〇〜

一五パーセント以内）――つまり、近似した波動関数をもつ――絞り込まれた分子のビームを手に入れた。
ほかにも大きなハードルがあった。これらの分子を干渉させる段階である。粒子が両方の経路を通るという重ね合わせになるためには、その波動関数が二つのスリットにまたがるほど広がっていなければならない。光子や電子といった粒子なら、研究室の実験台の上のような距離は問題にならない。しかし、分子となると話は違ってくる。分子の波動関数にとって、それは実験ができなくなるほどの長い距離なのである。そのため、アーントの研究チームは、トリックをうまく使った。彼らはまず、列にした、非常に細い単一スリット群に分子を通した。すると、各スリットで回折が起こり、波動関数がそれぞれのスリットの反対側に急速に広がる。そして、その波は、それほど遠くないところに設置した多数のスリットをもつ格子に到達するころには、少なくとも二本のスリットに同時に到達できるほど広がっていて、重ね合わせの状態に入る。ここで議論しているものがどれほど小さいかを理解してもらうために言うと、二本のスリットの幅はわずか二五六ナノメートル（人間の毛髪の一〇万分の一）である。分子が確実にスリットに衝突できるようにするため（分子を任意の一点に正確に導く方法は存在しない）、研究チームは、直径一ミリメートル（スリット約四〇〇〇本分の幅）の分子ビームで多重スリット格子を照らす。すると、いずれかの分子の波動関数が、四〇〇〇本のうちの隣り合う二本のスリットに当たる。その分子からみれば、これは二重スリットを通過することになるのだ。

最後の課題は、分子が二重スリットを通過したあと、どこに到達したかを検出すること。光子であれば、これは比較的簡単である。写真乾板は衝突したことを記録できる。分子は、光子と比べると、のろまな獣のようである。「分子は、スクリーンの表面に当たると、その上を転がり始め、そうなると、干渉縞が不鮮明になってしまう」。アーントは言った。「そのため、分子が当たったところで、それをしっかり捉える必要があります」

つまり、分子を当たったところに捕捉できるように、スクリーンの表面を特別に設計する必要がある。研究チームの考え出した解決策は、再構成シリコンと呼ばれるものだ。表面に化学結合がむき出しになった高純度のシリコンのことで、たとえるなら、分子を捉えようとたくさんの腕が待ち構えているようなものだ。巨大な分子が、このシリコンの表面に当たると、それと結合する。時間が経つにつれて、これらの分子はシリコンのスクリーンのさまざまな場所に積み上がっていく。

しかし写真乾板とは違い、分子でつくられたパターンは眼に見えないため、アーントの研究チームは、走査型電子顕微鏡を使って表面を調べる必要があった。そして彼らが見たものは、干渉縞だった。明るい縞に相当する、分子が集まった領域と、暗い縞に相当する、分子がほとんどない領域が見られたのだ。

この分子が互いに干渉していないことは強調すべきところだ。これは単一の分子の干渉である。標準的な量子力学の説明では、個々の分子は同時に二つのスリットを通過するという重ね合わせとなり、これら二つの状態が干渉した結果、分子は明るい縞に相当する場所へ進み、暗い縞に相当する場所へは行かないのである。

「これは、量子物理学の不気味さが真に迫る形で現れた例です。同時にさまざまな場所に存在するかのように振る舞う物体を、目にすることができるわけですからね」とアーントは言った。「もちろん、少なくとも心理的には、まだまだ直感と相容れなくなりますよ。物体がもっともっと大きくなり、内部がさらに複雑になれば、ね。こういう疑問にもつながってきますから――なぜ、私は同時に二つの場所にいないでいられるのか？」

ここで起こっていることを語るのに曖昧な言葉が必要になるのは致し方ない。分子は粒子であり、個々の「もの」であるけれども、この実験では、物質のド・ブロイ波長だけでなく、それぞれの分子の波動関数、そして波動関数の広がりを認めなければならない。分子を、波動関数が両方のスリットを通過する一方で、実際の軌道をもつ実在する粒子として扱う点には、ボーム学派のにおいを感じる。

「正直なところ、もしこれらの物質波に注目するのなら、時折、あなたはボーム学派のように考えるというわけです。そうしないでいるのは、なかなか難しいのです」とアーントは言う。「私たちは干渉計を記述するとき、常に粒子全体のことを考えます。その質量や、電気的な性質、内部の力学などといったことをです。粒子は、格子と相互作用するときはいつも、完全な粒子として存在しながら、どういうわけかいくつかのスリットに関する情報をもっているに違いないので

す。この状況では、粒子を導くパイロット波が存在すると考えるほうが、より直感に沿っていま
す。ボーム理論にもっともよく合致します」

しかし、ボーム学派の言葉で考えることは、ウィーン学派の流儀とは異なる。「ウィーン学派には、ド・ブロイ＝ボーム力学の役割を尊ぶような伝統はありません」とアーントは言う。驚くことでもないが、量子力学のウィーン学派の長老、アントン・ツァイリンガーは、ニールス・ボーアとコペンハーゲン学派の流れをくむ、筋金入りの非実在論者だ。

アーントは急いでこう指摘する。自分は、物質波に対してはボーム学派の言葉で考える傾向があるが、分子の内部状態の力学については、測定するまでこれらの状態は存在しないとする非実在主義である、と。それに、彼が本当に追及しているのは、量子と古典との間に境界線があるかどうかを明らかにすることである。それは、ペンローズの重力収束論や、GRW収束論の多くの特性のいずれかによって予測されているが、残念ながら、どちらも簡単に確認できるものではない。アーントは、GRW理論の初め頃のことを回想する。当時、分子干渉計が収束を確認することができる、したがって量子と古典の間の境界を10^9（一〇億）原子質量単位の分子に見つけられると考えられていた。実験物理学者は、この説の検証を夢見た。その後、理論物理学者たちが目標をおよそ10^{16}原子質量単位に修正し、それを反証するのが極めて困難になった。アーントは言う。

「理論物理学者のやり方はシンプルですよ。パラメーターを変えられるんですから」

しかし、実験物理学者のやり方はシンプルとはいかない。分子は大きくなるにしたがって、動

きがどんどん鈍くなっていく。そうでなくても、大きな分子のド・ブロイ波長は短くなりすぎて、干渉を起こさせるためにはスリットの幅を実現不可能な細さにしなければならなくなる。そして、たとえ分子をゆっくりと飛ばす方法が見つかったとしても、別の問題に直面する。分子の移動速度が遅くなると、二重スリットを通過する時間が長くなり、分子が長い時間を飛行するようになると、地球の自転が問題になり始めるのだ。分子は真空中を、ほかのものと完全に切り離されてまっすぐに飛行する。この飛行時間が数秒以上になると、真空槽や格子が地球の自転によって動き、その結果、飛行する分子の軌道と装置の間にずれが生じてしまう可能性がある。

アーントの計算では、10^8原子質量単位までの分子を使って実験できるという。現在の記録のおよそ一万倍である。彼らは、およそ10^7原子質量単位に相当するタバコモザイクウイルスなど生体試料を使って実験を行っている。それは「理論的に、実験室で行える範囲のものです」とアーントは言った。しかし、ウイルスは協力的ではなかった。「ウイルスを飛ばすのにいろんなことをやっていますが、そのたびにウイルスは粉々になってしまってね」

さらに大きな質量で実験する方法の一つは、金属あるいはシリコンのナノ粒子を用いるやり方である。大きな粒子を用いる実験は、地球の重力の影響を取り払う必要があり、そのため、宇宙空間（非常に費用がかかる）か、より現実的には落下塔で行う必要がある。落下塔は、ポンプで空気を抜いて空気抵抗のない自由落下を可能にした塔で、宇宙空間によく似た状況を数秒間つくりだせる。そのような実験のために、ドイツ・ブレーメンに高さ一四六メートルの塔が建設された。[14] 原理的には、二重スリット実験に必要なものを真空槽に入れて密封し、落下塔のなかを自由落下させられる。およそ四秒の落下時間、飛行する分子を含む実験装置は地球の重力の影響を受けないため、両者の間にずれが生じることはない。

そのような実験によって収束理論を確かめるのは、いまだ夢物語のままだが、アーントは、ペンローズやGRW理論で予測されるよりも小さな質量で確立された量子系の進化に、修正を加えることを除外していない。「私のなかの実験物理学者がこう言います。『誰にわかるってんだ？』と。モデルは賢い人々によって作られますが、それが真実かどうかは誰にもわからない。予測よりもずっと手前で何かが起こるということも、十分あり得ます。誰にもわからない。だから、とにかく実験をして、何が起こるかを確認すべきなのです」

もし、何も起こらないのなら（つまり、分子が重ね合わせの状態を維持し、そのコヒーレンスが保存されるのなら）、少なくとも実験で調べられている質量のスケールに、量子と古典の境界は存在しないということだ。一方で、「もしコヒーレンスが保存されなければ、それは大発見です」とアーントは言う。「いずれにしても、やった者勝ちです」

古典的な二重スリット実験を大きな分子で行うことは不可能だとわかるかもしれない。特に、ペンローズ理論で予測される質量の範囲で、収束の証拠をつかめるくらいに大きな分子ではそうだ。しかし、実験装置の要素が状態の重ね合わせになっているとすれば、どうだろう？　マッハ＝ツェンダー干渉計で、一つの光子が二つの経路のうちのどちらかを通るということに加え、干渉計内の鏡の一つを非常に小さくし、鏡が二つの位置に存在するという重ね合わせにできたら、どうなるだろう。二重スリット（これまで、巨視的で古典的で、測定器と一体のものと考えてきた）に置き換えて言えば、そのスリットの一つを、二つの位置の重ね合わせにすることと同じである。これは干渉計を通る光子に、非常に奇妙な影響を及ぼすだろう。一度に二本のスリットに直面するだけでなく、そのうちの一つがまるで二つの異なる位置にあるかのようなのだ。ペンローズの収束理論を検証するうえで、この種の干渉計が理想的であることがわかってきた。

オランダの実験物理学者ディルク・バウミースターは、一〇年以上にわたってそのような実験に取り組んでいる。実験のアイデアはペンローズ自身が最初に提案していた。バウミースターは、オランダで博士論文に取り組んでいたとき、電磁気学のマクスウェル方程式のある解に興味を引かれた。光は密集して振る舞うというのである。彼は、自分の研究していたものがツイスター理論（ペンローズの理論物理学に対する代表的な貢献）と関係が深いことに気がついた。ツイスター理論では、自然界でもっとも基本的なものは粒子でなく光線（＝ツイスター）である。ペンローズが講演のためにオランダに来たとき、バウミースターはまだ学生だった。講演のあと、バウミースターはツイスター理論について議論しようとペンローズをつかまえた。帰り支度をしていたペンローズは、空港まで一緒に行こうと提案し、彼らは道すがら議論した。たまたま「その日はひどい天候で、飛行機が遅れたのです。おかげで、私たちはちょっと長く話ができました。それが彼との出会いです」とバウミースターは私に話した。

そうしたやりとりがきっかけで、バウミースターはオックスフォード大学のポスドクに申し込んだ。ツイスター理論をオックスフォードで学んだ一年後、量子テレポーテーションと量子もつれについてツァイリンガーと研究するため、オーストリアのインスブルックへ移った。その経験を手にして、バウミースターはオックスフォードに戻り、自身の量子光学研究室を構えた。二度目のオックスフォードで研究に励んでいたある日、ペンローズが研究室にやって来てこう言った。

「これがわれわれが必要としていた研究だ」

それはまったく奇妙な代物だった。ペンローズの計画では、三機の人工衛星を使い、宇宙空間で干渉実験を行うという(15)。まず、衛星AでX線の光子をビームスプリッターに通す。光子は、反射される状態と透過する状態の重ね合わせになる。反射された光子は、約一万六〇〇〇キロ離れた別の衛星Bへ送られる。透過した光子は衛星Aの小さな鏡に向かう。この鏡はカンチレバー(片持ち梁)に取り付けられており、何かが当たれば動くようになっている。鏡はとても小さく、X線光子は大きなエネルギーをもつため、光子が鏡に衝突し直角に反射される際、鏡をわずかに動かす。この光子は衛星Cに送られる。衛星AとBの距離、AとCの距離は等しい(人工衛星BとCをつなげて一つにするのはたやすく、費用を安く抑えられる)。

量子力学によれば、光子は二本の経路を進む重ね合わせにある。単にそれだけでなく、小さな

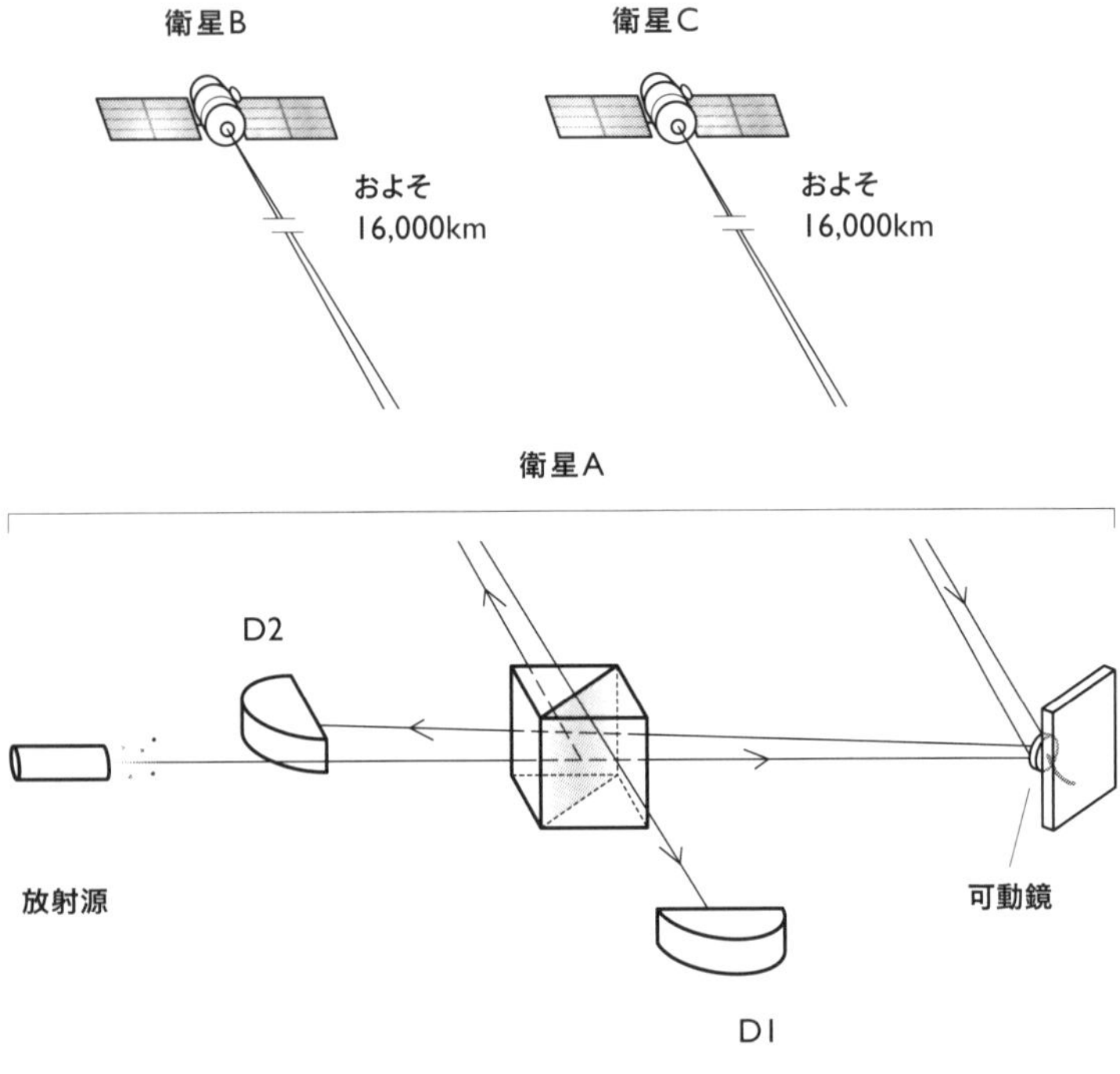
衛星B
衛星C
およそ
16,000km
およそ
16,000km
衛星A
D2
放射源
可動鏡
D1

鏡もまた、ずれていない状態とずれている状態の重ね合わせである。そのずれの大きさはわずか10^{-13}メートルで、原子核と原子の大きさの中間くらいに当たる（鏡とカンチレバーの種類によって、ずれの大きさは多少異なる）。

この光子は、二つの衛星BとCに到達したのち、各衛星にしっかりと備え付けられた鏡で反射して衛星Aに戻ってくる。衛星Bで反射した光子は、ビームスプリッターに戻ってくる。一方、衛星Cで反射した光子は、ビームスプリッターの前に、前回反射したときに位置がずれた鏡に再び当たる。衛星同士の距離とカンチレバーの硬さは適切に調整されていて、光子が戻ってくるのとぴったり同時に、可動鏡がもともとの位置になるようになっている。鏡の運動量は光子へと移動し、光子はビームスプリッターに向かってまっすぐ反射される。鏡は静止した状態に戻る。

この二つの光子の経路は、衛星BとCから反射した光子が厳密に同時にビームスプリッターに到達するように設計されている。そのため、光子が両方の経路をとるという重ね合わせのままであるならば、二本の経路は建設的干渉を起こし、光子はビームスプリッターから検出器D1へと向かう。重要なのは、光子は検出器D2へは決して向かわない。なぜなら、そちらは破壊的干渉を起こすからだ。

ここまで読んで、マッハ＝ツェンダー干渉計で見た干渉を思い出したのなら、すばらしい。これは、違うやり方で、光が干渉を起こす二本の経路をつくっているのである。この特別な設計はマイケルソン干渉計（それにペンローズによる小さな変更――可動鏡が加わっている）と呼ばれている。

では、なぜわざわざこのようなことをするのだろうか？　なぜ宇宙の衛星まで持ち出したりするのだろうか？　一つには、宇宙の真空では、光子や鏡と無関係の粒子との衝突や、デコヒーレンスを導く相互作用、重ね合わせの損失といったことが起こる可能性が非常に少ないからだ。また、衛星間の極めて長い距離によって、光子は長時間にわたって重ね合わせのままになる。この長い、いわゆるコヒーレンス時間は、ペンローズの考えを検証するために不可欠だ。

ペンローズによると、小さなサイズの可動鏡は、光子が検出器D２へ行くかどうかについて、大きな違いをもたらす。光子が衛星ＢとＣに向かうという重ね合わせにあるとき、鏡はずれた状態とずれていない状態の重ね合わせにある。ペンローズの重力収束理論では、鏡は質量が大きければ大きいほど、どちらかの位置へとすみやかに収束する。

光子がビームスプリッターに戻り、どちらかの検出器に当たるまでの間に、収束は決して起こらないとしよう。その場合、光子は二本の経路をとったというコヒーレントな重ね合わせに戻り、検出器Ｄ１に当たる。

しかし、光子が検出器に到達する前に、鏡の量子状態が収束していたら、光子もどちらか一方の経路へと収束する。それは鏡と光子の波動関数がもつれているからであり、それらの運命は互いに結びついている。光子が移動しているときに、そのような収束が起こると、光子はどちらか一つの経路をとってビームスプリッターに向かい、両方の経路を取る重ね合わせにはならない。

光子は粒子のように振る舞い、干渉は起こらない。そのため、光子は等しい確率でD1とD2に到達する。

任意の質量の鏡に対し、この実験を一〇〇万回繰り返し、光子が常にD1へ到達したなら、鏡は決して収束しなかったと言える。しかし、半分の光子がD2に到達するなら、鏡は各試行のたびに収束したことになる。これを用いれば、重力による巨視的な物体の収束についてのペンローズの説を検証することができる。そして、収束を起こす質量を明らかにできる。

ペンローズがバウミースターの研究室にやって来たとき、ペンローズは宇宙空間でのこの実験を実現しようと夢中だった。彼はNASAに知り合いがいて、うまくいくものと思っていた。[16] バウミースターは議論を地球に戻さなければならなかった。「私は最初、こう反応しました。研究すべき興味ある問題であるけれども、私の専門は光学ですよ。光学台に合わせて設計ができるか考えてみましょう、とね」

才能あるポスドクのクリストフ・サイモンと、優秀な博士課程の学生ウィリアム・マーシャルに手伝ってもらい、彼らは解決策を見つけた。二〇一七年、カリフォルニア大学サンタバーバラ校の研究室で、バウミースターは二〇〇一年に撮影された光学実験台の前に立つ四人の写真を見せてくれた。「これが私です」と若い頃の姿を指さした。そしてペンローズを指して、「ロジャーは変わらない。私は変わりましたが」。実際、写真が撮られてから一五年以上して、私はペンローズと会ったが、そのときとぜんぜん違わないように見えた。

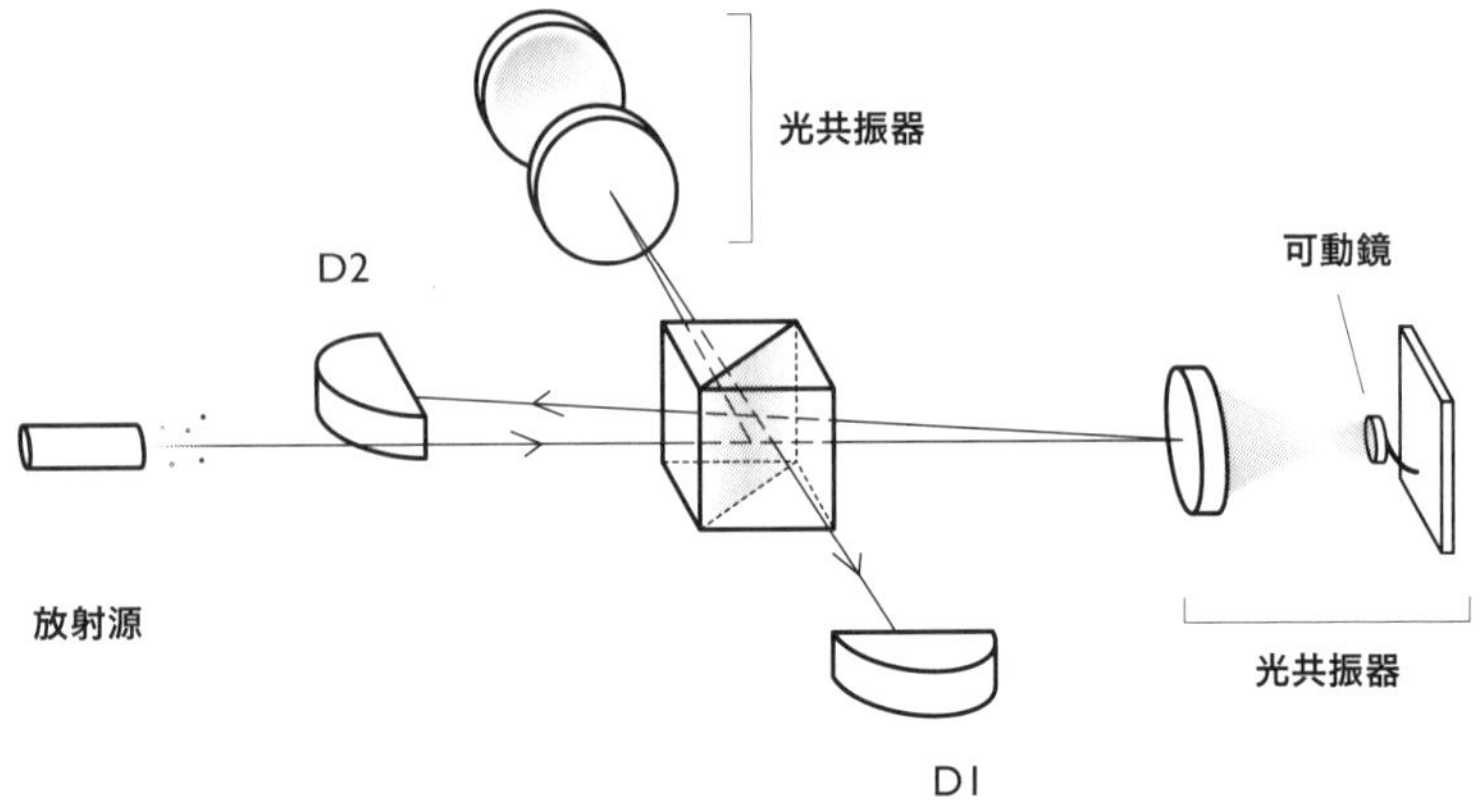

地上の光学実験台で実験を行うために、解決しなければならなかった問題は、宇宙空間で行うことでペンローズが解決した問題だった。可動鏡の重ね合わせが収束するのを確認できるくらい長い時間にわたって、光子を重ね合わせの状態にしておく方法だ。地球では、光子をしばらくの間保持しておいて、そのあとで干渉計に戻し、ビームスプリッターへ送る必要があった。一つの方法は光子を光共振器に閉じ込めるというもの。光共振器では、中に入った光子が二つの高精度な凸面鏡の間を往復し続け、ランダムに漏れ出てくる。これである程度の間、光子を保持しておくことができる。

つまり、光子の衛星BとCへの移動を、二つの光共振器で再現できる。各共振器で、しばらく光子を保持すれば、光子が一万六〇〇〇キロを移動しているかのようになるというわけだ。光子の経路の一部を可動鏡に置き換えた光共振器は、すこし変わっていて、一方の鏡が小さく、カンチレバーの腕に吊るされている。バウミースターは、可視および赤外の光子を用いることにした。そのほうが、ペンローズがもともとの思考実験で使ったX線光子に対応するものよりも、高精度の鏡を作りやすいためである。光子が光共振器内部の二枚の鏡の間を往復することで生じる「放射圧」は、可動鏡を動かすほど強力である。この現象はそれ自体、興味深い。量子力学的に言えば、光子は局所化されない。光子は光共振器内部の全体にわたって存在し、時間とともに、その非局所的な存在が鏡を押すのに不可欠な圧力をつくり出すのだ。

今、光子が干渉計の二本の経路の両方に存在するという重ね合わせにあるのとちょうど同じように、可動鏡はずれた状態とずれていない状態の重ね合わせになる。

ランダムな瞬間に、光子は共振器から漏れ出てビームスプリッターへ戻ってゆく。次に起こることは、光子そして全体の系(可動鏡を含む)がまだコヒーレントな重ね合わせの状態にあるのかどうか、それとも、どちらか一方の状態に収束してしまったのかどうかによって変わってくる。

全体の系がまだ重ね合わせの状態であれば、光子の二つの状態は干渉する。一方の経路の長さは固定されているため、干渉縞のパターンは、光子が漏れ出た瞬間の可動鏡の向きに依存する。可動鏡の向きによって、可動鏡のある経路の光子の移動距離が決まるからだ。試行を何度も繰り返すなかで浮かび上がる干渉パターン——検出器D1とD2の反応の数として検出される——は、可動鏡の揺れに結びついたシグナルを含んでいる。

しかし、鏡の重ね合わせが収束すれば、光子は粒子として振る舞い、五分五分の確率でD1と

D2に到達する。ペンローズの宇宙実験と同様に、D1とD2での検出器の統計をモニターすることは、小さい可動鏡が重ね合わせを維持していたかどうかを教えてくれるのだ。

そのような実験で重要な課題は、巨視的な物体を重ね合わせの状態にし、それを実験が行えるだけの時間維持することである。バウミースターとペンローズは、二〇〇二年に論文を書いたとき、それぞれの未解決問題に最先端技術で対処できれば、小さな可動鏡を二つの向きの重ね合わせにできると主張した。(17)「今もそう思っていますよ。しかし、最先端の機器の作製技術、最先端の光学、最先端の低温物理学などなどを、結びつけることは極めて難しいのです」とバウミースターは言った。「要するに、それこそ、私たちがずっと取り組み続けていることなのです」

こうした課題のどれも、些細なことではない。断じて違う。まず、彼らは砂粒よりも数桁小さな鏡を製作する方法を開発しなければならなかった。たとえば、集束イオンビームを用いて鏡を切り出し、それをカンチレバーの先端に接着して動かせるようにするという方法があるが、鏡は非常に小さく、製作中にしばしばはじき飛ばされ、さかさまに接着されるなど、コントロールが難しい。たとえ上下を正しく付けられたとしても、鏡はまだ十分小さくない。研究チームは、窒化ケイ素のトゲをカンチレバーにし、その先端に小さな鏡を取り付ける方法を編み出した。しかし、これで終わりではない。こうして作った鏡を信じられないほどの低温にする必要がある。そうしないと、鏡の分子の熱振動によって、単一光子の衝突が識別できなくなってしまうからだ。そのためには、鏡を一ミリケルビンよりも低い温度にし、量子基底状態にしなければならない。

「低温物理学実験としても、途方もない低温ですよ」とバウミースターは話した。ところが、それくらい低温にするには、希釈冷凍機やヘリウムガス循環冷却装置といったものを使わなければならないが、それらが発する振動は実験を台無しにしてしまう。したがって、その振動を抑えるためのシステムをいくつも開発しなければならなかった。もちろん、こうしたことをすべて真空槽の中で行わなければならない。「合計すると、装置の費用は数百万ドルにもなる」とバウミースターは言う。すべては、超低温に冷やした小さな鏡を、一つの光子の衝突によって動かし、原子数百個分離れた二つの位置の重ね合わせにするためだ。

「デコヒーレンスを研究する前に、まずは、巨視的な物体を量子重ね合わせにできることを証明しなければなりません」とバウミースターは言う。「結局、私たちはまだまだ遠く及びません。「しかし」研究はものすごい勢いです」

デコヒーレンスとは、量子力学系のコヒーレントな重ね合わせが環境との相互作用によって失われ、古典的な状態になることである。ペンローズの考え方やGRW的な収束理論は、デコヒーレンスについての理論ではない。それらが明確に支持しているのは収束である。そして、収束がデコヒーレンスにつながるのだ。

バウミースターは取材のとき、ペンローズのアイデアに触発されて、そのような困難な実験をやろうと思ったと認めたが、さらにもっと質量の大きい物体の量子重ね合わせの収束は、物体がデコヒーレンスしないほど環境から孤立している限り、ほぼ確認できないと考えている。その場合、量子力学と古典物理学の間に境界線がないという考え、波動関数が進化して収束しないという考えを真剣に検討せざるを得ないという。波動関数のさまざまな部分は、進化し続け、環境と相互作用すると、まるでデコヒーレンスが始まったかのように振る舞い、その結果、別々に進化している波動関数が相互作用するのは不可能ではなくとも難しくなる。「それらは独立し、それ以上干渉しない」とバウミースターは言う。「しかし、これはかなり奇妙です。なぜなら、シュレーディンガーの猫に立ち戻ってしまうからです」

そう、かわいそうな猫に戻ってしまう。しかし、わずかに異なった形で。量子力学の馬鹿馬鹿しさを見せつけようとするのではなく、その意味するところをたゆまず探求するのである。そんなふうに考えるバウミースターは、死んだ猫と生きている猫が存在し、同様に、死んでいる猫を見た人と生きている猫を見た人が存在するとほのめかす。両者はまったく異なる二人の人間である。おそらく、交わることのないまったく違う世界が存在し、そこにこの二人が住んでいる。「そういうものの見方は、馬鹿げてなどいない」と彼は言う。「量子力学のエレガントさや、実際のシンプルさを理解するには、しばらくの間、量子力学を体験するしかない」

一部の物理学者は、シュレーディンガー方程式に従う波動関数の明快な進化と、それに付随する重ね合わせといった、量子力学のシンプルさとエレガントさを胆に銘じていて、その定式化へのいかなる追加も拒否する。彼らは、測定による収束の概念でさえも、シュレーディンガー方程式の修正になるため認めない。そして、驚くべき結論に達する。系の重ね合わせは互いに干渉できず、それぞれが独自に存在するというのだ。突き詰めると、それは「多世界」という概念になる。多世界では、あらゆる可能性がどこかに存在する。バウミースターにしてみれば、彼が行ったような実験で、重ね合わせにある巨視的な物体をどんどん大きくしていっても収束が確認されなければ、それはサインだ。「その場合、私はまじめに多世界解釈を考えるつもりです」と彼は言った。

バウミースターは、中国で会議に向かうバスのなかでレフ・ヴァイドマン（エリツァー＝ヴァイドマン爆弾検査で有名）と出会い、多世界解釈を真剣に考えている物理学者がいることを初めて知った。ヴァイドマンは論文にこう書いたことで有名だ。「［波動関数の］収束は……量子理論における醜い傷である。そのため私は、多くの人がそうであるように、その存在を……否定するにやぶさかでない。その代償は多世界解釈（ＭＷＩ）である。すなわち、多数の並行世界が存在する」[18]

「私が会ったとき、彼はかなり動揺していました」[19]と、バウミースターはカナダ・ウォータールーにある量子コンピューティング研究所で話した。ヴァイドマンは、人生における難しい「イエスかノー」の問いに答えてくれる、腕時計の特許を認めさせようとしていたようだ。その腕時計には、一個の光子源がある。光子はビームスプリッターを通り抜け、腕時計の中の二つの単一光子探知器のうちの一台で検出される。そのうちの一方が反応すれば、時計は「イエス」を示し、別の検出器が反応すれば、時計は「ノー」を示す。あなたは、たとえどんな決定を下しても、波動関数のもう一つの分岐では、反対の決定を下したことがわかっているので安心できる、というわけだ。

ヴァイドマンの腕時計に動じないであろう人物は、数学者で量子理論学者のヒュー・エヴェレット三世だ。一九五七年の学位論文で、観測問題を解決する一つの方法として、波動関数が収束しないで進化することを初めて真剣に主張した。彼の論文は、二重スリット実験のパラドックスに対する、おそらくもっとも落ち着かないが、人々を楽しませた解へとつながった。多世界解釈である。

第8章　醜い傷を癒す

多世界解釈という薬

実在は、広大な可能性の海のなかを漂い、そこから選ばれているように見える。そして、非決定論によれば、どこかに、そうした可能性は存在し、真実の一部を成している。[1]

——ウィリアム・ジェームズ

コペンハーゲン解釈に問題があることを見抜いた、少数の量子の反逆者たちをかくまった場所があるとすれば、そこはニュージャージー州プリンストンのほかにない。最初の反対派であったアインシュタインは、一九三三年にプリンストン高等研究所に移り、残りの人生をそこで送った。彼は量子力学が完全でないという意見を最後まで曲げなかった。一九四六年にプリンストン大学にやって来たデイヴィッド・ボームは、そこで非主流派の考え方をするようになり、一九五一年に亡命したブラジルで、隠れた変数理論を発表した。ボームがプリンストンを去ったすぐあと、ヒュー・エヴェレット三世という数学的思考に長《た》けた青年が、化学工学の学士号を得たばかりの一九五三年に、プリンストン大学にやって来る。そして、一九五五年には、博士号のための研究として量子物理学に取り組み始めた。指導者のジョン・ホイーラーは、ニールス・ボーアとコペンハーゲン解釈の忠実な支持者だったが、教え子のエヴェレットは誰よりも独創的な反逆者になった。

ホイーラーは、物理学の方程式を真剣に捉えて、それが導く先を見極めることを最重要視していた。アインシュタインが一般相対性理論を構築するとすぐに、その方程式の解から、物理学者たちは常識を揺さぶるような時空の位相構造へと目を向けた。一九六〇年代、そのような構造に対して、ホイーラーは「ブラックホール」と「ワームホール」という言葉をつくり出す。しかし、それよりさらに以前、そういったホイーラーの姿勢がエヴェレットに大きな影響を与えた。エヴェレットは、その姿勢を量子物理学の数学に適用したのだ。(2)

波動関数とその進化を、そのシンプルさとエレガントさのなかで、真剣に捉えるところから始めた。エヴェレットの考え方の要点はこうだ。波動関数が存在のすべてで、宇宙全体に対する「普遍波動関数」がある。それは、あらゆる古典的な状態の重ね合わせにあるものとして宇宙を記述する。そして、この波動関数とその重ね合わせは連続的に、決定論的に、そして永遠に進化する。

エヴェレットの直感は、観測問題を捨て去る必要によって得られた。一九五五年までに、エヴェレットは、自分の考えていることが、当時流行の量子形式主義にかかわる重要問題であると捉

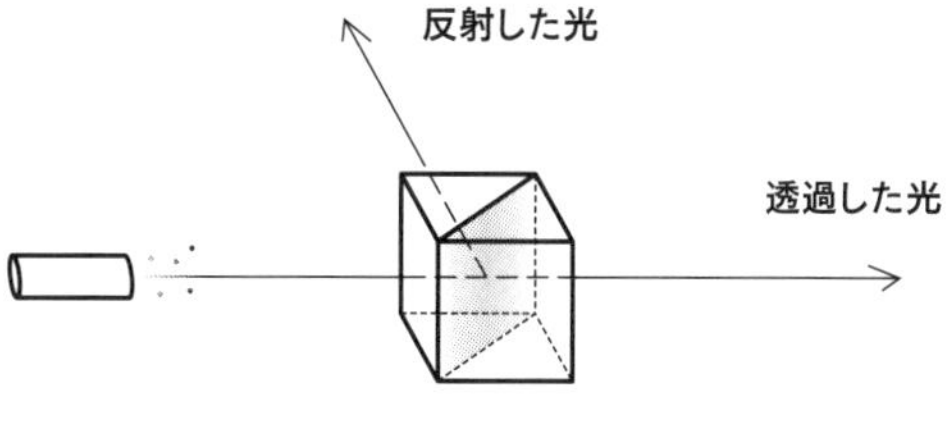

えるようになる。ある瞬間の量子系の状態が波動関数ψによって与えられるなら、それを支配するプロセスが二つ存在すると、エヴェレットは指摘した。まず、波動関数は、シュレーディンガー方程式に従って時間的に進化する。これは決定論的なプロセスである。しかし、測定と同時に、波動関数は明確な状態へと、ある計算可能な確率で一瞬にして変化する。いわゆる確率論的ジャンプと呼ばれるプロセスである。エヴェレットは、後者のプロセスを支持できないと結論した。

彼は、これら二つのプロセスが両立するかどうかを考えた。より詳しく言うと、「測定のプロセスで、実際に何が起こるのか[3]？」を考えたのだ。

ビームスプリッターを通過する光子を考えよう。標準的な量子力学によると、光子は二つの経路の重ね合わせになる。このとき、光子の波動関数は、反射する光子の経路と透過する光子の経路の、二つの波動関数の線形結合である（以前示したように、$\psi = a\psi_{反射} + b\psi_{透過}$のとき、係数「a」と「b」は複素数であり、絶対値の平方つまり$|a|^2$は反射した経路に光子を発見する確率であり、$|b|^2$は透過した経路に光子を発見する確率である。ビームスプリッターが光の半分を反射し、光の

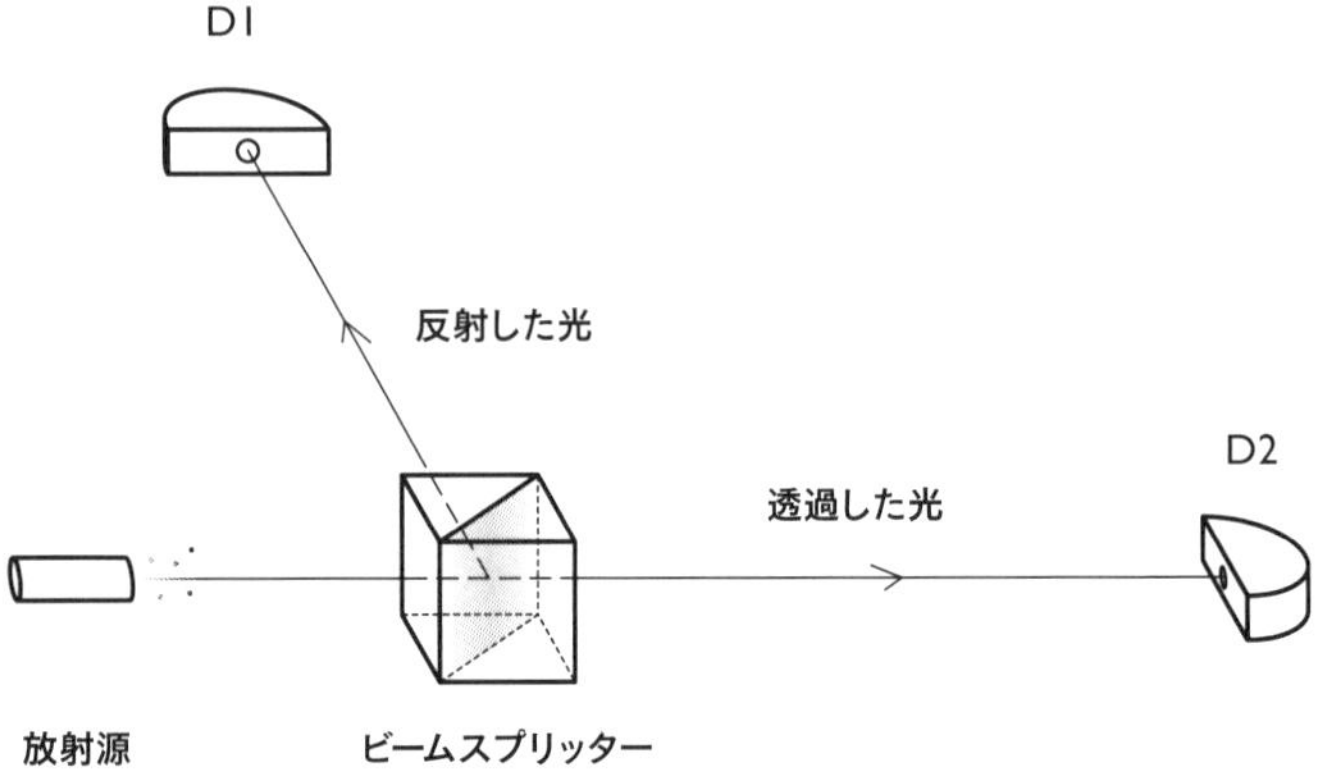

半分を透過させるとすれば、確率はそれぞれ〇・五になる)。

今、それぞれの経路の終端に検出器D1とD2を取り付ければ、ビームスプリッターを通過するそれぞれの光子について、D1かD2のいずれかが反応する。コペンハーゲン解釈で、検出器は古典的な物体としていくぶん魔法のように見なされるため、測定が波動関数の収束を引き起こし、光子はD1かD2に局所化する。一九六〇年代にユージン・ウィグナーも、量子と古典の間のこの区別がかなり恣意的であることに気づき、観測者の意識が収束を引き起こすと主張したことを思い出そう。

エヴェレットは、別の方針をとった。数学に従って、検出器も量子力学的に扱うとすれば、装置全体が、D1が反応するものとD2が反応するものの重ね合わせになる。なぜ、検出器だけなのだろうか？　観測者も量子力学的に扱わないのは、なぜだろう？　もし観測者も量子力学的に扱うとすれば、観測者はD1の反応を確認する人とD2の反応を確認する人との重ね合わせになる。エヴェレットによると、波動関数のうちD1が反応するという部分のみを考えれば、あなたはその反応を確認するという確定的な観測者になる。そして、波動関数のもう一方の部分を調べると、D2の反応を確認する確定的な観測者が現れる。「言い換えると、観測者自身が無数の観測者に分かれており、各観測者は確定的な測定結果を確認するのである」[4]と彼は書いた。

エヴェレットの提案は、波動関数は収束せず、そのため観測問題は生じないというものである。すべての可能性が存在する（そして私たちはすぐにまた、「存在」の意味するところに立ち返ることになってしまう）。一つのビームスプリッターと二台の検出器の単純なケースでは、観測者が二人になって、それぞれが別々の検出器が反応するのを確認することになるのだ。

そうした分岐後の一つにいる観測者を考えよう。たとえば、D1の反応を観測したのち、観測者が同じビームスプリッターにもう一つ光子を送る。すると再び、観測者は分裂し、一人はD1の反応を確認し、もう一人はD2の反応を確認する。波動関数の収束や確率論的ジャンプはなく、単に波動関数が連続的に進化するだけだ。この過程は無限に行われる可能性があり、そうなると、観測者は木のような枝分かれ構造になる。この木の枝の一本をたどっていくと、観測者が検出器の一連の反応を確認する様子が見られるだろう。たとえば、次のようなD1とD2のランダムな反応を確認する。D1、D1、D2、D1、D2、D1、D1、D2……や、D1、D1、D1、D2、D1、D2、D1、D1、D1……などだ。

そのため、このような一連の検出では、波動関数がある状態または別の状態へとランダムに収束するという意味で、確率論的ジャンプはないが、分岐したそれぞれの観測者にとっては、D1とD2がランダムに反応しているように見え、二つのうち一つの状態へ収束しているように認識される。エヴェレットはこう主張する。「観測者という『木』のほぼすべての『枝』で[5]」、観測者は最初の重ね合わせによって与えられる確率と一致する頻度でD1とD2の反応を確認する。もちろん、十分な回数実験を行ったという前提ではある（話はそこまで単純ではないが、それは後述する）。

エヴェレットが提唱した理論は、連続的（実際のジャンプはなく、ジャンプに見えるだけ）で因果的である。なぜなら、すべてはシュレーディンガー方程式の法則に従って決定論的に進化するからだ。それでも、任意の観測者にとっては、状態のジャンプが認識されるため、この理論は不連続であり、ジャンプは一見ランダムである。エヴェレットはこう書いている。この理論は「サイズにかかわらず、すべての系に適用可能なため、明確な完全性を主張できる。……しかし、その代償として、唯一無二の観測者という概念を放棄する。それには、少し当惑する哲学的含意が伴う[6]」

エヴェレットは、自分の主張をわからせるためにこんなアナロジーまで考え出した。「記憶力をもった知性のあるアメーバを考えてほしい。時間の経過とともに、このアメーバは分裂を繰り返す。分裂してできたアメーバは親と同じ記憶をもつ。このアメーバに命綱はないが、命の木はある。時間が経つと、二つのアメーバの同一性の問題、もとい非同一性の問題はいくぶん曖昧になる。私たちはいつでもアメーバのうちの二個体について考えることができる。その二つのアメーバはある時点（共通の親）までさかのぼる記憶を共有するが、その後は、それぞれの生き方にしたがって分岐していく。……普遍波動関数仮説を受け入れると、これと同じことが言える。個体が分裂するたびに、本人はそれに気づかない。そして、どの個体も一瞬たりとも『ほかの自分』に気づかない。なにしろ、分裂後は、ほかの自分と一切やりとりがないわけだから[7]」

ホイーラーはエヴェレットの研究に感銘を受けたが、その「当惑する哲学的含意」についてはは大きなためらいを感じた。エヴェレットはコペンハーゲン解釈に抵抗しており、そのため、ホイーラー――ニールス・ボーアを尊敬していた――は、エヴェレットの研究についてコペンハーゲンの人々と議論したいと考えていた。しかし、ホイーラーは分裂する観測者やアメーバを懸念していた。「私は価値があり重要だと思っているのだが、正直言って、今のこの形では、ボーアに見せるのははばかられる。多くの不慣れな読者が超自然的だと誤解しやすいところがあるからだ[8]」と彼はエヴェレットに話した。

エヴェレットは学位論文から、「超自然的な」ニュアンス、特に分裂するアメーバに関する記述を含めいくらか削除して、一九五六年にホイーラーに提出した。自分の考えを詳細かつ数学的厳密さをもって説明する一方、エヴェレットは、ボーアとコペンハーゲン解釈に狙いを定め、それらを保守的で慎重すぎると批判した（コペンハーゲン的な主張では観測するまで実在が存在しないことを考えると、まったく皮肉だ)。「理論物理学の主要な目的が、その適用性に深刻な犠牲を払って『安全な』理論を構築することであるとは、誰も考えない。それは不毛である。そうではなく、しばらくの間は役立ち、使い古されたら置き換わる有用なモデルを構築することだ[9]」と述べた。エヴェレットがコペンハーゲン解釈を批判したのは、それが、「好ましくない」二元性[10]に頼り、世界を古典と量子に分割し、量子的世界を否定するという実在を古典的世界にあてがったからだった。

予想どおり、エヴェレットの学位論文に対するコペンハーゲンの反応は、かなり冷ややかだった。当時コペンハーゲンにいた米国人の物理学者アレクサンダー・スターンは、一九五六年五月にセミナーを開催し、ニールス・ボーアをはじめほかの人々とエヴェレットの考え方について議論した[11]。一週間後、スターンはホイーラーに手紙を書き、そのなかで、コペンハーゲン学派からの批判を詳述し、特にエヴェレットの普遍波動関数の考え方に反論した。スターンは、エヴェレットの考えが「意味のある内容が欠如している[12]」と言い、いくつかの側面は「神学にかかわるもの[13]」であると述べた。

間を置かず書かれたホイーラーの返信は、弁解じみていた。「もし、『普遍波動関数』の概念が量子力学の解釈として、素晴らしく、満足できるものであると思えなかったなら、私はエヴェレットの考えを分析する負担を、友人たちにかけたりしませんし、私自身もその検討に多大な時間を使ったりしません[14]」。そして、エヴェレットと、彼の誤解された考え方を称賛した。「……この非常に有能で独創的な発想を持つ若者は、観測問題への現在の「コペンハーゲン的な」アプローチを、正しく一貫したものとして受け入れつつあります。ただ、過去の疑わしい考えの頃の下書きが、現在の論文には少々残ってはいますが[15]」

しかしエヴェレットは、そんなことはしていなかった。エヴェレットは、論文をほぼ七五パーセント短くした（ホイーラーの言う「やり投げ校正[16]」をするように言われて）。そうして、測定問題の非難など、コペンハーゲン解釈への痛烈な攻撃を削除し、量子力学に関する自分の考え方を作り替え、一般相対性理論と量子力学を調和させて量子重力理論にするという問題を解く方法とした。しかし、長いバージョンの論文と短いバージョンの論文の背後にある数学的形式は、本質的に同じものであった。コペンハーゲン解釈に関する彼の考え方に変化はなく、それは理論物理学者ブライス・ドウィットとの文通にはっきりと表れている。

ドウィットは、レビューズ・オブ・モダン・フィジックス誌の、エヴェレットの短い論文が掲載された号の編集を担当した。ドウィットはエヴェレットの論文について「私は驚き、衝撃を受けた[17]」とのちに述べている。ドウィットはホイーラーに手紙を書き、観測者の分裂という問題をはじめ、いくつか問題点を挙げた。「自分自身を顧みて、こう断言できる。私は分岐しない[18]」。ホイーラーはその手紙をエヴェレットに転送した。

エヴェレットは、それへの返信で、コペンハーゲン解釈をこう評した。「救いようがないほど不完全[19]」で「巨視的な世界に対する『実在』の概念を伴う一方で、微視的な世界に対するそれを否定する、哲学的な怪物[20]」。

エヴェレットはまた、普遍波動関数において、さまざまな巨視的な重ね合わせに起ることを明快に概説した。「この理論で考えれば、重ね合わせのすべての要素（すべての「枝」）は「現実」であり、そのどれかがほかより「現実的」であったりはしない。観測すると、どういうわけか最後の重ね合わせの一つの要素が選ばれて、「実在」という神秘的な価値を与えられ、ほかの要素は忘却の彼方に追いやられると仮定する必要はまったくない。私たちはもっと寛大になり、ほかのものと共存できる。なにしろ、ほかのものはいっさい問題を起こさないのだから。なぜなら、分離した重ね合わせの要素（「枝」）はすべて、ほかの要素の存在または不在（「実在する」か否か）にまったく無関心で、それぞれ別々に波動方程式に従うからである[21]」。言い換えると、ドウィットへの答えはこうなる。分岐したあと、一つのバージョンの『あなた』は、別のバージョンの『あなた』とやりとりすることはないので、あなたは自分が分裂したことを決して感じない。

しかし、一見さらに不合理な考え方が待ち構えていた。先ほどのように分裂するたびに、宇宙それ自体も並行世界へと分かれていってしまうのだ。一九六二年一〇月、エヴェレットはオハイオ州シンシナティの会議でこれについて発表する[22]。ネイサン・ローゼン、ボリス・ポドルスキー、ポール・ディラック、アブナー・シモニー、ユージン・ウィグナーなど錚々《そうそう》たる顔ぶれが参加する会議である。それに、エヴェレットも出席した。参加者たちは、並行宇宙という心地の悪い問題を指摘し始めた。途中、シモニーが、すべての巨視的な重ね合わせが存在し続けるという考え方は、ある一人の観測者にとっても、奇妙な結果をもたらすと指摘する。「これが事実なら、二つの可能性があるように私には思えます。この二つの可能性には意識が関与する。一つの可能性は、普通の人間の意識がこれらの枝の一つと関連があり、ほかの枝とは関係しないというもの。すると、あなたの定式化では、どうすればこの解が可能になるのかという問題が生じます。もう一つの可能性は、意識がそれぞれの枝と関係するというものです[23]」

ポドルスキーはこう話した。「サイエンスフィクションで好まれる並行時間や並行世界が、どういうわけか、存在するということですね。決定が行われるたびに、観測者は一つの特定の時間に進み、その一方で、ほかの可能性も存在して、それには物理的な実在があるという[24]」。エヴェレットは返答する。「その通りです。重ね合わせの原理の結果です。それぞれ別々の要素が、ほかの要素の存在あるいは不在とは無関係に同じ法則に従うのです。でしたら、なぜ、要素の一つを実在するものとし、一方で、ほかのすべては奇妙に消失すると主張するのでしょうか？[25]」

数回のやり取りのあと、シモニーはエヴェレットに「あなたは、私が想定した二つの可能性の一つを取り除いた。それぞれの枝の一つと、意識とを関連づけたわけです[26]」。エヴェレットはそれに同意した。「それぞれの枝は、完全にきちんとした世界のように見える。そこでは、確定的なことが起こっているからです[27]」。エヴェレットが多世界の概念をはっきりと認めたのは、このときくらいである。

結局、多世界の考え方を信用したのはドウィットだった。一九七〇年にフィジックス・トゥデイ誌の記事で、ドウィットは宇宙が一つの波動関数によって表されるという新しい解釈を説明した。「この宇宙は、途方もない数の枝にたえず分かれている。それらはすべて、無数にある構成要素の間で行われる測定のような相互作用から生じる。さらには、すべての星で、すべての銀河で、遠く離れた宇宙のすべての場所で起こっている、すべての量子の遷移は、地球にある私たちの局所的な世界を、その無数のコピーへと分裂させている[28]」

ドウィットはのちに、そう認識したときの驚きをこう回想する。「私は、この多世界の概念に最初に出合ったときに経験した衝撃を、今でも鮮明に思い出します。10^{100}を超えるわずかに不完全な私たち自身のコピーが、さらなるコピーへと分裂し、ついには識別不能になる。そんな考えは、そう簡単に常識と折り合いません。ここは、暴力的な統合失調状態というわけです[29]」

その衝撃と畏怖にもかかわらず、ドウィットは転向を果たし、エヴェレットの解釈の唱道に重要な役割を果たした。その解釈は今いろいろな名前で呼ばれるが、ここでは、エヴェレットの多世界解釈、あるいは単に多世界解釈と呼ぶことにする。

カリフォルニア工科大学ダウンズ・ローリッセン研究所の四階のエレベーターのドアが開いたとき、あなたを最初に迎えるものは壁に描かれた巨大なファインマン・ダイヤグラムだ。ファインマンが粒子の相互作用を可視化するために紙ナプキンに描いた、くねくね曲がった線画の一つだ。私はそこに、多世界解釈の支持者である理論物理学者ショーン・キャロルを訪ねた。彼が世界を分裂させようと決めたとき、私たちは量子力学についての議論の最中だった。

彼のiPhoneには、Universe Splitter(30)という名のアプリが入っていた。これはヴァイドマンが特許を取ろうとしたたぐいの時計で、難しいイエスかノーの決断を迫られたときに、意思決定を助けてくれる。エヴェレットの観点から言えば、間違った決断はなく、アプリがほかの決定を提案する宇宙が別に存在する。心配する理由などないというわけだ。

キャロルがアプリを起動する。初期設定の選択肢が出る――「賭けに出ろ」か「安全第一」(ほかの選択肢も入力できたが、私たちは初期設定のままにした)。キャロルがボタンを押すと、アプリからおどろおどろしい声が響いた。「分岐しろ、宇宙《スプリット・ユニバース》」。すると、アプリがスイス・ジュネーブ近郊のどこかにあるラボにコマンドを送信し、そこで単一光子がビームスプリッターに送られる。「あなたがエヴェレットを信頼するなら、光子が左に進む世界と光子が右に進む世界がある」とキャロルは言う。

数秒後に結果が出た。「なるほど、私たちは賭けに出なきゃならん宇宙にいるようだ」。「賭けに出ろ」と声に出すことで(おそらく、別の世界では「安全第一」と言う世界だ)、宇宙を完全に分裂させる(その理由はすぐあとで見る)。「さて、私のコピーが二つできた」

おそらく私もだと、私は考えた。これは現実、それとも超現実だろうか?

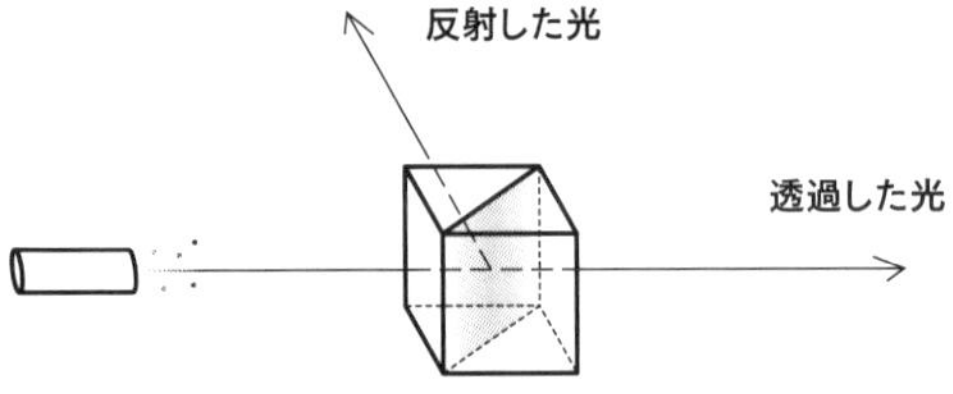

そこで私が目にしたものは、マッハ゠ツェンダー干渉計の一部が実験によって現実化されるところである。多世界解釈で見ると、マッハ゠ツェンダー干渉計は奇妙なほどに単純になる。

まず、ビームスプリッターのみを配置しよう。ほかには何もない。エヴェレットのアイデアでは、宇宙の波動関数は今、二つの要素をもっている。一つは光子が透過するもの、もう一つは光子が反射されるものである（これが宇宙全体に影響を及ぼしている唯一の量子的な選択であると仮定しよう）。今のところ、コペンハーゲン解釈も多世界解釈もうまくいっている。系は現在、光子の透過と反射の重ね合わせにあり、シュレーディンガー方程式に従って進化し続ける。

ところが、それぞれの経路の終端に検出器を設置すると、二つの解釈の実在に対する見方は大きく異なってくる。

コペンハーゲン解釈の観点では、一つの検出器が反応する。測定装置が古典的であると考えられるなら、その反応音は波動関数が収束する音である。

しばらくの間、物理学者は手品に頼ることなく、この収束を説明する方法を見つけ出したと思っていた。検出器も量子力学的な物体と見

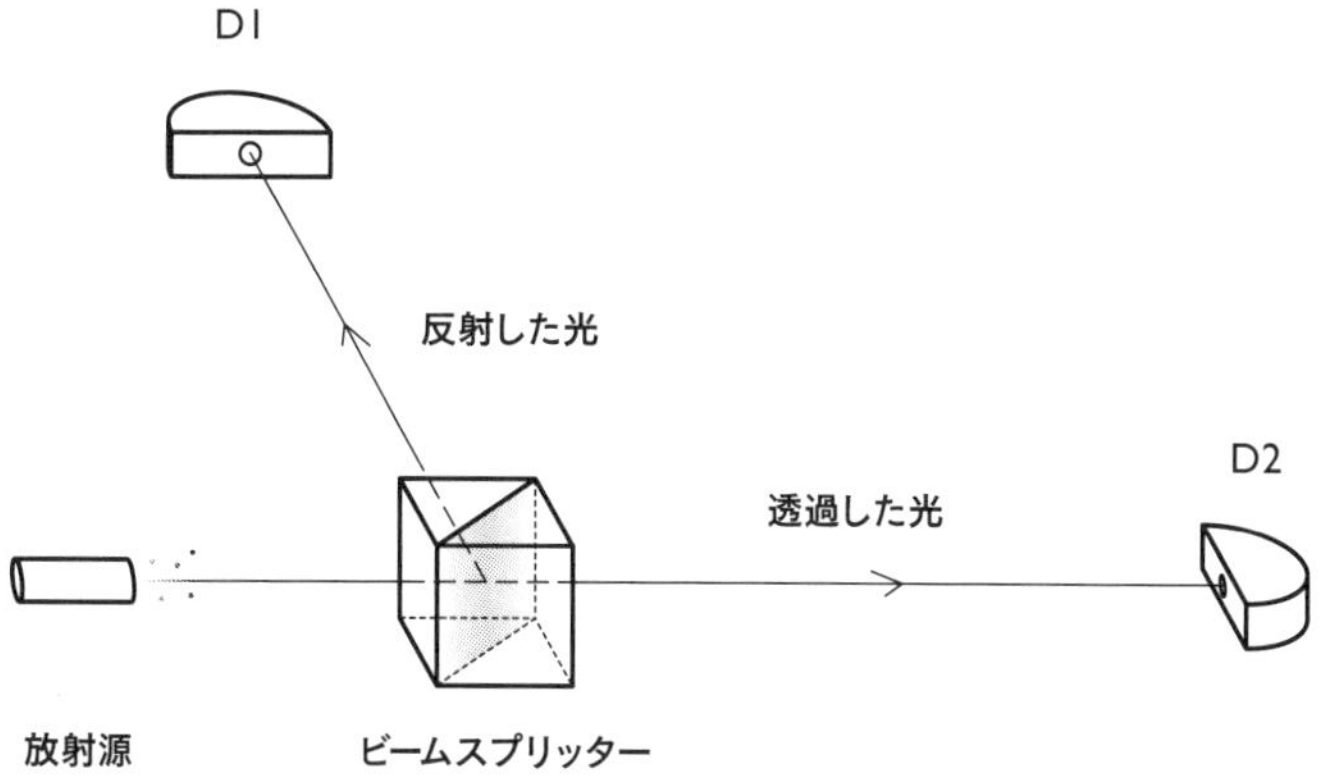

なすことにしてみよう。完全に孤立した状態が保たれていないと、検出器は、いつかは環境（主に周囲の光子や跳ね返っている空気中の分子）と相互作用を始めてしまい、環境ともつれることになる。この複雑な相互作用を記述することは数学的に不可能である。そのため、量子力学で行うことは、光子と検出器の組み合わされた状態を、密度行列と呼ばれるものを用いて記述することである。密度行列とは、簡単に言うと、環境を無視する数学的な定式化である。光子と検出器は、環境と相互作用する前は、「光子が反射し、D1が反応する」かつ「光子が透過し、D2が反応する」という確定的な状態にある。環境と相互作用したあと、量子の定式化からは、系が「光子が反射し、D1が反応する」か「光子が透過し、D2が反応する」かのいずれかの状態にあると言えるが、そのどちらであるかは、私たちにはわからない。ここで、相互作用のあとの状況は、起こったことについての私たちの無知が組み込まれた状態を示している。

「環境のことを無視すると、量子系と測定装置について言えるのは、せいぜい、それらが密度行列によって記述される混合状態にあるということです」とキャロルは話した。

密度行列によって、D1が反応する確率、あるいはD2が反応する確率（この実験ではそれぞれ〇・五）を計算できる。この場合、確率は、それらが私たちの無知にもとづいているという点で、古典的な確率のように見える。環境との相互作用のプロセスはデコヒーレンスと呼ばれ、合成された密度行列が正しい確率を計算できるという事実により、物理学者は、デコヒーレンスが（最初に提唱されたとき）実際に波動関数の収束を引き起こし、さらに観測問題を解決すると考えた。しかし、その興奮はすぐに冷めた。デコヒーレンスは、量子系と測定装置の組み合わせが、古典的な状態の確率の混合にある系に見えるように進化することを示すが、なぜそうなるかはまったく説明しない。

古典的な世界で、系の状態を語るのに確率を用いるのは、私たちが無知だからだ。しかし、それでも古典的な系はなんらかの確定した状態にあり、それと相互作用するものは存在しない。量子的な世界では、密度行列を用いて計算される確率はいくらか違うものになる。正確な状態について無知であるかのように見えるが、密度行列によって記述されている量子状態は、古典的な状態とは異なり、確定的ではない。全体の量子状態を記述するには、外の世界とのもつれを考えなければならないが、密度行列はそれをしない。

そのため、デコヒーレンスの理論は、もう今すぐにも収束を理解できるところまできていると思わせたが、失敗した。コペンハーゲン解釈は、ここで投げだしてしまうが、一方の多世界解釈はそれを拾い上げ、しっかりと取り組む。

多世界解釈によると、D1とD2はともに、波動関数のそれぞれの枝で反応する。この反応と、その結果生じる局所的な環境との相互作用は、量子もつれとデコヒーレンスを引き起こす。一度デコヒーレンスが始まると、その二つの世界は無関係に進化を始めるが、それでもシュレーディンガー方程式に従ったままである。しかし、進化する波動関数の二つの枝は、もう再び結びつくことはできない。「それぞれのデコヒーレントな枝に結びついた環境は互いに無関係であり、それはつまり、いかなる干渉も起きないということです」とキャロルは話す。そのため、波動関数のどの一つの枝から見ても、「すべてのほかの枝はまだそこにあるんですが、それらを探し出すことは指数関数的に難しいのです」。

しかし、ビームスプリッターから出てくるそれぞれの経路の終端に検出器D1とD2を置かなかったら、デコヒーレンスは起こらない。原理的には、二つ目のビームスプリッターで二本の経路をまとめることで、二つの世界を再結合させられる。それはまさに、マッハ＝ツェンダー干渉計で起こることである。D1あるいはD2で光子を発見する確率を計算するためには、二番目のビームスプリッターを通過したあと、光子が両方の経路を通り、それぞれの経路に対応する異なる世界があることを考慮しなければならない。

このことから、二重スリット実験の難問、より一般的には量子力学の難問を解決するためにとったファインマンのアプローチが思い出される。ファインマンが考案し、名づけた、量子力学の経路積分法である。このアプローチでは、二重スリットにさしかかった粒子は、そのどちらかのスリットを通過するという点で、古典的に扱うことができる。しかし、後方にあるスクリーンのある場所に粒子が到達する確率を計算するためには、二つのスリットからスクリーンまでの、すべての可能な経路を考えなければならない。これらの経路は、古典的に考えられない曲がりくねった軌道のすべてを含む。これらの経路には、それぞれ、最終的な確率への寄与を決める重みが割り当てられる。

「量子力学は、主に宇宙についての考え方に対して、こう述べます。なんらかの事象が起こる確率を計算するためには、それが起こるさまざまな様態すべてに対して、振幅を加えなければならない、と」。エフレイム・スタインバーグはそう話した。それを実行すると、干渉が得られる。「ファインマンの洞察から、実際に干渉しているものは宇宙の二つの異なる状態であるという認識に至りました。極めて単純なケースでは、それらの二つの状態の違いは、一個の粒子の位置が異なっているだけなのかもしれません。電子が上の経路にいるか、下の経路にいるか」

ファインマンの経路積分のアプローチが、この世界の実験的な結果の確率を計算するためのツールである一方、多世界のアプローチは、宇宙の異なる状態という考え方をより額面通りに受けとる。そしてキャロルによると、これはその実在についての見方を非常に魅力的にし、二重スリット実験を理解しやすくする。もちろん、あなたが波動関数の新しい枝、つまり量子の分岐点で現れる新しい世界という考え方に動揺しないという前提だが。「心理的には代償がとても大きい。問題は、それにどれほど頭を悩ませるか、です」とキャロルは言う。「私はまったく悩みませんが」

キャロルにとっては、コペンハーゲン解釈のほうが頭痛のたねだ。たとえば、二重スリット実験を説明した際のボーアの言葉を考えよう――もし光子のとった経路の情報を集めなければ、光子は波のように振る舞い、もし経路の情報を集めれば、光子は粒子のように振る舞う。「そんなの、まったくのでたらめです」とキャロルは言った。

エヴェレット派として、キャロルは、波動関数がビームスプリッターで二つの成分に分かれ、それぞれがシュレーディンガー方程式に従って進化を続けるという観点から、単純に考える。デコヒーレンスがなければ、波動関数の二つの成分は干渉する可能性がある。「光子がスリットを通過するとき、あなたが光子をもつれさせなければ、干渉パターンが確認できる。なぜなら、それがシュレーディンガー方程式の解だから」とキャロルは話した。

光子が波の特性を示すか、粒子の特性を示すかについて、言ってみれば、支離滅裂な話がない。波動関数は進化し、そう振る舞うだけ、つまり波動関数は実在の量子状態を示す。「大勢の抽象思考タイプの物理学者が、エヴェレットの考えの基礎にある数学の美しさと優美さに感銘を受けました」とキャロルは言う。「物理学者は、数学的な美しさと優美さに弱い人たちなのです」

確かに多世界解釈には、数学的な単純さがある。そこには、波動関数とその進化があるだけな

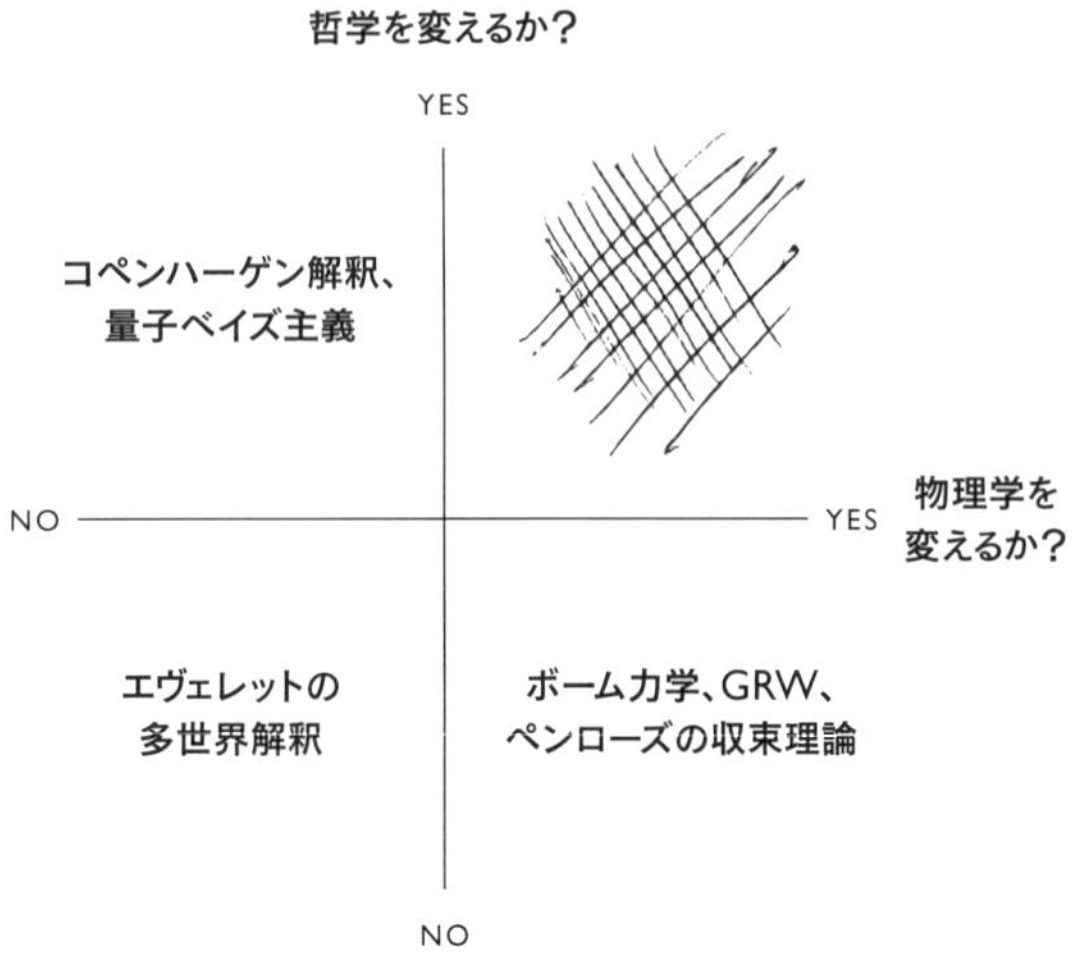

のだ。付け加えなければならない要素（隠れた変数など）はなく、不格好な非線形力学（ペンローズの確率的収束やGRW）、あるいは収束を引き起こすコペンハーゲン解釈のような手品もいらない。

　私がこの点を痛感したのは、ロサンゼルスの南カリフォルニア大学に哲学者デイヴィッド・ウォレスを訪ねたときだ（ウォレスの研究室はキャロルの研究室から二五キロほどのところにあった）。以前、オックスフォード大学でデイヴィッド・ドイッチュと同僚だったウォレスは、カリフォルニアに移ったところだった。そしてドイッチュと同様に、ウォレスは多世界解釈の熱心な支持者である。彼は研究者としてのキャリアを理論物理学者から始めたが、その後、哲学に転向した（理論物理学が「少し実用的だと思われ始めた」[31]ときだというから、彼はジョークを知っている）。そして哲学者として、エヴェレットの多世界解釈に引き込まれた。

「私がエヴェレットの解釈に魅力を感じるものに、物理学に修正を求めないというものがあります」とウォレスは私に話した。「物理学の修正が成功するとは、とうてい思えません」

話を整理しようと、彼は黄色い罫紙を破り取って、X軸に「物理学を変えるか？」、Y軸に「哲学を変えるか？」と示した二次元座標系を描いた。軸の正の方向はYES、負の方向はNOである。

ここで言う物理学とは、標準的なシュレーディンガー方程式に従う物理系の進化のことである。哲学とは、私たちの科学に対する姿勢のこと、つまり、標準的な科学的実在主義のことだ。その考え方では、私たちの理論は、実在についての、客観的で、観測者に依存しない記述である。

彼は、両方ともYESの領域を斜線でつぶした。「誰も両方やりたいなどとは思いません。だから、この部分は消しましょう」

左上の領域には、コペンハーゲン解釈と量子ベイズ主義（QBイズム）が入った。それらは物理学を変えないが、哲学を変える。なぜなら、それらの解釈は観測者から独立していない（しかし、あなたが観測者を決める）からだ。コペンハーゲン解釈は、非シュレーディンガー的な進化である波動関数の収束を含むが、それがどのように起こるかについての法則を要請するので、物理学を修正しないと考えられる。

ボーム力学、GRW、ペンローズの収束理論は物理学を修正する。それには、隠れた変数を加えるか、系のシュレーディンガー方程式の進化を止めて収束を引き起こす、新しい力学を加える。しかし、哲学については何も変更しない。

エヴェレットは物理学も哲学も修正しない。「エヴェレット解釈と同じくらい奇妙に聞こえるかもしれませんけどね、私が魅力を感じるのは、それがとても保守的だということです」とウォレスは言った。

もし多世界解釈が、そのような美しさと優雅さをもつのであれば、どうしてみんなが納得しないのだろうか？　まず言えるのは、多世界という考え方には、明らかな心地悪さがある。これについては、エヴェレット解釈が生まれたばかりの頃からすでに指摘されていた。なかでも、一九六二年一〇月、オハイオ州シンシナティで開催された会議での、アブナー・シモニーの発言が有名だ。シモニーはこう言った。「みなさん、オッカムの剃刀《かみそり》を思い出すべきです。オッカムは、実体が必要以上に複製されるべきではないと言いました。私の感覚から申しますと、不必要に複製されるべきでない実体の一つが、宇宙の歴史です。歴史は一つで十分だ[32]」。「歴史」という言葉を「世界」に変えれば、この異議の厳しさがはっきりする。

もちろん〔エヴェレット解釈の〕支持者は、反対する人々がオッカムの剃刀を間違って適用していると考える。物理学者ポール・デイヴィスは、かつてデイヴィッド・ドイッチュに「では、並行宇宙は、仮定にとっては安上がりだが、宇宙にとっては高くつくのだろうか？」と尋ねた。ドイッチュは「まさにその通りです。物理学では、仮定を立てるにあたって、常に安くあげようとする」[33]

ウォレスはそれと同じ意見である。そう、エヴェレットの解釈は、多くの歴史、世界、宇宙の存在を主張している。「しかし、重要なのは、あなたが根底にある方程式に、そういう要素を加えなかったということです。単に方程式をそういうふうに解釈しただけです」とウォレスは言った。「少ないものほどよいという科学原理を、特段妥当だとは思いません。しかし、単純なものほどよいというのは、非常に妥当な科学原理です。多世界解釈は、数学的に言って、物理学を修正する［ほかの］ものに比べて議論の余地なく単純なのです」

多世界解釈があまりにたくさんのものを必要とするという考えを、キャロルとウォレスは宇宙論的な観点からも曖昧にしている。宇宙論研究者であるキャロルは、宇宙全体の波動関数と、観測者に無関係なその進化という点から考えるのが好きだ。そうやって、たとえば、ビッグバンやブラックホールの物理学に取り組んでいる。宇宙論研究者は、いずれにしても、観測されていない宇宙は、天体望遠鏡で見えるものよりはるかに広いと考える。「物理学では、すでに、信じられないほど大量のものに取り組んでいるんです」とウォレスは言った。それと同じような話なのだろうか？

多世界解釈を擁護する議論はほかにもある。量子力学の数学的形式では、量子状態はヒルベルト空間と呼ばれる座標系のベクトルによって表現することができる。二次元の空間ベクトルは、原点（0, 0）に始まり、点（X, Y）に向かう方向を示した矢印である。同様に、三次元空間のベクトルは原点から始まり、点（X, Y, Z）で終わる。ヒルベルト空間におけるベクトルは、その次元が増える可能性があることを除けば、概念的に同じことである。そして、エヴェレットの考え方では（または、どんな解釈で宇宙全体の状態を考えるときでも）、宇宙の波動関数は宇宙全体に対するヒルベルト空間におけるベクトルであり、この抽象的な数学の次元は気が遠くなるほど大きい。「それは無限である可能性がありますが、もっとも悲観的な考え方でも、e の 10^{120} 乗みたいな数字になります。控えめに言っても狂気じみています」とキャロルは言う（e はおよそ二・七二）。「めちゃくちゃたくさん枝分かれする余地が、いくらでもあります。とても口では言い表せないほどに」

シュレーディンガー方程式の進化から言えるのは、ヒルベルト空間における一個のベクトルで示される宇宙の量子状態が、どのようにほかのベクトルに変化するかということだけである。そこで、もし一本のベクトルで示された波動関数が二本のベクトルに分かれたら、二本のベクトルはそれぞれ物理的な宇宙を表すのだろうか？「それを心配する人がいますが、私は問題ないと考えます。それらを宇宙と考えることに問題はありません」とキャロルは言った。「それらは私たちの物理空間に位置していません。それらは私たちの物理空間の独立したコピーで、ヒルベルト空間に位置しています」

同じような議論が、多世界解釈はエネルギー保存の法則を無視すると言う人々に対しても使われる。新しい物理的な枝のためのエネルギーは、どこから来るのだろうか？　すべてのこれらの世界あるいは宇宙はヒルベルト空間に存在する、つまり物理的な空間には存在しない。したがって、問いの立て方が若干不適切、というわけだ。たとえば、ノーベル賞受賞者フランク・ウィルチェックは、「もしほかの宇宙にアクセスできないのであれば、それらはエネルギー源あるいはエネルギーが溜まるところであるはずがない」[34]と主張した。

キャロルにとって、世界の数について気にすることは意味がない。「大人になろう、そして、その先に行こう」と彼は言った。

というのも、エヴェレットの解釈にはほかに、一見すると、より差し迫った、もっともな懸念があるからだ。そのひとつが、宇宙が分かれるとき、いったい何が起こるのかを解明しようというものだ。光子をビームスプリッターに送信し、それぞれの経路をデコヒーレンスさせ、その結果、世界が二つに分かれたとしよう。宇宙のいたるところが同時に二つに分かれるのだろうか（そして、アインシュタインの相対性理論が普遍的な「今」を捨て去ったことを考えると、それはどういう意味になるのか）、あるいはビームスプリッター付近のデコヒーレンスの起こった場所から分裂が始まり、それが光速で伝わっていくのだろうか？　多世界解釈を受け入れた人々の間でさえ、意見は異なり、合意は得られていない。

おそらく、エヴェレットの考え方についてもっとも有名な懸念は、確率の意味に関するものである。確率の意味は、物理学のなかでも、科学一般のなかでも論争の的だ。しかし、多世界解釈ではそのことが表面化する。「それはまさに、確率の本質にある奇妙な特性を明るみに出したのです」とウォレスは言った。

光子を一個ずつ検出器に送信し、光子の七五パーセントが検出器D1に、二五パーセントがD2に到達するように、マッハ＝ツェンダー干渉計を設定したとしよう（経路の長さを調節して、この結果にできることを思い出そう）。二つのビームスプリッターで交差したあとの光子の波動関数は、二つの波動関数の線形結合で表すことができる（$\psi = a\psi_{D1} + b\psi_{D2}$で、aとbは振幅。$|a|^2$は〇・七五に、$|b|^2$は〇・二五になり、これらの数値はいわゆるボルンの法則によりD1とD2で光子を検出する確率）。「疑問はこれです。なぜ、振幅の二乗がなんらかの確率と解釈できるのか？」とキャロルは言った。

コペンハーゲン解釈では、次のように説明する。ランダムさは実在に内在しており、ボルンの法則は測定の結果の確率を与える。ボーム力学では、たとえ量子系全体の進化が決定論的であるとしても、初期条件に不確実性があるため確率が生じる。収束理論では、量子系の力学に取り除くことのできないランダムさが存在し、また、観測とは関係なく、微視的なスケールでは確率論的な出来事が実際に存在する。

多世界解釈では、見通しはいくぶん不透明になる。エヴェレットのもともとの考え方では、七五対二五に調整された干渉計に光子が送信されるたび、D1が反応してD2が反応しない宇宙と、

D2が反応してD1が反応しない宇宙の二つに分かれる。そうすると、一つの世界では確率一でD1が反応し、別の世界ではD2が確率一で反応する。なにしろ、両方の世界が存在するのだ。それなら、量子力学によって、これらの結果に割り当てられた〇・七五と〇・二五の確率をどう考えればよいのだろうか？　一つは、実験が宇宙のそれぞれの新しい枝で続き、分裂も続いて枝がどんどんつくり出されていく、と考えることである。多数の、可能性としては無限回の観測のあと、それぞれの枝におけるD1とD2の反応頻度を知ることができ、次のように尋ねる。反応頻度は、D1が七五パーセント、D2が二五パーセントという理想値に近いか？　それがまったく違う。「あなたが世界を数え上げたとしても、そうはいかないのです」と、オーストラリアの物理学者ハワード・ワイズマンは言う。彼の研究については、弱い測定とボーム軌道のところで取り上げた。「大多数の世界で、相対頻度は量子の確率とは似ても似つかないものになります」。エヴェレットは、巧妙なごまかしを使って、これらの世界の一部が無視されるべきだと主張した。ボルンの法則にもとづく主張である。継続している世界では、極めて多数の観測があれば、確率は結果の頻度として考えることができる。「しかし、すべての世界が等しく実在するという考えはどうなるのでしょう？」とワイズマンは言う。「どうしてそれらのほとんどすべてを、捨て去るのでしょうか？　まるで、それらがほかの世界に劣るかのように」

多世界解釈における結果の頻度と確率の、このような関連づけの仕方に悩むのは、彼一人ではない。キャロルとウォレスもそうだ。

キャロルは、一つの解決策を提案する。確率を主観的なものとして考えることだ[35]。キャロルと哲学者チャールズ・（チップ）・セベンスは、$|a|^2$と$|b|^2$が、測定の結果についての不確実性を示す数値であると解釈されるべきだと主張している。古典物理学の場合、確率は私たちの無知に起因する。しかし、それには根本的なものに関する無知、つまり、自分たちが波動関数のどの枝にいるのかを知らないことは、含まれなかった。単一光子を干渉計に送信する実験を一回行ったと考えよう。波動関数の一つの枝でＤ１が反応し、別の枝でＤ２が反応してデコヒーレンスが起こり、あなたはＤ１が反応した宇宙の枝にいるのか、Ｄ２が反応した宇宙の枝にいるのかをすぐに知ることになる。「デコヒーレンスは10^{-20}秒未満の微視的な時間スケールと非常に速いため、まず最初に分岐が起こる。分岐が起こる時間幅は必ずあり、あなたには二つの分身があるが、それら二つの分身は厳密に同じです。なぜなら、分身は自分がどちらの枝にいるのかをまだ知らないからです」とキャロルは言った。このように、たとえあなたの分身が二つあっても、極めて短い時間、分身は分岐について無知であり、この無知のために、実験の結果は確率の観点から説明される。キャロルとセベンスが示したのは、デコヒーレンスのあとの短い瞬間に、特定の単純な仮定のもと、Ｄ１の反応とＤ２の反応に確率を割り当てるのなら、それぞれ$|a|^2$と$|b|^2$になる。それはつまり、ボルンの法則である。「現実の世界は存在する」けれども、私たちは自分が現実世界のどこにいるかについてはわからないと、キャロルは言う。

多世界解釈における確率の考え方はほかにもある。ウォレスは、デイヴィッド・ドイッチュが

生み出した決定理論というアプローチを利用する。それは、人間の意思決定や賭けの背後にある論理を研究する。たとえば、先ほどの実験をし、測定の結果に賭けなければならないとする。ウォレスによると、実験の前にできる合理的な行動は、$|a|^2$と$|b|^2$を確率と考えて、実験が終わったときにあなたが目にすると思われる方の波動関数の枝に賭けることだ。それは、合理的な人のすることである。つまり、ボルンの法則を信じることだ。ウォレスは、一見単純で許容できる仮定を設定することによって、決定理論を利用したボルンの法則を導き出そうとしている。たとえば、宇宙の波動関数がほんの少しだけ変化するとすれば、あなたは賭けの戦略をほんの少しだけ変えたほうがいい。

誰もがこのアプローチに納得しているわけではない。先ほどの仮定は「通常の物理の話では合理的です。［しかし、］宇宙の波動関数について考えるときにも、その仮定は合理的だろうか？それは、とても奇怪なものなんですよ。これが実際にはどんなものであるのか、わかりようがないですよ」とワイズマンは言った。「それは、私たちがこの世界で経験していることとイコールではありません。それは実際に、私たちを記述するだけでなく、同時に、私たちのあり得る未来すべてを記述しています。私は、この研究をずっとしてきましたが、この［確率の］問題が解決されたとはとても思えません。それは、私のなかでは、多世界解釈にかかわるもっとも大きな問題です。いや、昔からずっと問題でした。エヴェレットは、この問題に確かに気づいていました」

少なくとも、多世界解釈は間違いなく、量子力学における確率の意味についての理解に疑問を投げかける。

多世界解釈の支持者だけが、確率の意味について気に病んでいるわけではない。最新の解釈、QBイズムの人たちもそうだ。QBイズムは確率のベイズ法則（一八世紀の統計学者で神学者トーマス・ベイズに因む）から名づけられ、当初は量子ベイズ主義と呼ばれていた。確率の問題は、QBイズムの前面と中核をなすだけでなく、観測者を再び担ぎ出す。その主張はこうだ。確率は主観的（それぞれの観測者にとって個人的なこと）であり、量子状態（ヒルベルト空間のベクトル）から客観的な実在について言えることに疑問を投げかける。QBイズムは「実在の考えを放棄するのではなく……実在とは、任意の第三者の観点から捉えられること以上のものである[36]」という。

クリストファー・フックスが、カナダ・ウォータールーのペリメーター研究所の研究者だったとき、彼と妻キキは大きな家を買って、改装した。前の所有者は、九〇代で亡くなった女性である。彼女は、小さな部屋でテレビを見て、酒を飲み、ひっきりなしに煙草を吸っていた。その証拠に、ソファーのそばの床板には焼け焦げた跡がくっきり残っていた。クリス・フックスは、その部屋が書斎に最適で、床から天井まで壁一面を書棚にしようと考え、キキ・フックスが書棚の一つをデザインした。彼女はニコチンの浸み込んだ、一九世紀末に建てられた家で一般的だった布の壁紙を手作業で剝がし、部屋をきれいにした。そして、彼らは大工に書棚を作らせ（柾目のオーク材を使った。なぜならクリス・フックスと大工の二人は、一八八六年の家にはこれ以外にないと感じたからだった）、フックスのお気に入りの哲学書を収めた。そのほとんどは、アメリカの実用主義《プラグマティズム》のもの（ウィリアム・ジェームズやジョーン・デューイらの著作）だったが、その一角を、現代のアメリカ人哲学者ダニエル・デネットの本のための棚にした。とはいえ、フックスはデネットの哲学に感心していたのではない。むしろ正反対だった。「デネットの本を置いていたのは、私が支持者だったり、どんな形であれ、彼に興味があったからではありません。むしろ、私は彼を敵として見ていたのですから」。フックスは私に話した。「敵を知っていなければなりません」

デネットは著名な唯物論者で、知覚される意識の非実体性は幻想である、と長らく主張している。フックスは、意識的な経験を真剣に捉えたいと考える。彼は、その姿勢をウィリアム・ジェームズの哲学に由来するものと捉えている。フックスは、ジョン・ホイーラー（テキサス大学オースチン校でともに研究していた）からも影響を強く受けている。ホイーラーが熱心に支持したのは、ボーアの量子力学観とコペンハーゲン解釈だった。そして、コペンハーゲン解釈の強力なバージョンでは、観測者は観測対象と不可分であると主張する。ボーアにとって、観測者とは巨視的な実験装置だった。ホイーラーはときどき、自分の推量を推し進め、存在のすべてが個々の量子現象に行き着くかどうかについて思いをめぐらせた。個々の量子現象が観測者と結びつき、そうして宇宙が「数億の数億倍もの基本的な量子現象、つまり観測者参加という基本的な量子の作用のうえにできあがる[37]」のかどうか、と。

私たちがこれまで見てきた、ボーム力学や収束理論、多世界解釈など、コペンハーゲン解釈に代わるものはすべて、系から観測者を切り離す(デネットが喜びそうな展開)。しかし、フックスはボーアとホイーラーにあやかろうとした。彼は、観測者を計算に戻したい。特にホイーラーの研究を読んでからは、本質的にランダムであるとはどういう意味なのかについて考えをめぐらせるようになった(コペンハーゲン解釈によれば、量子世界は、私たちが測定の結果に割り当てた確率を、実在の客観的な要素にする)。「そうして、私は確率論について考えるようになりました」と、フックスはウォータールー大学から移った新しい職場である、ボストンのマサチューセッツ大学で話した(皮肉にも、ボストンは、デネットの拠点であるメドフォードのタフツ大学からほんの数キロのところだ)。

量子力学における確率の意味とのフックスの格闘は、アルバカーキのニューメキシコ大学でカールトン・ケイヴスのもとで博士研究をしていたときに本格的に始まった。当時、フックスは「頻度論者」だった。確率をものごとが起こる傾向の客観的尺度とし、その傾向は、非常に大規模に、限りなく無限に近い回数繰り返すとはっきりすると考えた。しかし、ケイヴスはベイズ論者であった。ベイズ確率では、確率はものごとの客観的な特性ではない。むしろそれは、あることが起こる可能性を判断し、それを確率と考える人についての考えである。つまり、人は理由はなんであれ不確かなものであり、それでも不確実性のなかで可能な限りの最良の決定をしなければならないという考えを、確率に組み込んでいるのである。量子ベイズ主義は、ケイヴスとフックスとリュディガー・シャックによる最初の論文[38]で、二〇〇二年に公式に誕生した。量子ベイズ主義（Quantum Bayesianism）という名前は長ったらしかった（それにBayesianismは、ベイズ確率論のなかでも、その意味について意見が三者三様で、論争を引き起こした）ので、結局、フックスは短くQBism《キュービズム》とし、ベイズ主義の名残はBだけになったが、それが功を奏した。キュービズムは耳に心地よい。

ＱＢイズムは、波動関数の意味に関するさまざまな考えに疑問を呈した。波動関数の状態をめぐる議論は、本書で見てきたすべての解釈の中心にあった。波動関数には、大きく二つの考え方がある。一つは、波動関数は量子系の私たちの知識を表すというもので、そのため、それは認識的で、この立場をとる理論はψ認識的と言う。もう一つは、波動関数は実在の不可欠な要素であるという考え方で、この信念をもつ理論はψ本質的と呼ばれる。

コペンハーゲン解釈は、観測できることを超えた量子世界を実在としないため、ψ認識的である。波動関数には十分な知識が含まれていて、そこから実験の結果について確率論的な予測をすることができる。加えて、この理論を完成させるのに、隠れた変数は必要ない。

ψ認識的モデルには、非実在論の立場をとらないものがある。そうした立場では、量子世界を実在とするが、それでも、波動関数はこの実在世界の要素ではなく、世界についての私たちの知識についてのものであると主張する。アインシュタインは、この量子力学観の支持者であったと考えられる[39]。

ここまでに見てきた、コペンハーゲン解釈の代替理論――ド・ブロイ＝ボーム理論、収束理論、多世界解釈――はすべて、波動関数が実在するという立場だ。それらに共通する考えは、観測者に依存せずに存在する客観的世界がそこにあるというものである。言い換えると、量子世界の存在論があり、波動関数はこの存在論の重要な要素であるということだ。こうした代替理論はψ本質的である。

しかし、こうした理論のすべてで、認識的か本質的かにかかわらず、(波動関数によって与えられる) 量子状態は量子系と結びついている。そして、量子状態は、すべての観測者が客観的に同意できるものである。ところが、QBイズムはそれと根本的に異なる立場をとる。フックスは「自然界には、量子状態と呼ばれるものは一切存在しません」と言う。「ただもう、ないんです」

QBイズムは明らかにψ認識的であるが、波動関数は量子系とではなく、量子系を研究するそれぞれ個々の観測者と関係づけられる。そのため、もし私が量子の測定を行うと、量子系に対して私が用いる波動関数は、これから起こす行動の結果に対する私の期待をコードする。こうした期待は、系についての私の信念で決まる。

ビームスプリッターを通過する光子を考えよう。あなた (行為者) は、ビームスプリッターの

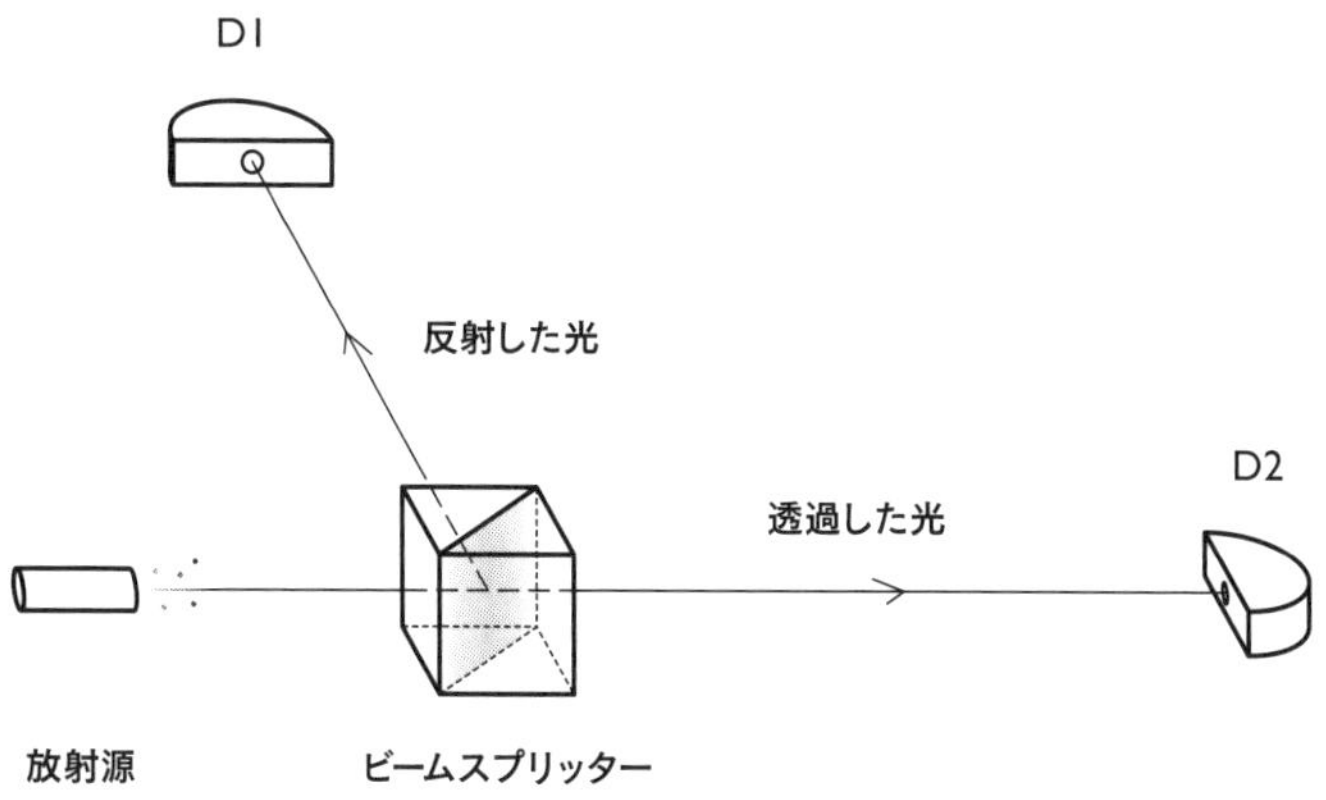

はたらきをまったく知らなければ、ビームスプリッターを通り抜ける光子に、波動関数を結びつけるかもしれない。しかし、ここで不確実性をもたらしているのはビームスプリッターである。波動関数は二つの構成要素（透過する経路と反射する経路）の線形結合である。あなたが検出器D1で光子を発見する確率を三分の一、検出器D2で発見する確率を三分の二と割り当てたとする。

しかし、何度も実験を繰り返すとか、ビームスプリッターについての物理を勉強するとか、教科書を読むとか、同僚と話し合うとかして、あなたはこうした確率が間違いであることに気づく。すると、あなたは、光子の半分がD1に、半分がD2に進むという自分の信念が現れてくるまで、波動関数を更新する。この考えを、完全なマッハ＝ツェンダー干渉計や二重スリットにまで拡張できるが、議論はかなり複雑になってしまう。系の複雑さとは関係なく、ここでの重要なのは、あなたが実験の結果に割り当てる確率は、起こり得ることについてのあなたの個人的な信念に左右されるということである。

「こうしたことすべては、一人ひとりのベイズ確率です」とフックスは言った。「ベイズ理論的な考えでは、予測できないことの尺度として、確率を割り当てます。あなたは、事実をすべて知っているわけではないという理由だけで、確率を割り当てるかもしれない。［それは］ものごとの客観的特性ではなく、むしろその［予測を］行う人についての記述です」

物理学者には、QBイズムが単に羊の皮を被ったコペンハーゲン解釈であると主張する者もいる。しかし、フックスはそれをまったく受け付けない。彼の指摘はこうだ。コペンハーゲン解釈では、波動関数は研究されている量子系に関係していて、観測者を取り去っても、波動関数を取り除くことはない。そのため、波動関数は存在するし、それは観測者とは無関係で、系についての客観的で認識的な記述である。QBイズムでは、そうではない。観測者を取り除き、量子状態が存在しなければ、語るべき波動関数もないのである。さらに、コペンハーゲンは反実在派である。フックスによると、QBイズムはそうではない。実在の世界が存在することを否定しない。QBイズムが明確にしているのは次のことだ。数学的定式における量子状態は実在の世界についてのものではなく、実在の世界についての私たちの信念についてのものである。量子状態は客観的ではなく、主観的なのである。

しかし、そう考えることで何が得られるのだろうか？　一つには、波動関数の収束に関する問題はすべて、取るに足りない問題になる。収束する物理的なものはなくなる。起こることは、あなたが世界についての信念を更新するということだけだ。つまり、あなたの期待を定量化する波動関数が変化するのだ。物理学的には、何も起こらない（同じ主張がどのψ認識的理論にも言えることに注意しよう。収束は、物理系とは無関係で、むしろ系についての私たちの知識の変化と関係があるという）[40]。

「QBイズムで、あなたはこれ以上、物理的な説明を必要としないのです」と、収束を説明する必要性についてフックスは言った。「その代わりに、こう言うわけです。私は行動を起こし、それに結果が付いてきた。そして、その結果によって、私は信念を更新する。私の信念は、この数学記号（ψ）に捉えられる。私は、新しいこと、つまり新しい経験を信じているから、この数学的な表現は瞬時に変わる」

量子の解釈や代替理論のなかで、QBイズムはもっとも新顔で、科学を擬人化する考え方に尻込みするほとんどの物理学者の性に合わない。しばらくの間、フックスとシャック以外に支持者はほとんどいなかった。しかし、高い評価を受けている固体物理学者であるニューヨーク州イサカのコーネル大学のデイヴィッド・マーミンが支持に回ったとき、QBイズムは勢いづいた。「QBイズムの何が魅力的に映ったかというと、それがもたらす状況のなかでコペンハーゲン解釈がより筋が通ること、そして、なぜコペンハーゲン解釈が非常にわかりにくいのか、その説明がなされたことです」とマーミンは話した。風の吹きすさぶ、凍える寒さの冬の日に、イサカの研究室を訪れたときのことだ。「みんながやっていたのは、科学者が未来永劫やり続けよと教えられたことですからね。それは、外の世界への理解を積み上げていくことで、外の世界とは、それを理解しようとする人々には何ひとつ言及しないものでした。コペンハーゲン解釈のなかで、無様で的外れなことは、客観的でないものを客観化しようとしていることです。主観的で個人的なものを」

QBイズムは唯我論に陥る危険がある。唯我論とは、実在するものは自分が経験するものだけだという考え方のこと。マーミンによると、そのような議論には誤りが存在する。私たちは、個人的な経験について互いに伝え合うための言葉をもち（科学や数学の言葉も含む）、それによって、私たちの主観的な経験は共有される実在になる。

それにもかかわらず、QBイズムには、実在に対する第三者視点の客観的な考え方に類するものが存在しない。これは、宇宙が局所的なのか非局所的なのか、あるいは量子と古典との間に境界が存在するのか、という問いに影響する（これらの問いは、さまざまな解釈をマッピングする際の軸として使える）。非局所性について考えてみよう。コペンハーゲン解釈では、量子世界は非局所的であるが、なぜそうなのかについて説明されない。ただそうであるだけだ。ド・ブロイ＝ボーム理論は非局所性を説明するために、非局所的な隠れた変数を用いる。収束理論は非局所的で、波動関数を真剣に取り入れる。つまり、波動関数の収束（GRWのように確率論的に起こるとするか、ディオシ＝ペンローズ理論のように重力のせいにするかにかかわらず）は非局所的な事象である。また、多世界解釈の一部の支持者によると、宇宙は局所的である。QBイズムも、それと同じである。そして、双方とも、似たような論拠を使って、その理由を議論している。

アリスとボブがもつれた光子を測定する、アラン・アスペの実験を思い出してほしい。実験の結果、アリスの測定がボブの光子に、ボブの測定がアリスの光子に影響する、瞬間的な遠隔作用をほのめかす相関関係が見出された（二二四‐二二五頁）。したがって、もしアリスとボブが測定を行って確定的な結果が得られれば、それを第三者の視点から解析すると、この測定結果は非局所性を仮定せずには説明できない形で相関している。しかし、多世界解釈では、第三者の視点は意味をなさない。デイヴィッド・ウォレスは、著書『現れた多宇宙（*The Emergent Multiverse*）』のなかで、多世界解釈では「ベルの定理を議論する際にとる第三者の視点からは、どんな実験もただ一つの確定的な結果をもつことはない[41]」と主張する。

ウォレスはこう説明する。「もちろん、任意の実験者の視点から見ると、アリスの実験には唯一の確定的な結果が生じます。エヴェレット解釈でさえもね。しかし、ベルの定理はさらに要求します。彼女の視点から見て、彼女の遠くにいる同僚の実験にも確定的な結果が生じることを求めるのです。エヴェレットの量子力学では、そんなことは起きない。少なくとも、遠方の実験が彼女の過去の光円錐に入るまでは[42]」。それが意味するのは、アリスとボブによる測定について続けざまに話せる瞬間は、ほかの人の世界にアクセスできるときであるということだ。つまり、それは光速を超える速さでは起こり得ない。

ボストンにある研究室で、フックスはホワイトボードにアリスとボブの絵を描いて、ＱＢイズムがなぜ似たような立場をとるのかを説明した。「正直に言うと、これは少し多世界解釈に似ています」と彼は言った。QBイズムと多世界解釈では、アリスの視点から見ると、ボブの検出器は反応しないいし、その逆も然りだ。しかし、ベルの解析では、アリスとボブは第三者の視点から見られていて、両方ともに反応があるとする。これはQBイズムではあり得ない。アリスがボブのところへ行き（光速よりも速くは行けない）、ボブの結果が彼女の経験の一部になってはじめて、彼女は起こったことについての信念を更新できる。しかし、そのときまで、アリスとボブが得た結果の間の相関関係などという考えは存在しない。「QBイズムの解釈における量子力学では、相関関係か、さもなければ不気味な関係を、空間様のもので分離された出来事にあてがうことはできません。なぜなら、それらの出来事は一人の観測者によって経験され得ないからです。したがって、量子力学は明らかにQBイズムの解釈では局所的です。ただそれだけのことです[43]」

QBイズムでは、量子と古典の境界という考え方についても、同様に退けられている。コペンハーゲン解釈には、一方的決定により存在する境界がある。あるものは量子的で、ほかのあるものは古典的であるが、なぜそうなのかは確固たる説明がされていない。デコヒーレンスを用いる説明で、量子状態が古典的なものになってしまう理由をある程度理解できるが、それらは完全ではない。ド・ブロイ＝ボーム理論には、境界がない。大きかろうが小さかろうが、物体を作り上げている粒子が存在する場所について、物質的な事実が必ずある。種々の収束論は、収束そのものの確率論的なプロセスによって境界が生じるという点で共通している。多世界解釈では、古典と量子とを区別しない。波動関数だけがそこにあり、永遠に進化していくとする。一方で、QBイズムは、量子と古典という言葉が常に、人間を排した客観的な第三者の視点から話されることをもって、それらの概念に再考を迫る。「科学とは、ある特定の個人の経験と、その外にある世界の部分集合との橋渡しに関するものである。その特定のユーザーにとっては。……それは、QBイズムが考える科学の中心にある」と、デイヴィッド・マーミンはエッセイ「QBイズムがコペンハーゲン解釈でない理由と、ジョン・ベルがそれについて考えたこと」[44]で述べている。QBイズムでは、ある人が古典的あるいは量子的だと考えるものは、その人物の外の世界についての信念と関連があるだけだ。

以上のようなことで頭が変になりそうでも、同じように苦しんでいる人はほかにもいるから、安心してほしい。こうした問いに没頭している物理学者でも、当惑することに慣れっこなわけではない。QBイズムがチンプンカンプンだと公言するボーム力学の専門家や、収束理論を見当違いだと考えるQBイズムの専門家、多世界解釈は大げさでナンセンスだと主張する収束理論家、ボーム力学を無用の長物と退ける多世界解釈の研究者たちがいる。そしてもちろん、量子力学の代替解釈に取り組む研究者はみな、コペンハーゲン解釈を歴史のごみ箱に入れなければならないと考えている。そして、コペンハーゲン学派の人々は、まだその高みから引きずり下ろされてはいない。

何人かの若い人々が、二四歳の頃のハイゼンベルクのように、このがらくたの山を突っ切っていくかもしれない。フックスに贈ったアントン・ツァイリンガーの言葉が核心を突いている。フックス自身、受けが最悪だったという、QBイズムについての講演のあとのことだ。フックスは、聴衆の一人だったベテランのアラン・アスペから「変人[45]」と見られたと思った。人の好いマーミンさえ、フックスに近寄り告げた。「言っておかなければならない。今の講演は、あなたがしてきた話のなかで最悪だった[46]」。ツァイリンガーが「素晴らしい講演だった！[47]」と言うと、マーミンはそれに、「いや、違う！[48]」と返した。フックスは、このときのことを（著書で）回想している。ツァイリンガーがマーミンの言葉を聞き流し、直接彼に話し掛けてきた。「若い頃、前列に座っている古参の教授たちから総スカンを受けて、私が何をやったか、知ってるでしょう。話をするとき、教授たちのほうを見ないで、若い学生たちが座っている後列のほうを見ていたんだ。彼らは新しいことを聞く耳をもっていたからね[49]」

量子世界を疑いの余地なく理解するのが、若く、先入観のない新人であることは十分あり得る。私が出会った物理学者たちは、自分が正しい道を進んでいると確信していた。彼らは、人生のすべてを実在の性質の追求に捧げようと、奮起せずにはいられないかのように。私が出会った物理学者たちは、現状に不満をくすぶらせ、どの学派にも与《くみ》していなかった。彼らは、量子力学の基礎にあるどんなひびも見咎めるかのように。まさか、さまざまな解釈と数学的形式が、すべて正しいことなどあり得ない。一つが正しく、ほかはすべて間違っているのかもしれない。または、それらのすべてが、そのどこかで真実に触れていて、より深淵な実在を私たちに垣間見せるのかもしれない。もしそうなら、ひびから光が差し込み、それが二つのドアを同時に通り抜けるかどうかについて、もっといい説明ができるようになるかもしれない。あるいは、そうはならないかもしれない。

エピローグ　同じものの異なる見方？

エスト〔エアハード式セミナートレーニング〕の創始者ワーナー・エアハードは、一九七〇年代終わりから八〇年代初めにかけて、自己啓発事業で得た財産を使って、物理学に関するみずからの関心を満足させるために、一連の物理学の会議を企画した。「エストが出資する物理学会議は、物理学界のスターたちを次々と引き寄せた」と、デイヴィッド・カイザーは著書『ヒッピーはこうして物理学を救った――科学とカウンターカルチャーと量子の再興（*How the Hippies Saved Physics: Science, Counterculture, and the Quantum Revival*）[1]』に書いた。物理学界のスターの一人が、スタンフォード大学の理論物理学者レオナルド・サスキンドであった。ある晩、サスキンドは、リチャード・ファインマンとシドニー・コールマンとともに、サンフランシスコのエアハードの自宅でのディナーに招かれた。そこには、二人の若い哲学者も招待されていた。「彼らはぺちゃくちゃと、あらゆる種類の哲学用語をまき散らしていた。哲学の学術用語をね……その様子に見るからに我慢の限界というファインマンが、彼らをやりこめた。それも、こてんぱんに。彼が若い哲学者たちにしたことは、なかなか言葉にできません。たとえて言うと、ファインマンはピンを取り出し、見方によっちゃ卑劣なやり方で、ふくらんだ風船に穴をあけたようなものです。ただ、救いだったのは、そこにいた全員が彼に魅了されたことです」と、サスキンドは話した。

しかし、とうとうと話す哲学者を嫌っていたにもかかわらず、ファインマンは「私がこれまで会ったことのある物理学者のなかで、おそらくもっとも哲学的だった」と、サスキンドは言う。

そういったファインマンの一面は、コーネル大学での講義からも明らかだった。講義中、彼は受講者に二つの理論AとBについて考えてほしいと言った。これらの理論は実在の特性について異なる立場をとるが、数学的に等価であり、同じ経験的な予測をもたらし、実験で区別することができない[2]（コペンハーゲン解釈とボーム力学についての話だと思われるが、そうとは明言せず、一般論として話した）。ファインマンは、たとえそれらの理論が、科学的な取り組みのいくつかの段階では区別できないとしても、理論AとBの背後にある哲学が私たちを異なる方向に導くということを知っておくのは重要だと主張した。

「新しい理論を構築するという目的では、これらの二つは等価から程遠い。なぜなら、それぞれ互いに、まったく異なる考えをもたらすからだ[3]」とファインマンは言った。

たとえば、Bには不可能な、わずかな微調整をAには行うことができるかもしれない。この場合、Aは変更のあと、大きく異なる理論を導く可能性がある。「言い換えると、それらは変更する前は同一であるが、一方には自然に見える変更方法があり、もう一方にはそれがない。したがって、すべての理論を頭に入れておかなければならないという気持ちになります」とファインマンは言った。「そして、理論物理学者はみな、まったく同じ物理に対して六つか七つの異なる理論が立てられていることを知っているし、それらがすべて等価であり、現段階でどれが正しいかを誰も決定できないことを知っている……。しかし、そういうことを頭に入れたうえで、それらが別のアイデアを考え出すためのヒントになってくれるのを期待している[4]」

オーストラリア・ブリスベーンのハワード・ワイズマンがやろうとしているのは、まさにそれだ。量子力学の異なる解釈を念頭に置きつつ、現れてくるものに目を凝らしている。直感的に一つ明らかなのは、こうした理論や解釈が同じ実在の異なる面に、それぞれ光を当てているということだ。「科学哲学が発展を遂げたのは、別々のものと考えられてきたことが、実際には同じものを異なる方法で見ていただけだったという発見のおかげでした」とワイズマンは私に話した。

このアプローチは、量子力学に適用されて、驚くべき洞察をもたらしている。実在の性質に対するきわめて異なる見方である、収束理論と、ボーム力学のような隠れた変数理論を取り上げよう。ボーム力学で、もし二個の粒子からなる系を考えるとき、その波動関数は粒子Aの位置と粒子Bの位置という二つの変数をもつ関数となる。そして、二つの粒子は実際に位置をもち、それが、この理論の隠れた変数である。今、仮に、粒子Aの厳密な位置がわかっていて（現実にはあり得ないが、議論のためにそう仮定する）、それを方程式に代入すると、波動関数は粒子Bの位置の変数のみの関数へと減少する（実質的には、収束する）。

ワイズマンはこれに刺激され、収束理論（時空のさまざまな点において、ある割合で、波動関数が確率論的に収束するという理論）を、私たちにはわからない隠れた変数をもつ、ほかの大きな系と波動関数がもつれるという理論と考えるようになった。(5) これらの隠れた変数の値の変化は、私たちが研究している系の波動関数に影響を及ぼすことができ、それが、波動関数が確率論的に収束するように見えるという可能性がある。そんなふうに収束理論を考えると、それは隠れた変数理論になる。ただし、それらの変数は本当に隠れており、私たちはそれらの影響にしか関与できない。

ワイズマンは、ボーム力学を多世界解釈につなげる方法も見出した。ボーム力学で、二重スリットを通り抜ける一個の粒子について考えよう。もし正確な初期状態の位置と速度がわかれば、装置を通過するその軌道を予測することができる。しかし、量子力学の確率論的な予測に合わせるために、粒子の初期状態についての知識に、わずかな不確実性を加える。初期位置が確率場によって与えられるのだ。これは、初期位置となる確率がそれぞれ異なる位置がたくさんあり、粒子がその一つに存在するという意味である。これは、粒子の仮想的な集団があり、それらの初期位置が、波動関数の絶対値の二乗によって与えられる確率場によって決まるのに近い。実際の粒子はそれらの位置のうちの一か所にあるが、私たちはそのどの位置なのかを知らないだけだ。さて、この仮想的な粒子の集合が二重スリットを通過して進化するとき、ボーム力学からは、仮想的な軌道の集合が得られる。しかし、もちろん、それらのうちの一つが現実のものであり、観察されるのは、実験一回につき一つの軌道である。実験をすると、スクリーンのどこかに粒子が到達していることを確認でき、その結果に対し実験前は確率を割り当てることができたはずだ。そして、この実験を同じ仮想的な集合で繰り返し行えば、多数の軌跡が得られ、それらをまとめると干渉縞が現れる。

この仮想的な集合を熟考する際、ワイズマンは次のように考えをめぐらせた。この集合が現実のものだったらどうなるか？ つまり、それらすべての粒子が、それぞれ異なる世界で存在していたらどうなるだろうか？ それぞれの粒子は、周囲に局所的に存在するそれらの粒子に影響される（ほかに比べて密度が高い領域がある）。すると、それぞれの粒子の移動する経路は、群れになったムクドリのように、そのすぐ近くにある粒子との相互作用によって記述される。重要なことは、任意の粒子の運動を決定する波動関数は必要ないということだ。「それを思いついたときは、ワォ！って感じでした」とワイズマンは言う。

ワイズマンと同僚のディルク・アンドレ・デッケルトとマイケル・ホールは、この状況に対して、多世界の力の法則を仮定し、シミュレートした。まず、彼らはボーム力学――波動関数や隠れた変数などすべて――を用いて、二重スリットを通過する粒子の軌道を描いた。次に、それぞれの粒子の軌道を、波動関数の進化の数学を用いることなく、ほかの世界に存在する、ほかの粒子との相互作用の結果として扱った。彼らが得た結果は、無気味なほど似ている。(6)

ド・ブロイ=ボーム理論

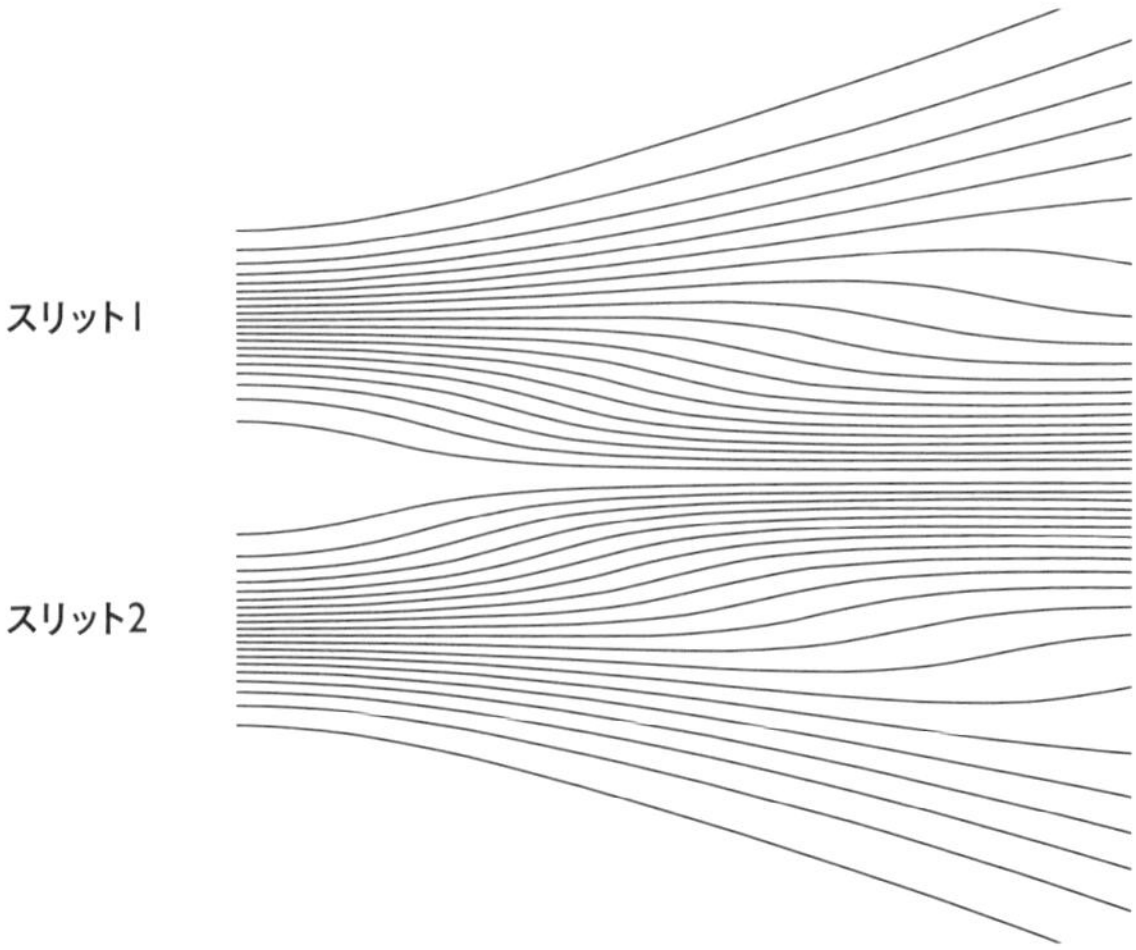

相互作用する多世界解釈

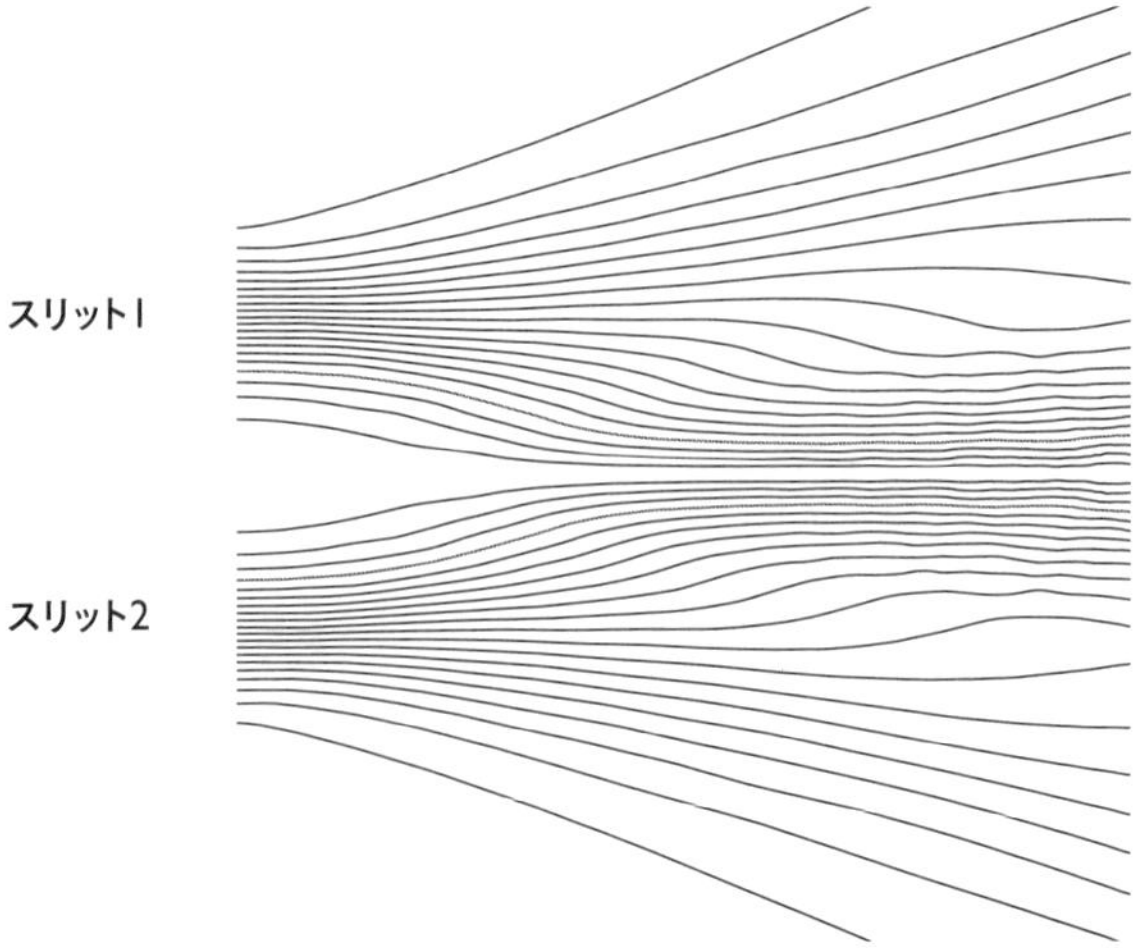

「それは、一個の粒子に対する理論にすぎません」と、ワイズマンは言った。「当然、宇宙は一つの粒子ではありません」

多粒子系では、各粒子は三次元空間に存在する一方、その波動関数は配位空間に存在する。三次元空間における任意の粒子分布は、配位空間における一点に対応する。この一点は一つの世界を意味する。ボーム力学で、粒子の最初の配置についての私たちの知識は、不確実性の影響を受け、この不確実性は配位空間における点の確率分布――つまり、世界の仮想集合――に対応している。ボーム力学によると、実在する世界が一つ存在し、その進化は、初期の不確実性に影響される波動関数の進化によって記述される。三次元空間の単一の粒子がほかの世界のほかの粒子によって影響を受けているのとちょうど同じように、ワイズマンの主張では、配位空間における点の仮想的な集合も、実際の世界の集合として扱うことができる。任意のどんな世界も配位空間でほかの世界と相互作用し、この相互作用は局所的で、互いに近い世界同士は、遠い世界よりも強い影響を与え合う。

その結果は重大だ。たとえば、配位空間における局所的な相互作用は、三次元空間では非局所性となって現れる。「つまり、そのようにして量子力学の非局所性が生まれるのでしょう」と、ワイズマンは話した。彼は、このまだ生まれたばかりの考えを「相互作用する多世界」と呼ぶ（エヴェレットの多世界解釈と区別している）。それは、量子力学的世界の振る舞いがより深い実在の力学から立ち上がるさまを説明した一例である。しかし、ワイズマンはこれが量子の世界で起こっていることだと確信をもって主張しているわけではない。こんなふうに理論を立てるのは、量子現象を説明する方法が無数にあることをわからせるためだ。そうした説明のなかには、ほかよりも数学的な根拠がしっかりしているものがあったり、それぞれ特有の問題を抱えていたりする。たとえば、コペンハーゲン解釈における測定問題や、ボーム力学の特殊相対性理論と対立し得る問題（一部の人々からの、隠れた変数に対する嫌悪も然り）、収束理論での確率的収束というその場しのぎの性質、エヴェレットの多世界解釈における確率の説明問題などなど。

そして、量子世界を解析する軸をどこに置くかによって、理論と解釈は異なる分類がなされ、奇妙な組み合わせができあがる。

決定論について考えてみよう。ド・ブロイ゠ボーム理論やエヴェレットの多世界解釈、それにワイズマンの相互作用する多世界は決定論的だが、コペンハーゲン解釈と収束理論はそうでない。QBイズムは、実在の世界が決定論的であるかどうかについて、何も語らない。

実在主義についてはどうだろうか？ ド・ブロイ゠ボーム理論、収束理論、多世界解釈、相互作用する多世界はすべて実在論であるが、コペンハーゲン解釈は違う。QBイズムは波動関数が実在ではないという条件付きで実在論である。

実在はないが、波動関数は存在するという主張はどうだろうか？ 多世界解釈と収束理論はそれを肯定する。ド・ブロイ゠ボーム理論は否定する（なぜなら、この理論にはほかに隠れた変数があるからだ）。相互作用する多世界に波動関数は存在しない。コペンハーゲン解釈で波動関数は量子的な世界を表すが、それと対立する古典的な世界がある。ＱＢイズムでは、波動関数の状態は完全に主観的である（それは一観測者の個人的なものだ）。

さらに、局所性vs非局所性という大きな問題がある。私たちの三次元世界の観点から見ると、ド・ブロイ＝ボーム理論、収束理論、相互作用する多世界はすべて非局所的である。これについての、エヴェレットの多世界解釈の立場に対して論争が存在するが、意見は局所的な方向に向かっている。コペンハーゲン解釈ははっきりしない。波動関数が実在する何かを表したものであると考えれば非局所的になり、そうでなければ、できることは、測定すること、その結果をほかの実験結果と比較すること、相関関係を見つけること、それだけだと言って、非局所性の懸念を退けることができる（相関関係の原因を説明する試みは存在しない）。ＱＢイズムは、これまで見てきたように非局所性を退けている。

もっと細かく分類することもできるが、メッセージは明確である。これらの理論を分類する、一貫性のある方法は存在しないのだ。こうしたことが強く示しているのは、量子の世界の理解はもっと深められるということだ。そして、解明に向けたさらなる試みのなかで、さまざまな形の二重スリット実験が利用される可能性が高い。

量子力学の重要な仮定の一つである、ボルンの法則を検証するために行われている実験以上に、これが明らかなものはない。ある著名な理論物理学者は、「ボルンの法則が落第だったら、すべては地獄行きだ[7]」と言った。言ってしまえば、量子世界を説明するさまざまな数学的な定式化はすべて、二重スリット実験の結果がそのようになる理由を答えるように設計されている。たとえば、二重スリットの実験では、光子が二重スリットを通り抜け、その波動関数が分かれて、再び結びつく理由を答えられるように。結局、波動関数は異なる波動関数（光子のとるそれぞれの経路について）の線形結合として書き表すことができ、それぞれの波動関数はシュレーディンガー方程式に従って進化する。光子はすべての取り得る可能性のある経路の重ね合わせであると言われる。ボルンの法則によれば、あらゆる位置で光子を発見する確率が、その位置での波動関数の絶対値の二乗で求められる。しかし「ボルンの法則は推測である」と、かつてカナダ・ウォータールーの量子コンピューティング研究所に在籍し、現在はインド・ベンガルールのラマン研究所に所属するウルバシ・シンハは言う。「ボルンの法則には正式な証明が存在しないのです」

もちろん、多くの量子力学的な現象が、驚くべき精度で理論的な予測と一致するが、これらの予測はすべて、ボルンの法則が有効であると仮定している。現在、シンハと彼女の同僚はボルンの法則を直接検証しようとしている。それには、ほかでもない二重スリットを使う（ときどき、三重スリットを利用する。そのほうが、測定結果が明瞭になるが、基本的な考え方は同じだ[8]）。二重スリットを通過する光子について考えよう。ファインマンの経路積分法によれば、たとえばスクリーンの中央で光子を発見する確率を計算するためには、古典的な経路（二つのうち一方のスリットを通る経路）と、非古典的な経路（一方のスリットを通過した直後に、別のスリットの方へ方向転換し、その後スクリーンに向かうような経路）を考えなければならない。

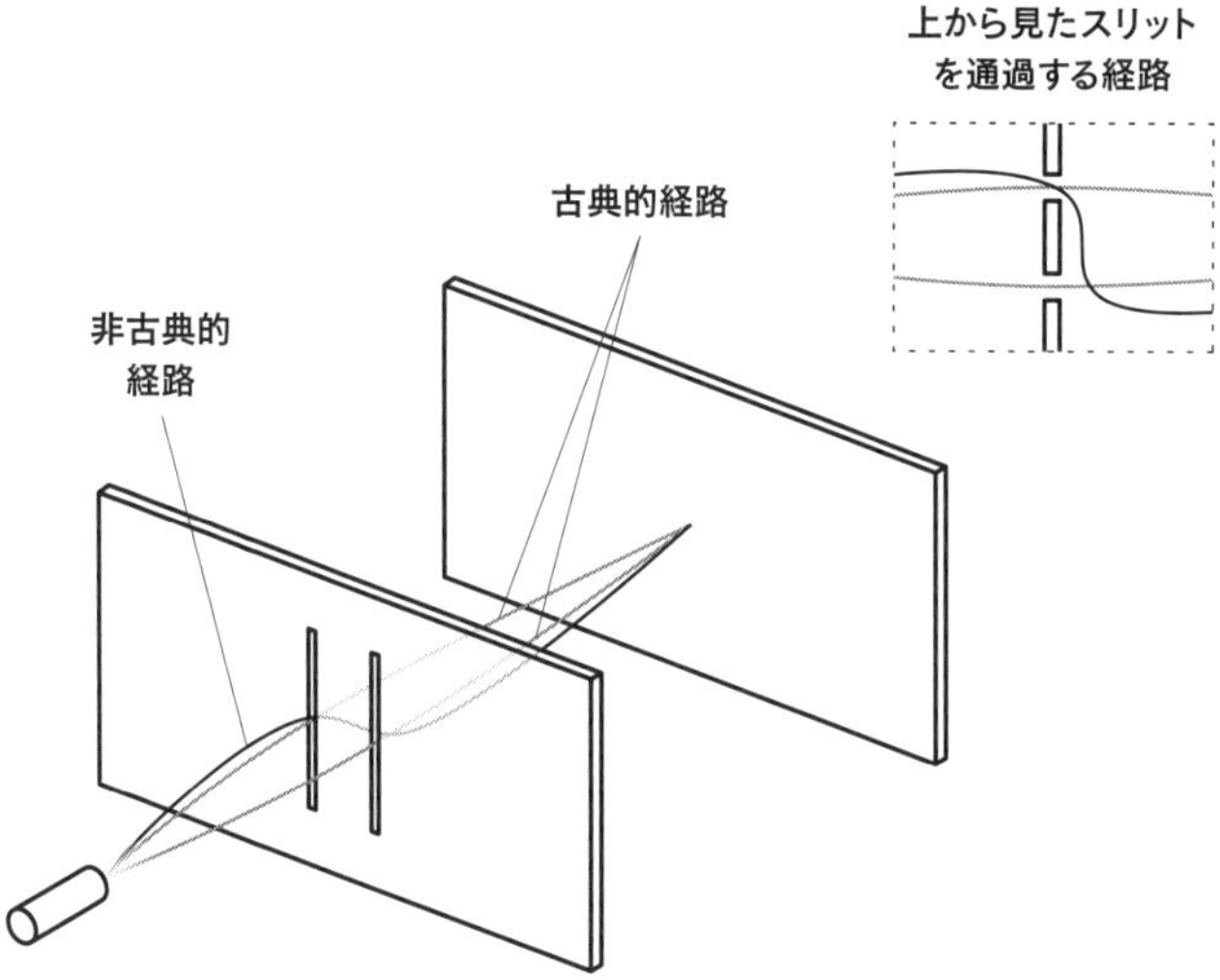
上から見たスリット
を通過する経路
古典的経路
非古典的
経路

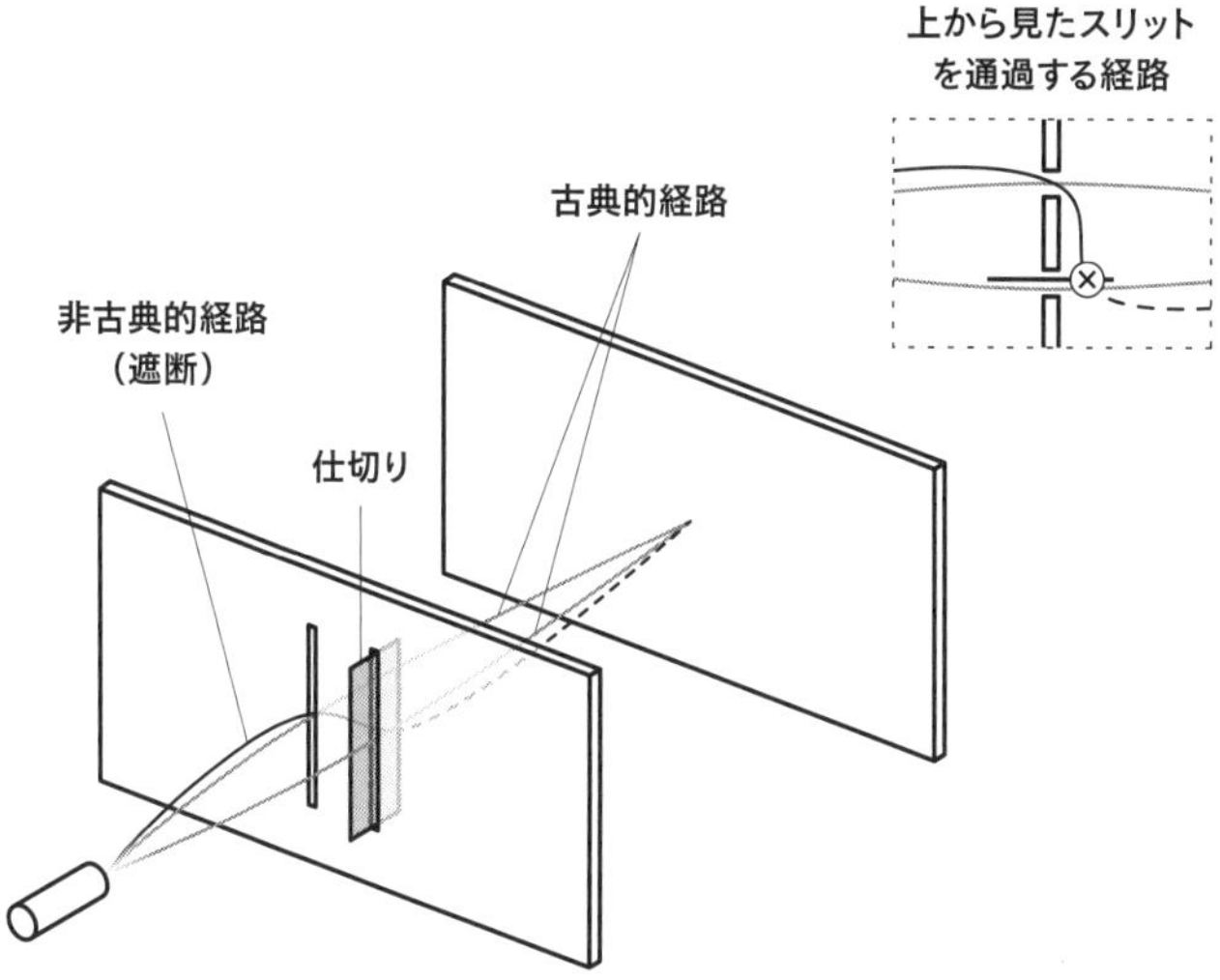
上から見たスリット
を通過する経路
古典的経路
非古典的経路
（遮断）
仕切り

シンハの研究チームは、スクリーンの中心で予測される光の強度を計算した。その際、そこが、光子が実験装置を通過し得る経路のなかで、古典的にも非古典的にも、もっとも支配的な経路であると前提した。次は、非古典的な経路をブロックしたときに予測される変化を計算する（非古典的な経路をブロックするには、一方のスリットに遮光板を差し込む。こうすると、スリットを回り込む、ふつうではない光子の経路を防ぐことができる。遮光板は薄く、古典的な経路をとる光子がスリットを通過できる空間が左右に確保されている）。測定された強度は、ボルンの法則の正確な定式化に鋭敏である。確率は波動関数の振幅の二乗と等しいだろうか？[9] そうでなければ、δを偏差として、振幅は2＋δと等しいだろうか？　シンハらのほか、多くの研究チームがそのような疑問に取り組んでいる。「小さな偏差でも、多く影響があります」とシンハは話した。

ボルンの法則が今のところ一定程度の精度のレベルを保つ一方で、実験物理学者はいっそう手綱を引き締めている。そうして、もしボルンの法則に微調整が必要であることが明らかになれば、突破口が開ける。それは、理論研究者たちにとって、正しい量子力学的な自然観に向かうための重要な道標になるだろう。一方、実在に命を吹き込むいくつかの中心原理については、二重スリット実験は相変わらず隠したままにすることも、この実験は強調してもいる。

ファインマンはコーネル大学での講義でこう語った。「どんな……量子力学の状況も結局のところは、あとから説明できる。『二つ穴の実験のことを覚えているでしょ？』と言って」[10]

物理学はまだ、二重スリット実験の途上にいる。未解明なのである。

謝辞

一九八〇年代にゲーリー・ズーカフによる『踊る物理学者たち』（佐野正博、大島保彦訳、青土社）を読んだときの感動を今でも思い出す。量子力学の謎が生き生きと描かれた本だ。二重スリットの説明はもちろん、ほかにもいろいろなことが書かれていた。その後、私はジャーナリストとして量子力学の記事を書くようにもなり、あらゆる場面でこの象徴的な実験に出くわした。そこで、二重スリット実験の視点から量子物理学について語る、というアイデアが生まれた。しかし、何年もの後回しにされていた。

編集者スティーブン・モロー氏はそのアイデアに可能性を見出し、再検討する機会を与えてくれ、最後まで見届けてくれた。感謝申し上げたい。制作に協力してくれたマデリン・ニューキスト氏やダットン社のみなさん、私の代理人ピーター・タラック氏にも感謝の意を示す。

このような本にはイラストレーターが必要だ。ロシャン・シャキール氏を紹介してくれた、友人のアジャイ・ナレンドラン氏に感謝申し上げる。ロシャンは、私の中途半端なスケッチを、文章をこの上なく引き立てる、明確な絵に仕上げてくれた。ロシャンのたゆまぬ努力、そして私とロシャンを支え、励ましてくれたアジャイに感謝する。

また、コペンハーゲン（デンマーク）にあるニールス・ボーア図書館・文書館のロブ・サンダーランド氏、リス・ラスムッセン氏、フェリシティ・ポア氏をはじめスタッフの方々には、歴史的な文書の閲覧にご協力いただいた。感謝を申し上げる。

量子力学を説明するために、多くの物理学者から学んだ。彼らは時間を割いて、対面のほか、電話や電子メールで、困惑し夢中にもなる量子力学の概念的問題について丁寧に教えてくれた。また、多くの人々がこの本の一部を読み、誤りを見つけて修正を提案してくれた。以下の方々に感謝の意を表する。ルシアン・ハーディ、アラン・アスペ、フィリップ・グランジエ、デイヴィッド・アルバート、ティム・モードリン、アントン・ツァイリンガー、マーラン・スカリー、ルパート・ウルシン、シャオソン・マ、レフ・ヴァイドマン、シェルドン・ゴールドスタイン、ジョン・ブッシュ、トマス・ボーア、クリス・デュードニー、バジル・ハイリー(何年も、議論や取材に付き合ってくれた)、ローデリッヒ・トゥマルカ、ロジャー・ペンローズ、マルクス・アーント、ディルク・バウミースター、ショーン・キャロル、デイヴィッド・ウォレス、ハワード・ワイズマン、クリス・フックス、デイヴィッド・マーミン、デイヴィッド・カイザー、レオナルド・サスキンド、ウルバシ・シンハ、ジョン・サイプ、そしてニール・エイブラハム(章順)。

ほとんどすべての章をチェックしてくれたジョン・ブッシュ氏には特に感謝を申し上げる。彼の熱意には勇気づけられた。また、この本全体を読み、コメントをくださったアントニー・ティロイ氏に感謝を申し上げる。また、意見をいただいた友人であるスリラム・スリニヴァサン氏とヴァルン・バッタ氏にも感謝する。そして何よりも、本書の執筆中に、バークレーで数え切れないほどのコーヒーやランチをともにして活発な議論を交わし、最終稿の誤りを指摘してくれたアダム・ベッカー氏に感謝を申し上げる。

誤りがあった場合は、もちろん私の責任である。

アメリカ東海岸の量子物理学者たちに会うために、アーリントンとアマーストで数カ月にわたって私を泊めてくださったバヌとラメシュ、パリで泊めてくださったキャロライン・シディ、ロンドンで自宅のようにくつろがせてくださったギータ・スチャック、そして各章のエピグラフを探してくださったラオ・アケラに感謝を申し上げる。最後となったが、私を支えてくれたインドの家族、特に両親に感謝している。

高等学校までの物理学を学んだ人は、物理学とは条件さえ決まれば確実に答えが出ると認識しておられることだろう。地上一〇〇メートルの位置から物体を自由落下させたとき、三秒後の速度はいくらか、というような問題を思い出し、味気ない計算を繰り返した日々の記憶が甦った読者もおられるかもしれない。

高等学校で学んだ物理学は「決定論的」な物理学で、初期条件が決まれば、確定的に将来の状態が決まる。冒頭の問題がそれだ。運動を表す方程式に代入さえすれば、答えが求められる。

この本は、そういう物理学とは根本的に異なる物理学の分野である、量子力学を紹介している。しかも、今もって謎に包まれた、「二重スリット実験」が主題だ。量子力学のキーワードは、「曖昧さ」かもしれない。曖昧な問題であれば、気象予報もそうではないか、と思う方々もおられるかもしれない。確かに気象現象は複雑で、確実な予報は難しいが、気象という現象は大気や海洋の運動であり、実は決定論的だ。物理学でいうと、初期条件が決まれば将来の状態が確定的に定まるという、みなさんにおなじみの問題だ。ではなぜ、予報が難しいかと言うと、気象現象の物理は、わずかな初期値の違いがその後の状態に大きな違いを生じてしまうからだ。このような状況をカオス的と呼ぶ。

量子力学の曖昧さは、「ハイゼンベルクの不確定性原理」で示されるとおり、電子のような微視的な物体の位置を明確にしようとすれば、その速度は不明確になり、その逆も同じ、というものだ。これは計測機器の精度の問題ではなく、電子など量子と呼ばれるものの根本的な特性である。そのような量子の世界は私たちの日常には関係ない、と思われる読者もおられるだろう。しかし、それらの微視的な量子が集まって、私たちのような巨視的なものが形作られているのだ。それでも、私たちが運動しているとき、位置が正確にわかれば速度がわからなくなることなどない。どこからが巨視的で、どこまでが微視的なのか、その境界がどこにあるのか、実は現在も実験が続いている問題なのだ。科学には現在もわからないことが多く、何かが明らかになるとさらなる疑問が生まれるものだが（『物理学は世界をどこまで解明できるか』、マルセロ・グライサー著、白揚社）、それにも増して量子力学には「わからないこと」が山積みである。

この本でメインに取り上げられる二重スリット実験は、リチャード・ファインマンが「量子力学の精髄」と呼ぶほど、謎に包まれた量子の特性を明快に浮かび上がらせる。しかし、実験自体は非常に単純な装置で行うことができる。必要なものは二本の細いスリットと光源のみ。たったそれだけでできる実験の意味するところをめぐって、アルバート・アインシュタインやニールス・ボーアをはじめとする著名な物理学者たちが激しく主張を戦わせた。しかも、今もって確定的な答えは得られていない。本書は、二重スリット実験の解釈にまつわる物理学者たちの苦悩の物語である。物理学の発展とともに、先に紹介した単純な装置を用いたものから、光子を騙そうとする複雑な経路を用いる装置などへと、二重スリット実験も進化する。この本は、物理学の進歩には理論物理学と実験物理学の双方が不可欠であることを教えてくれる。理論は机上の空論ではないかと言う人もいるが、決してそうではないこと、また実験は闇雲に行われるものではなく、緻密な計画を立てて実施されているものであることが非常によくわかる。

量子力学は、いくつもの世界が「重ね合わせ」の状態にあり、私たちが計測や観測したときに世界が一つに決まる、ということを要請する。量子力学が生まれて間もないころ、そんなことはあり得ない、と主張したのはアインシュタインで、それが量子の本質であると主張したのがボーアだった。本書では、彼らがさまざまな方法で自らの考えを生み出しては磨き上げ、議論を交わす様子がまるでその場にいるかのように、克明に描かれている。二重スリット実験を通じて、量子力学の進化の状況を理解できる。

二重スリット実験による干渉縞をインターネットの画像で見ることはできるが、本書を手にした読者であれば、やはり自分の目で確認したいことだろう。比較的入手しやすいものを使って行うことができるので、ぜひ試していただきたい。〇・三ミリメートルのシャープペンシルの芯を五本用意する。厚紙から三センチメートル四方をくり抜き、その部分にシャープペンシルの芯をぴったりくっつけて並べてテープで止め、二本を抜いて二重スリットを作る。この二重スリットになった部分に、赤色のレーザーポインターを照射し、壁などに映してみよう。二重スリットを通過した光は美しい干渉縞になっているはずだ。さらに偏光板があれば、本文にも示されている量子消去実験を行うこともできる。ここでは詳細を述べないが、関心のある読者は「やってみよう！〝量子消しゴム〟実験」（日経サイエンス二〇〇七年八月号）などを参考にできるだろう。

この本の著者、アニル・アナンサスワーミーは宇宙論や理論物理学、量子物理学を主な専門とするサイエンスライターで、ニューサイエンティスト誌のニュースエディターでもある。二〇一〇年に宇宙論についての最新の研究成果を紹介する*The Edge of Physics: A Journey to Earth's Extremes to Unlock the Secrets of the Universe*（『宇宙を解く壮大な10の実験』松浦俊輔訳、河出書房新社）を出版し、二〇一五年には神経科学の観点から「自己」とは何かを解き明かそうとした*The Man Who Wasn't There: Tales from the Edge of the Self*（『私はすでに死んでいる——ゆがんだ〈自己〉を生みだす脳』藤井留美訳、紀伊國屋書店）を出版している。いずれも研究や治療の現場への取材に裏打ちされた内容で、その姿勢は三冊目の出版となる、この*Through Two Doors at Once: The Elegant Experiment that Captures the Enigma of Our Quantum Reality*でも存分に発揮されている。インタビューをもとにした生き生きとした描写は、ニュース記事を執筆している経験が生かされているように思う。

訳者自身は、科学技術をさまざまなツールによって広く市民に伝える方法論の研究を行っている。本書の翻訳は多くの人に馴染みのない素粒子物理学を伝える書籍として訳者にとっては、先に記した『物理学は世界をどこまで解明できるか』、『ブロックで学ぶ素粒子の世界』（白揚社）に続く三冊目の翻訳書となった。原稿整理などには小澤理佳氏にご協力いただいた。いずれの訳書でも白揚社編集部の筧貴行氏には、さまざまな貴重な提案と的確な日本語の助言をいただいた。諸氏に深く感謝する。

藤田 貢崇

(2) Richard Feynman Messenger Lectures on the Character of Physical Law, Lecture 7, "Seeking New Laws," November 1964, http://www.cornell.edu/video/richard-feynman-messenger-lecture7seeking-new-laws.

(3) 同上.

(4) 同上.

(5) Jay Gambetta and Howard Wiseman, "Interpretation of Non-Markovian Stochastic Schrödinger Equations as a Hidden Variable Theory," *Physical Review A* 68 (Dec 9, 2003): 062104.

(6) Michael Hall, Dirk-André Deckert, and Howard Wiseman, "Quantum Phenomena Modeled by Interactions between Many Classical Worlds," *Physical Review X* 4 (Oct 23, 2014): 041013.

(7) W. H. Zurek, quoted in Urbasi Sinha et al., "A Triple Slit Test for Quantum Mechanics," *Physics in Canada* 66, no. 2 (Apr/Jun 2010): 83.

(8) G. Rengaraj et al., "Measuring the Deviation from the Superposition Principle in Interference Experiments," November 20, 2017, https://arxiv.org/abs/1610.09143.

(9) Rahul Sawant et al., "Nonclassical Paths in Quantum Interference Experiments," *Physical Review Letters* 113, no. 12 (Sep 19, 2014): 120406.

(10) Feynman Messenger Lectures, Lecture 6, "Probability and Uncertainty: The Quantum Mechanical View of Nature," http://www.cornell.edu/video/richard-feynman-messenger-lecture6probability-uncertainty-quantum-mechanical-view-nature.

(31) David Wallace, "The Emergent Multiverse: The Plurality of Worlds—Quantum Mechanics," February 21, 2015, https://youtube/2OoRdyn2M9A? t=183.
(32) Everett, *The Everett Interpretation*, 278.
(33) Paul Davies and Julian Brown, eds., *The Ghost in the Atom* (Cambridge: Cambridge University Press, 1993), 84.
(34) Frank Wilczek, "Remarks on Energy in the Many Worlds," Center for Theoretical Physics, MIT, Cambridge, Massachusetts, July 24, 2013, http://frankwilczek.com/2013/multiverseEnergy01.pdf.
(35) Charles Sebens and Sean Carroll, "Self-Locating Uncertainty and the Origin of Probability in Everettian Quantum Mechanics," *British Journal for the Philosophy of Science* 69, no. 1 (Mar 1, 2018): 25–74.
(36) Christopher A. Fuchs, "On Participatory Realism," June 28, 2016, https://arxiv.org/abs/1601.04360.
(37) 同上.
(38) Carlton Caves, Christopher Fuchs, and Rüdiger Schack, "Quantum Probabilities as Bayesian Probabilities," *Physical Review A* 65, no. 2 (Jan 4, 2002): 022305.
(39) Matthew Leifer, "Is the Quantum State Real? An Extended Review of ψ ontology Theorems," *Quanta* 3, no. 1 (Nov 2014): 72.
(40) 同上.
(41) David Wallace, *The Emergent Multiverse: Quantum Theory according to the Everett Interpretation* (Oxford: Oxford University Press, 2012), 310.
(42) 同上.
(43) Christopher Fuchs, David Mermin, and Rüdiger Schack, "An Introduction to QBism with an Application to the Locality of Quantum Mechanics," November 20, 2013, https://arxiv.org/pdf/1311.5253.pdf.
(44) David Mermin, "Why QBism Is Not the Copenhagen Interpretation and What John Bell Might Have Thought of It," September 8, 2014, https://arxiv.org/pdf/1409.2454.pdf.
(45) Christopher Fuchs, *Coming of Age with Quantum Information: Notes on a Paulian Idea* (Cambridge: Cambridge University Press, 2011), Kindle edition.
(46) 同上.
(47) 同上.
(48) 同上.
(49) 同上.

エピローグ

(1) David Kaiser, *How the Hippies Saved Physics: Science, Counterculture, and the Quantum Revival* (New York: Norton, 2011), 189.

第8章

(1) William James, *The Will to Believe: And Other Essays in Popular Philosophy* (New York: Longmans Green and Co, 1907), 151.

(2) ヒュー・エヴェレットとチャールズ・ミスナーの会話の記録. Hugh Everett III, *The Everett Interpretation of Quantum Mechanics: Collected Works 1955–1980 with Commentary*, ed. Jeffrey A. Barrett and Peter Byrne (Princeton: Princeton University Press, 2012), 309.

(3) Everett, *The Everett Interpretation*, 65.

(4) 同上, 67.

(5) 同上, 69.

(6) 同上.

(7) 同上, 69–70.

(8) 同上, 71.

(9) 同上, 153.

(10) 同上.

(11) 同上, 214.

(12) 同上, 215.

(13) 同上, 217.

(14) 同上, 219.

(15) 同上.

(16) 同上, 212.

(17) ブライス・ド・ウィットとセシル・ド・ウィット=モレットのインタビュー. Kenneth W. Ford, February 28, 1995, Niels Bohr Library & Archives, American Institute of Physics, Oral Histories, https://www.aip.org/history-programs/niels-bohr-library/oral-histories/23199.

(18) Everett, *The Everett Interpretation*, 246.

(19) 同上, 255.

(20) 同上.

(21) 同上, 254.

(22) 会議の記録は以下に収録されている. Everett, *The Everett Interpretation*, 270.

(23) Everett, *The Everett Interpretation*, 273.

(24) 同上.

(25) 同上, 274.

(26) 同上, 275.

(27) 同上, 276.

(28) Bryce DeWitt, "Quantum Mechanics and Reality," *Physics Today* 23, no. 9 (Sep 1970): 30.

(29) 同上.

(30) https://itunes.apple.com/us/app/universe-splitter/id3292 33299.

(4) Lajos Diósi, "A Universal Master Equation for the Gravitational Violation of Quantum Mechanics," *Physics Letters A* 120, no. 8 (Mar 16, 1987): 377–81.

(5) Giancarlo Ghirardi, Alberto Rimini, and Tullio Weber, "Unified Dynamics for Microscopic and Macroscopic Systems," *Physical Review D* 34, no. 2 (Jul 15, 1986): 470–91.

(6) John Bell, *Speakable and Unspeakable in Quantum Mechanics* (Cambridge: Cambridge University Press, 1989), 204.

(7) ジョン・ベルによる引用。Giancarlo Ghirardi, *Sneaking a Look at God's Cards: Unraveling the Mysteries of Quantum Mechanics* (Princeton: Princeton University Press, 2005), 415.

(8) 同上.

(9) O. Carnal and J. Mlynek, "Young's Double-Slit Experiment with Atoms: A Simple Atom Interferometer," *Physical Review Letters* 66, no. 21 (May 27, 1991): 2689.

(10) Philip Moskowitz, Phillip Gould, Susan Atlas, and David Pritchard, "Diffraction of an Atomic Beam by Standing-Wave Radiation," *Physical Review Letters* 51, no. 5 (Aug 1, 1983): 370.

(11) Fujio Shimizu, Kazuko Shimizu, and Hiroshi Takuma, "Double-Slit Interference with Ultracold Metastable Neon Atoms," *Physical Review A* 46, no. 1 (Jul 1, 1992): R17.

(12) Markus Arndt et al., "Wave–Particle Duality of C_{60} Molecules," *Nature* 401 (Oct 14, 1999): 680–82.

(13) Sandra Eibenberger et al., "Matter–Wave Interference of Particles Selected from a Molecular Library with Masses Exceeding 10,000 amu," *Physical Chemistry Chemical Physics* 15 (Jul 8, 2013): 14696–700.

(14) https://www.zarm.uni-bremen.de/en/drop-tower/general-information.html.

(15) Roger Penrose, "Wavefunction Collapse as a Real Gravitational Effect," in *Mathematical Physics 2000*, ed. A. Fokas, A. Grigoryan, T. Kibble, and B. Zegarlinski (London: Imperial College Press, 2000), 266–82.

(16) https://youtube/mvHg5PcXb6k?t=45.

(17) William Marshall, Christoph Simon, Roger Penrose, and Dirk Bouwmeester, "Towards Quantum Superpositions of a Mirror," *Physical Review Letters* 91, no. 13 (Sep 23, 2003): 130401.

(18) Simon Saunders, Jonathan Barrett, Adrian Kent, and David Wallace, eds., *Many Worlds?: Everett, Quantum Theory, and Reality* (Oxford: Oxford University Press, 2010), 582.

(19) 量子コンピューティング研究所（カナダ・オンタリオ州ウォータールー）でのディルク・バウミースターによる講演. May 2013,
https://youtube/g7RqLbqDr4U? t=387.

(9) Bohm, *Quantum Theory*, 115.

(10) 同上, 623.

(11) 同上.

(12) Freire, *The Quantum Dissidents*, 31.

(13) 同上.

(14) David Bohm, "A Suggested Interpretation of the Quantum Theory in Terms of 'Hidden' Variables," *Physical Review* 85, no. 2 (Jan 15, 1952): 166–79.

(15) Freire, *The Quantum Dissidents*, 32.

(16) Yves Couder and Emmanuel Fort, "Single-Particle Diffraction and Interference at a Macroscopic Scale," *Physical Review Letters* 97 (Oct 13, 2006): 154101–4.

(17) Giuseppe Pucci, Daniel Harris, Luiz Faria, and John Bush, "Walking Droplets Interacting with Single and Double Slits," *Journal of Fluid Mechanics* 835 (Jan 25, 2018): 1136–56.

(18) Chris Philippidis, Chris Dewdney, and Basil Hiley, "Quantum Interference and the Quantum Potential," *Il Nuovo Cimento B* 52, no. 1 (Jul 1979): 15–28.

(19) Yakir Aharonov, David Albert, and Lev Vaidman, "How the Result of a Measurement of a Component of the Spin of a Spin1/2 Particle Can Turn Out to Be 100," *Physical Review Letters* 60 (Apr 4, 1988): 1351–54.

(20) Howard Wiseman, "Grounding Bohmian Mechanics in Weak Values and Bayesianism," *New Journal of Physics* 9 (Jun 2007): 165.

(21) Hamish Johnston, "Physics World Reveals Its Top 10 Breakthroughs for 2011," *Physics World* (Dec 16, 2011), http://physics world.com/cws/article/news/2011/dec/16/physics-world-reveals-its-top10breakthroughs-for-2011.

(22) Berthold-Georg Englert, Marlan Scully, Georg Süssmann, and Herbert Walther, "Surrealistic Bohm Trajectories," *Zeitschrift für Naturforschung A* 47, no. 12 (1992), 1175–86.

(23) Dylan Mahler et al., "Experimental Nonlocal and Surreal Bohmian Trajectories," *Science Advances* 2, no. 2 (Feb 19, 2016): e1501466.

(24) Louis Sass, *Madness and Modernism: Insanity in the Light of Modern Art, Literature, and Thought* (Cambridge, MA: Harvard University Press, 1994), 31.

第7章

(1) Carlo Rovelli, *Reality Is Not What It Seems: The Journey to Quantum Gravity* (New York: Riverhead Books, 2017), 148.

(2) Roger Penrose, *Fashion, Faith, and Fantasy in the New Physics of the Universe* (Princeton: Princeton University Press, 2016), 162.

(3) John Bell, "Against 'Measurement,' " *Physics World* 3, no. 8 (Aug 1990): 33.

(11) Thomas J. Herzog et al., "Complementarity and the Quantum Eraser," *Physical Review Letters* 75, no. 17 (Oct 23, 1995): 3034–37.
(12) YoonHo Kim et al., "Delayed 'Choice' Quantum Eraser," *Physical Review Letters* 84, no. 1 (Jan 3, 2000): 1–5.
(13) Freire, *The Quantum Dissidents*, 20.
(14) Wheeler and Zurek, *Quantum Theory and Measurement*, 185.
(15) Alwyn Van der Merwe, Wojciech Hubert Zurek, and Warner Allen Miller, eds., *Between Quantum and Cosmos: Studies and Essays in Honor of John Archibald Wheeler* (Princeton: Princeton University Press, 2017), 10.
(16) A. Cardoso, J. L. Cordovil, and J. R. Croca, "Interaction-Free Measurements: A Complex Nonlinear Explanation," *Journal of Advanced Physics* 4, no. 3 (Sep 2015): 267–71.
(17) Avshalom Elitzur and Lev Vaidman, "Quantum Mechanical Interaction-Free Measurements," *Foundations of Physics* 23, no. 7 (Jul 1993): 987–97.
(18) Roger Penrose, *Shadows of the Mind: A Search for the Missing Science of Consciousness* (Oxford: Oxford University Press, 1996), 269.
(19) William Irvine, Juan Hodelin, Christoph Simon, and Dirk Bouwmeester, "Realization of Hardy's Thought Experiment with Photons," *Physical Review Letters* 95 (Jul 15, 2005): 030401–4.
(20) Lucien Hardy, "Quantum Mechanics, Local Realistic Theories, and Lorentz-Invariant Realistic Theories," *Physical Review Letters* 68, no. 20 (May 18, 1992): 2981–4.
(21) David Mermin, "Quantum Mysteries Refined," *American Journal of Physics* 62, no. 10 (Oct 1994): 880–7.
(22) 同上.

第6章

(1) David Albert, *Quantum Mechanics and Experience*, 134.
(2) Robert Sanders, "Conference, Exhibits Probe Science and Personality of J. Robert Oppenheimer, Father of the Atomic Bomb," *UC Berkeley News*, April 13, 2004, https://www.berkeley.edu/news/media/releases/2004/04/13_oppen.shtml.
(3) Freire, *The Quantum Dissidents*, 26.
(4) 同上.
(5) 同上.
(6) 同上, 28.
(7) Bohm, *Quantum Theory*, 115.
(8) Karl Popper, *Quantum Theory and the Schism in Physics: From the Postscript to the Logic of Scientific Discovery* (New York: Routledge, 2013), 36.

(8) Thomas, "Advent and Fallout of EPR."
(9) David Bohm, *Quantum Theory* (New York: Dover Publications, 1989), 611.
(10) Einstein, Podolsky, and Rosen, "Quantum–Mechanical Description."
(11) Fine, *Shaky Game,* 57.
(12) Elise Crull and Guido Bacciagaluppi, eds., *Grete Hermann—Between Physics and Philosophy* (Dordrecht: Springer, 2016), 4.
(13) Harald Atmanspacher and Christopher A. Fuchs, eds., *The Pauli–Jung Conjecture: And Its Impact Today* (Exeter, UK: Imprint Academic, 2014), ebook.
(14) 同上.
(15) Isaacson, *Einstein,* 324.
(16) Crull and Bacciagaluppi, *Grete Hermann*, 184.
(17) Olival Freire Jr., *The Quantum Dissidents: Rebuilding the Foundations of Quantum Mechanics (1950– 1990)* (Heidelberg: Springer–Verlag, 2015), 66.
(18) Charles Mann and Robert Crease, "John Bell," *Omni*, May 1988, 88.
(19) Jürgen Audretsch, *Entangled Systems: New Directions in Quantum Physics* (Weinheim, Wiley–VCH, 2007), 130.

第5章

(1) Brian Greene, *The Fabric of the Cosmos: Space, Time, and the Texture of Reality* (New York: Vintage Books, 2005), 199.
(2) "Where Credit is Due," editorial in *Nature Physics* (Jun 1, 2010), https://www.nature.com/articles/nphys1705.
(3) https://www.esi.ac.at/material/Evaluation 2008.pdf.
(4) Alice Calaprice, Daniel Kennefick, and Robert Schulmann, *An Einstein Encyclopedia* (Princeton: Princeton University Press, 2015), 89.
(5) "Physicist Designs Perfect Automotive Engine," *ScienceDaily* (Feb 27, 2003), https://www.sciencedaily.com/releases/2003/02/030227071656.htm.
(6) Vimal Patel, "Cows Meet Quantum, Lifelong Learning on the Banks of the Brazos," *Texas A&M University Science News*, November 21, 2013, http://www.science.tamu.edu/news/story.php? story_ID=1141#.WTOOvO–0k7Y.
(7) マーラン・スカリーのインタビュー. Joan Bromberg, July 15 and 16, 2004, Niels Bohr Library & Archives, American Institute of Physics, College Park, MD, www.aip.org/history–programs/niels–bohr–library/oral–histories/32147.
(8) Wheeler and Zurek, *Quantum Theory and Measurement*, 169.
(9) Art Hobson, *Tales of the Quantum: Understanding Physics' Most Fundamental Theory* (New York: Oxford University Press, 2017), 201.
(10) Marlan O. Scully and Kai Drühl, "Quantum Eraser: A Proposed Photon Correlation Experiment Concerning Observation and 'Delayed Choice' in Quantum Mechanics," *Physical Review A* 25, no. 4 (Apr 1982): 2208–13.

7 (Aug 17, 1981): 460–63.
(18) David Albert, *Quantum Mechanics and Experience* (Cambridge, MA: Harvard University Press, 1994), 11.
(19) 同上., 1.
(20) Arthur Fine, *The Shaky Game: Einstein, Realism and the Quantum Theory* (Chicago: University of Chicago Press, 1986), 78.
(21) 同上.
(22) 同上, 82.
(23) Moore, *Schrödinger*, 308.
(24) Paul Dirac, *The Principles of Quantum Mechanics* (Oxford: OUP, 1958), 9.
(25) Warner A. Miller and John A. Wheeler, "Delayed-Choice Experiments and Bohr's Elementary Quantum Phenomenon," S. Kamefuchi et al., eds., *Proceedings of the International Symposium on Foundations of Quantum Mechanics* (Tokyo: Physical Society of Japan 1984), 140–52.
(26) 同上.
(27) John Wheeler and Wojciech Zurek, eds., *Quantum Theory and Measurement* (Princeton: Princeton University Press, 1983), 183.
(28) Vincent Jacques et al., "Experimental Realization of Wheeler's Delayed-Choice Gedanken Experiment," *Science* 315, no. 5814 (Feb 16, 2007): 966–68.
(29) Dennis Overbye, "Quantum Trickery: Testing Einstein's Strangest Theory," *New York Times*, December 27, 2005, http://www.nytimes.com/2005/12/27/science/quantum-trickery-testing-einsteins-strangest-theory.html.

第4章

(1) Nicolas Gisin, *Quantum Chance: Nonlocality, Teleportation and Other Quantum Marvels* (Cham, Switzerland: Springer, 2014), 32.
(2) Andrew Whitaker, *Einstein, Bohr and the Quantum Dilemma: From Quantum Theory to Quantum Information* (Cambridge: Cambridge University Press, 2006), 203.
(3) 同上.
(4) Kelly Devine Thomas, "The Advent and Fallout of EPR," *IAS: The Institute Letter* (Fall 2013): 13.
(5) 同上.
(6) David Mermin, Oppenheimer Lecture, University of California, Berkeley, March 17, 2008, https://youtube/ta09 WXiUqcQ?t=833.
(7) Albert Einstein, Boris Podolsky, and Nathan Rosen, "Can Quantum-Mechanical Description of Physical Reality Be Considered Complete?" *Physical Review* 47 (May 15, 1935): 777–80.

al., "A Complementarity Experiment with an Interferometer at the Quantum–Classical Boundary," *Nature* 411 (May 10, 2001): 166–70.
(48) Jorrit de Boer, Erik Dal, and Ole Ulfbeck, eds., *The Lesson of Quantum Theory* (Amsterdam: North–Holland, 1986), 17.

第3章

(1) Arthur Eddington, *The Nature of the Physical World* (New York: Macmillan Company, 1929), 199.
(2) Stefan Hell, Nobel Banquet Speech, December 10, 2014, https://www.nobelprize.org/nobel_prizes/chemistry/laureates/2014/hell–speech_en.html.
(3) 同上.
(4) J.S. Bell, "On the Einstein Podolsky Rosen paradox," *Physics Physique Fizika* 1, no. 2 (Nov 1, 1964): 195–200.
(5) William M. Honig, David W. Kraft, and Emilio Panarella, eds., *Quantum Uncertainties: Recent and Future Experiments and Interpretations* (New York: Plenum Press, 1987), 339.
(6) 計算については以下を参照. Giancarlo Ghirardi, *Sneaking a Look at God's Cards: Unraveling the Mysteries of Quantum Mechanics* (Princeton: Princeton University Press, 2005), 16.
(7) Richard P. Feynman, Robert B. Leighton, and Matthew Sands, *The Feynman Lectures on Physics, vol. 1, New Millennium Edition* (New York: Basic Books, 2011), 37–5.
(8) Edgar Völkl, Lawrence F. Allard, and David C. Joy, eds., *Introduction to Electron Holography* (New York: Springer Science, 1999), 3.
(9) Robert Crease, *The Prism and the Pendulum: The Ten Most Beautiful Experiments in Science* (New York: Random House, 2004), 197.
(10) Völkl, Allard, and Joy, eds., *Introduction to Electron Holography*, 5.
(11) 同上.
(12) 同上, 7.
(13) Pier Giorgio Merli, GianFranco Missiroli, and Giulio Pozzi, "On the Statistical Aspect of Electron Interference Phenomena," *American Journal of Physics* 44, no. 306 (1976): 306–7.
(14) https://www.bo.imm.cnr.it/users/lulli/downintel/electroninterfea.html.
(15) A. Tonomura et al. "Demonstration of Single Electron Buildup of an Interference Pattern," *American Journal of Physics* 57, no. 117 (1989): 117–20.
(16) Letter to editor, "The Double–Slit Experiment with Single Electrons," *Physics World* (May 2003): 20.
(17) Alain Aspect, Philippe Grangier, and Gérard Roger, "Experimental Tests of Realistic Local Theories via Bell's Theorem," *Physical Review Letters* 47, no.

(23) Gösta Ekspong, "The Dual Nature of Light as Reflected in the Nobel Archives," https://www.nobelprize.org/nobel_prizes/themes/physics/ekspong/.

(24) Walter Isaacson, *Einstein: His Life and Universe* (New York: Simon & Schuster, 2007), 100.

(25) 第5回ソルベー会議の参加者については以下を参照.
https://home.cern/images/2014/01/participants-5th-solvay-congress.

(26) Jagdish Mehra, *Einstein, Physics and Reality* (Singapore: World Scientific, 1999), 94.

(27) Gino Segré, *Faust in Copenhagen: A Struggle for the Soul of Physics* (New York: Viking Penguin, 2007), 116.

(28) Jagdish Mehra, *Golden Age of Theoretical Physics, vol. 2* (Singapore: World Scientific, 2001), 648.

(29) 同上, 650.

(30) 同上, 651.

(31) 同上, 652.

(32) 同上, 840.

(33) Walter Moore, *Schrödinger: Life and Thought* (Cambridge: Cambridge University Press, 2015), 192.

(34) Dick Teresi, "The Lone Ranger of Quantum Mechanics," review of Walter Moore's *Schrödinger: Life and Thought,* January 7, 1990, http://www.nytimes.com/1990/01/07/books/the-lone-rangerofquantum-mechanics.html.

(35) Abraham Pais, "Max Born's Statistical Interpretation of Quantum Mechanics," *Science* 218 (Dec 17, 1982), 1193–98.

(36) Moore, *Schrödinger,* 221.

(37) 同上.

(38) 同上.

(39) 同上, 226.

(40) 同上, 228.

(41) Stefan Rozental, ed., *Niels Bohr: His Life and Work as Seen by His Friends and Colleagues* (Amsterdam: North-Holland Publishing, 1967), 104.

(42) Jørgen Kalckar, ed., *Niels Bohr Collected Works, vol. 6* (Amsterdam: North-Holland, 1985), 15.

(43) Rozental, *Niels Bohr,* 105.

(44) Léon Rosenfeld and J. Rud Nielsen, eds., *Niels Bohr Collected Works, vol. 3* (Amsterdam: North-Holland, 1976), 22.

(45) 同上.

(46) Manjit Kumar, *Quantum: Einstein, Bohr, and the Great Debate about the Nature of Reality* (New York: Norton, 2011), 273.

(47) ばね式二重スリット実験のイラストは以下の絵からヒントを得た. P. Bertet et

Brougham-and-Vaux.
(17) Whipple Museum of the History of Science, http://www.sites.hps.cam.ac.uk/whipple/explore/models/wavemachines/thomasyoung/#ref_2.

第2章

(1) Werner Heisenberg, *Physics and Philosophy* (London: Penguin Books, 2000), 83.
(2) https://www.aps.org/publications/apsnews/200007/history.cfm.
(3) Louis de Broglie, *Matter and Light: The New Physics,* trans. W. H. Johnston (New York: W. W. Norton & Co., 1939), 27.
(4) J. Clerk Maxwell, "A Dynamical Theory of the Electromagnetic Field," *Philosophical Transactions of the Royal Society of London* 155 (1865): 459–512.
(5) D. Baird, R. I. Hughes, and A. Nordmann, eds., *Heinrich Hertz: Classical Physicist, Modern Philosopher* (Dordrecht, NL: Springer Science, 1998), 49.
(6) 同上.
(7) Andrew Norton, ed., *Dynamic Fields and Waves* (Bristol: CRC Press, 2000), 83.
(8) Joseph F. Mulligan, "Heinrich Hertz and Philipp Lenard: Two Distinguished Physicists, Two Disparate Men," *Physics in Perspective* 1, no. 4 (Dec 1999): 345–66.
(9) "Heinrich Hertz," editorial in *Nature* 49, no. 1264 (Jan 18, 1894): 265.
(10) Mulligan, "Heinrich Hertz and Philipp Lenard."
(11) https://history.aip.org/history/exhibits/electron/jjrays.htm.
(12) http://history.aip.org/exhibits/electron/jjelectr.htm.
(13) Mulligan, "Heinrich Hertz and Philipp Lenard."
(14) Abraham Pais, "Einstein and the Quantum Theory," *Reviews of Modern Physics* 51, no. 4 (Oct 1979): 863–914.
(15) Mulligan, "Heinrich Hertz and Philipp Lenard."
(16) Philip Ball, "How 2 Pro-Nazi Nobelists Attacked Einstein's 'Jewish Science' " excerpt, February 13, 2015, https://www.scientificamerican.com/article/how2pro-nazi-nobelists-attacked-einsteinsjewish-science-excerpt1/.
(17) George K. Batchelor, *The Life and Legacy of G. I. Taylor* (Cambridge: Cambridge University Press, 1996), 40.
(18) 同上.
(19) 同上, 41.
(20) 同上.
(21) Sidney Perkowitz, *Slow Light: Invisibility, Teleportation, and Other Mysteries of Light* (London: Imperial College Press, 2011), 68.
(22) George K. Batchelor, *The Life and Legacy of G. I. Taylor*, 41.

注

*　Carl C. Gaither and Alma E. Cavazos–aither, eds., *Gaither's Dictionary of Scientific Quotations* (New York: Springer, 2008), 502.

第1章

(1)　Siri Hustvedt, "The Drama of Perception: Looking at Morandi," *Yale Review* 97, no. 4 (Oct 2009): 20–0.

(2)　http://www.cornell.edu/video/playlist/richard–eynman–essenger–ectures.

(3)　Feynman Messenger Lectures, Lecture 1, "Law of Gravitation," http://www.cornell.edu/video/richard–eynman–essenger–ecture1lawofgravitation.

(4)　Feynman Messenger Lectures, Lecture 6, "Probability and Uncertainty: The Quantum Mechanical View of Nature," http://www.cornell.edu/video/richard–eynman–essenger–ecture6probability–ncertainty–uantum–echanical–iew–ature.

(5)　同上.

(6)　同上.

(7)　同上.

(8)　同上.

(9)　イギリスの物理学者Jim AlKhaliliは、同じアイデアを使って、粒子による二重スリット実験を行った. https://youtube/A9tKncAdlHQ?t=125.

(10)　Andrew Robinson, *The Last Man Who Knew Everything* (London: OneWorld, 2007).

(11)　同上, 51.

(12)　Thomas Young, "The Bakerian Lecture: Experiments and Calculations Relative to Physical Optics," *Philosophical Transactions of the Royal Society of London 94* (1804): 1–16.

(13)　同上.

(14)　同上.

(15)　同上.

(16)　https://www.britannica.com/biography/Henry–Peter–Brougham–1st–Baron–

ま行

や行

ら行・わ行

さ行

た行

な行

は行

索引

アニル・アナンサスワーミー（Anil Ananthaswamy）
サイエンスライター。MIT ナイト・サイエンス・ジャーナリズム・フェロー（2019 ～ 20 年）。ニューサイエンティスト誌、サイエンティフィック・アメリカン誌、ネイチャー誌、ウォールストリート・ジャーナル紙など多数の雑誌・新聞に寄稿している。著書に『私はすでに死んでいる』（紀伊國屋書店）、『宇宙を解く壮大な 10 の実験』（河出書房新社）がある。本書は、「スミソニアン・フェイバリット・ブック 2018」、「フォーブス 2018 ベストブック（天文・物理学・数学）」に選ばれた。

藤田貢崇（ふじた・みつたか）
法政大学経済学部教授。科学誌 *nature* の翻訳者。科学を専門としない人たちに科学を正しく、わかりやすく伝えるための方法や、科学ジャーナリズムの研究を行なっている。NHK ラジオ「子ども科学電話相談」の回答者としても活動している。訳書に『ブロックで学ぶ素粒子の世界』『物理学は世界をどこまで解明できるか』（以上、白揚社）、『見えない宇宙』（日経 BP 社）、著書に『NHK カルチャーラジオ 科学と人間 ミクロの窓から宇宙をさぐる』（NHK 出版）、『朝日おとなの学びなおし！ 137 億光年の宇宙論』（朝日新聞出版）がある。

図版 Roshan Shakeel

ISBN 978-4-8269-0233-5

二重《にじゅう》スリット実験《じっけん》　量子《りょうし》世界《せかい》の実在《じつざい》に、どこまで迫《せま》れるか

二〇二一年十二月二十八日　第一版第一刷発行

著　者　アニル・アナンサスワーミー
訳　者　藤田《ふじた》貢崇《みつたか》
発行者　中村幸慈
発行所　株式会社　白揚社　
〒101-0062　東京都千代田区神田駿河台1-7
電話03-5281-9772　振替00130-1-25400
装　幀　吉野愛
印刷・製本　中央精版印刷株式会社